天下‧文化
BELIEVE IN READING

YOU ARE WHAT YOU RISK

找出生活中的
灰犀牛

認識你的風險指紋，化危機為轉機

THE NEW ART AND SCIENCE OF NAVIGATING AN UNCERTAIN WORLD

米歇爾・渥克 Michele Wucker——著

許恬寧——譯

找出生活中的灰犀牛
You Are What You Risk

目次

PART1　風險認知與個人性格

PART2　態度、判斷與耐受度

PART3 行為

繁體中文版序

　　現在是2021年11月中，我為《風險指紋》繁體中文版寫下本篇序言。幾天後，我將搭乘飛機，踏上疫情爆發以來首趟的跨國旅程。掐指一算，距離我的曾祖父在1918年11月死於流感大流行相隔103年。在我心中，新冠疫情之前的日子已經成為「往日時光」。

　　隨著冬日的腳步逼近，北半球氣溫愈來愈低，更多人被迫得待在室內。新冠病毒在2020年初傳遍全球後，染疫及死亡人數一直起伏不定。儘管人們期盼疫苗能快速終結疫情，但目前已經是兩年內疫情第七度攀升了。

　　在我寫下這段話的同時，美國約翰霍普金斯大學系統科學與工程中心（CSSE）的新冠肺炎儀表板顯示，全球共有254,406,973起病例，5,115,235人死亡，疫苗接種數字達7,545,193,887劑。相關數字十分驚人，等各位實際讀到這本書時，想必數字又將大增許多。

　　我在2020年初完成本書初稿，當時全球各地開始湧現新冠病毒案例，一發不可收拾。過沒多久，無論是上街採買、

搭乘大眾運輸、與親友聚會，許多我們向來不假思索的日常活動，突然間都需要計算「風險」。

很顯然的，這場疫情將改變人們與風險和不確定性之間的關係，我也必須從這個新角度重新思考本書。於是我抽離原本的思考脈絡，從個人、組織與社會的角度，深入了解疫情正如何改變人們看待與回應風險的方式。

為此，我訪問在第一線參與抗疫的急診室護士，他不僅曾經感染新冠病毒，而且早在疫苗問世前就已經出現抗體。此外，我再次聯絡先前採訪過幾位故事引人入勝的冒險者，了解疫情如何影響他們的生活與選擇，像是恰巧在疫情開始時帶著雙胞胎環遊世界的夫婦、健身房老闆，以及比利時鬆餅店的共同創辦人等等。

在本書最後幾次修訂中，已經納入有關風險溝通與回應的最新研究。在做最終的校對時，距離疫情結束依舊遙遙無期，但有些事已經顯而易見。那就是，新冠病毒讓我們迫切需要進一步了解風險，以及人類在面對風險時，為何會做出使我們更容易受到傷害或更有助於度過難關的決定。此外，疫情也彰顯出「個人的風險選擇」與「組織或政府的風險因應方式」是如此息息相關，在面對像這樣強大的威脅時，每個人都必須同心協力。

新冠病毒所引發的風險學習歷程將會持續下去。如同我們所見到的，隨著季節與溫度變化而出現變種病毒、全球疫苗接種率的上升、人們因應疫情新發展而產生的行為變化、感染率

與死亡人數始終起伏不定等等。政府、企業與民眾不斷嘗試改變回應方式：應用已經學到的事，逐漸找出因應之道，然後重新再來一次。

有些地方在被視為防疫模範生後，因過度自信而太早鬆懈，導致變種病毒株有機可趁。一些成功壓低總感染數的社會則發現，感染人數減少固然是好事，但享有自然免疫的人數相對較少，也更難說服民眾接種疫苗。

世界各地都有其獨特的歷史與文化背景，因而會以各自的獨特方式回應危機。台灣在疫情之初便成功的防堵病毒，因而獲得各界好評。從台灣的防疫經驗可以明顯看出，「風險指紋」是如何影響著現在與未來，當中有文化的因素、有過去面對疫情的寶貴經驗，以及台灣公共衛生體系的應變流程與因應模式。

我相信台灣在2003年的SARS抗疫經驗，深深影響人們面對新冠病毒時的回應方式。民眾從中學到不可輕忽感染性呼吸道病毒，因此自新冠疫情爆發以來便嚴陣以待。此外，也因為先前的SARS經驗，台灣早已建立健全的流行病因應架構，重視超前部署相關公衛應對措施，謹慎行事且公開透明，方便民眾得知公衛官員掌握的資訊，了解政府正如何努力的保障民眾安全，以及多個單位聯合進行邊境管制、隔離支援等防疫事宜。政府也與私人企業合作，迅速擴增口罩產能。

如同在第七章會探討到的，我發現亞洲國家與西方國家對「風險」有著截然不同的態度，回應新冠疫情的方式自然也大

不相同。令我感到訝異與難過的是，在我自己的國家中有太多民眾不把疫情當成一回事，導致防疫效果不佳，因而使得疫情不斷擴散。

在支持防疫方面，台灣與其他亞洲國家有著幾項共通點：政府採取務實的防疫政策，而民眾則受集體主義文化的影響，普遍願意一同分擔降低風險的責任，並依政府指示戴上口罩。台灣是個島嶼，在防堵病毒方面享有地理上的優勢。此外，許多觀察者也指出，由女性擔任領導人，亦為有效回應疫情的因素之一。

台灣也曾在2021年春天爆發一波疫情，但以相當快的速度控制住。然而，如同其他早期疫情相對不嚴重的地區，在是否要重新向世界其他地區開放邊境的議題上，則明顯的在「染疫可能上升的疑慮」與「全球連結帶來的好處」之間面臨兩難處境。

放眼未來，台灣勢必會面臨與世界各地相同的挑戰。個人、組織、社會與全球所面臨的新困境，不僅來自與疫情直接相關的風險，更包括因疫情而不斷出現且持續加劇的其他各種風險。我們該如何因應？

首先，隨著新冠病毒降級為週期性、地方性的傳染疾病，如同日常生活中的感冒或流感，我們需要重新建立一套常態性的規範。

其次，我們需要加倍努力，防範日後的流行病。不論疫情的起源到底為何，有些事我們現在就能做。這方面的努力主要

有四類：一、盡量減少人類與野生動植物的接觸，方法包括設立野生生物保留區，減少人類對棲息地的破壞，控制盜獵與限制野生動物貿易。二、進一步控管數十年來令公共衛生領域專家憂心的功能增益（gain-of-function）研究。三、建立更健全的健康照護系統與防疫制度。四、加強遏止氣候危機，防止永凍土融化而釋放長期休眠的病原體。

在此同時，政策制定者必須對氣候變遷、社會不平等、金融脆弱性等議題投以更多關注，這些議題在新冠疫情爆發前便已存在，如今更是刻不容緩。此外，這個世界需要全球一同回應風險，不過別忘了，高層次的風險政策需要兼顧全局與細節的思維，明白我們身處相互依存的世界，我們的集體反應必須包含政府之間的高度合作。生活在這顆星球上的近80億人，人人都必須貢獻心力。

在這個地球村中，一旦新冠病毒四處流竄並持續出現變種，全球每一個人都將處於風險之中。新冠病毒已然改變我們每一個人在財務、職涯、健康、人際關係、倫理道德等領域的風險抉擇。在面對死亡與強烈不確定性的威脅下，許多人開始重新評估什麼才是人生中最大的風險，以及自己願意在各種領域中承受多少風險。

「塞翁失馬，焉知非福」。疫情促使我們展開一場開誠布公的關鍵對話，以便找出更理想的應對之道。我們要談的不只是眼前的風險，更在於如何回應風險，以及為何會這樣回應風險。當我們了解自己為什麼選擇回應（或不回應）風險，就更

能找出自身偏見並加以糾正，從錯誤中學習，創造新的習慣、體系與流程，加快採取行動的速度。

　　這或許聽來有些理想化，但如果想讓世界變得更美好、更安全，唯一的辦法就是不斷設想我們如何能改善這個世界。全球、政府與個人是否得以進步，取決於我們能否做出更理想的風險決策。面對充滿挑戰的未來，展現我們本色的時刻到了！

前言

　　我外婆是出了名的抗拒處理健康風險，這讓醫生十分擔心她的腹部動脈瘤隨時可能破裂。當腹部動脈瘤大過 5 公分時，醫師們普遍認為進行手術所承擔的風險，要比不進行手術來得低。但「婆婆」（Bobonne，比利時人對祖母的暱稱，源自法語的 *bonnemère*）硬是拖到動脈瘤長到 6.3 公分，在子女們苦苦哀求下，才終於同意讓醫生動刀。

　　還有一次，我母親用電話一直聯絡不上婆婆，所以連忙趕去她家。一進門就看到婆婆正痛苦的躺在地上，當時的她已經 80 好幾，卻因為試圖搬動一台巨大的老式映像管電視而拉傷了背。儘管如此，當母親堅持要帶她去醫院時，她依然抵死不從。婆婆總是一味迴避處理健康問題，最後卻讓情況升級為重大的健康威脅，上述事件絕非是個案。她的固執，已經成為日後我們回憶起她的關鍵字。

　　儘管婆婆總是消極對待健康風險，但卻願意為其他風險提早做準備，例如她積極避免面臨挨餓的風險，甚至有些過頭。婆婆在 2010 年過世時，我們在她的冰箱裡發現 10 公斤奶

油,在櫥櫃中找到 10 公斤砂糖。我不難理解婆婆囤積糧食的行為,因為這是她在二次大戰糧食短缺期間學到的事。她的冰箱除了囤積奶油以外,還冷凍著大量自己種植的蔬菜,這同樣是相當合理的做法。

這讓我想起婆婆在大戰烽火蔓延之際,為了阻止德國的占領變成永久統治,決定冒著生命危險騎單車為抵抗運動者送信。我試著想像當她騎著車在路上奔波時心裡在想些什麼。協助那些與納粹對抗的人,無疑能讓她擁有掌控感,即便一己之力十分微小,照樣能夠帶來改變的可能。在那樣充滿混亂及不確定的年代,的確值得她冒險一搏。戰爭結束後,婆婆再度為自己的人生冒險,她選擇跟著一位年輕帥氣又具有創業精神的美國大兵前往美國生活。這位阿兵哥原本想在比利時開創爆米花事業,只可惜這個點子太過前衛,當時的歐洲普遍認為玉米是給豬吃的。

然而讓我難以理解的是,即使婆婆以往的人生總是在冒險,卻總是輕忽自己的健康風險。她和丈夫一樣長期抽煙、喝酒,即使在自己的父親因中風而早逝之後,依舊漠視這種習慣帶來的風險。正如選擇面對腹部動脈瘤的方式,意味著如何面對當下與未來的風險,這或許讓婆婆感到失去掌控權;但無論是決定不處理動脈瘤,或是不處理嚴重拉傷的背,其實都是在用違反常理的方式,以獲得自以為的掌控感。畢竟,如果選擇動手術來控制威脅,就得進入完全喪失掌控權的麻醉狀態,把一切交付給手術團隊。事實上,如同婆婆不願意動手術,

多數人冒的最大且最常見的風險，就是「消極風險」（passive risk），意思是指面對明顯的、已知的問題，但出於種種原因（包括人類天生的偏見、個人的拖延，以及各式各樣的外在阻礙）而遲遲不願積極處理。

如今，距離婆婆在睡夢中安詳離世已經10年了（當時她的動脈瘤也因手術而治癒），婆婆的人生與風險關係之間的矛盾卻仍舊令我感到疑惑：怎麼會有人在做風險決定以及人生抉擇上，一方面是那樣的務實、積極、勇敢與果決，但在碰上其他事情時，卻又如此頑固，甚至不惜做出對自己健康有害的事？我好奇在多少程度上，背後的原因能以婆婆的天生性格、人生經歷，以及風險本質來解釋。此外，我也親眼目睹婆婆不願意面對健康風險這點是如何影響家人，尤其是我的母親。婆婆總是漠視一些身體上的小問題、總是臨時取消看診預約，放任它們惡化成日後威脅健康的重大危機，使母親經常被迫放下手中工作，為婆婆的事情到處奔波。

風險態度決定家庭動態

我父親那邊的家人則完全相反。爺爺和奶奶原本住的老家以及退休後居住的公寓，全都打理得井井有條。他們後來以近百歲的高齡去世，夫妻倆離世時間只相差幾個月。他們過世時，每一件事都已經安排妥當：兩人的墓碑上除了去世的日期以外，其餘文字都已經全部預先刻好，就連喪禮的菜單也已擬定（是瑞典肉丸與火腿）。此外，他們的財務狀況良好，這點

也跟婆婆不一樣。

　　我的父母分別從自己的爸媽那裡繼承許多和風險、不確定性與改變有關的人生態度。現在回想起來，從看似平凡的小事（例如：要預留多少時間前往教堂），一直到較為重大的問題，風險觀念上的差異解釋了他們的性格與做出的決定，這也導致他們在五花八門的大小事情上有著各種衝突。由此可知，風險態度決定了家庭動態，包括個人動態與全家人構成的團體動態。

　　至於我個人與風險的關係，則同時具備父親和母親兩邊家族的元素。按照許多人的標準來看，我是個具有冒險性格的人，不過我和大多數人一樣，所做的各種風險決定背後並沒有一致的標準：我熱愛嘗試新食物，但一旦找到合自己胃口的食物，就只吃那樣東西。我去喜歡的餐廳時，幾乎永遠都會點同樣的菜色。我過馬路時嚴守交通規則。我平日相當注重飲食，因為我在 2011 年診斷出有乳糜瀉的問題，只能避開所有含麩質的食物，否則身體會很不舒服。我不抽菸，規律運動，每年按時進行健康檢查。然而這些年來，在我接觸新事物、克服新挑戰、學習新的風險技巧後，我的行為與偏好開始隨著對風險的看法而改變。

　　我更加了解到，風險在本質上是如何與我們的身分認同密不可分。其中，有一件事再明顯不過：如果能透過風險的角度，花時間去檢視自己的思考與行為，將會發現當中蘊藏很多機會與可能。然而，大部分的人很少會去思考這種事，因此連

帶也錯過機會。不只是前頭提到我婆婆的例子而已，只要想一想人們是如何處理風險（或不處理），你就會發現：所有人都一樣，我們與風險的關係影響著我們如何做決定。想一想：

- 哪些事情值得我們冒險？你和其他人有多擅長辨識風險與評估風險的重要性？
- 你是否把冒「積極風險」（active risk-taking，例如：高空彈跳或當沖股票）與「消極風險」（passive risk-taking，例如：遲遲不去看醫生或不報稅）當成兩回事？
- 為什麼同樣面臨有可能失敗的情況時，有的人致力於降低風險，有的人則自暴自棄？
- 為什麼碰上重大的衝擊後，有的人會逃避風險，有的人不僅勇敢克服必須承擔的風險，更願意多冒一點險，進一步管理相關風險？
- 你有多少風險性格是天生的，又有多少是源自經驗？先天占多少，後天又占多少？
- 面對已知的風險時，我們能否訓練自己做出不同的行為？
- 哪些因素會促使我們改變風險行為，又要怎麼做才能讓改變持久？
- 我們必須克服哪些障礙，才能達成健康的風險關係？

想要解答前述一連串的問題，就是我寫這本書的原因。我

們將一起探索這些問題，談談每個人準備好冒哪些險，以及如何定義與反映出我們的目標、熱情、優先順序與價值觀。換句話說，也就是我們的核心特質。

思考自身與風險的關係以及身邊的人與風險的關係後，你將更加了解你是如何成為今天的你。你也將深入探索你目前所在的組織，在風險、創新與策略等方面所擁有的價值觀、文化、優勢與弱點。你將以不同於以往的方式思考你所處的社群、國家與這個世界，了解組織內部風險動態如何左右著你所擁有的選擇。

從政策到個人的「灰犀牛風險」

長久以來，我的專業始終聚焦在了解那些顯而易見、極可發生、會帶來重大影響，但卻始終為人們所忽略的風險。我想提醒大家，很多人以為我們每日每夜生活安全無虞，但實際上有些事卻根本無人看管，人類其實出乎意料的脆弱。

這一切始於我對新興市場主權債務與信用危機的探討。我在 2007 年擔任「紐約世界政策研究所」（World Policy Institute）主席後，開始將大部分時間花在思考組織風險與治理，畢竟這個智庫脫離 16 年來隸屬的大學體系、正式轉型為獨立機構後沒多久，金融危機就已席捲全球。之後我又在「芝加哥全球事務委員會」（Chicago Council on Global Affairs）待過一陣子，然後創辦「灰犀牛公司」（Gray Rhino & Company）。我現在致力於協助組織與政府明白，為何領導者及團隊成員在辨識及

應對風險上會有如此大的差異，以及如何才能做好風險管理。我關注的焦點也有所轉變，不僅關注大型政策的風險，也開始探究個人與風險有關的信念、態度與行為根源，它們又是如何與政府和組織所做的決定相互影響。

我在2016年出版的著作《灰犀牛：危機就在眼前，為何我們選擇視而不見？》（*The Gray Rhino: How to Recognize the Obvious Dangers We Ignore*）中，談的是政策與商業層面的風險。書名源自2012年希臘與債權國達成重大協議以避免災難性違約風險不久後，由我所創發的詞彙。我用「灰犀牛」的概念來探討：為什麼有些人會採取迴避風險的行動，有些人則任由自己被犀牛踩扁。

我依循《伊索寓言》以來的說故事傳統，透過動物形象喚起人們情感上的連結。犀牛是頭上著長角、重達兩噸以上的危險動物，我想提醒大家，當這種龐然大物朝著我們直衝過來時，我們避開危險的能力並沒有自以為來得高。同時我希望指出，承認自己能力不足其實沒什麼好丟臉的，正因為我們意識到自己的脆弱，才會設法妥善駕馭灰犀牛的強大力量，讓牠帶著我們往前衝，而不是呆呆停留原地而被無情輾過。

我在研究全球金融與政策的過程中發現，有的決策者看輕、無視、拒絕承認，甚至完全忽略明顯的風險；有的則能即時採取行動，或者至少會替本國經濟或安全著想，努力把可能的威脅降到最低。這讓我好奇，政府及商業領袖看待風險的方式為何會有如此大的差異？

「黑天鵝」（black swan）是一個來自同名書籍《黑天鵝效應》（*The Black Swan*）、與風險有關的熱門隱喻關鍵字，談的是發生機率極低的事件。該詞在 2007 年到 2009 年的全球金融危機期間廣為流傳，使人們開始認真思考那些難以預知的事件，了解我們是多麼容易受到這類危機的嚴重衝擊。然而另一方面，人們也因此開始努力尋找無法預知的風險（既然是「無法預知」，顧名思義，這種努力終將徒勞無功），卻錯過那些明明就擺在眼前、通常可以避免的問題。有些事原本可以不必發生，卻因為抱持消極的宿命論心態，反而增加問題發生的風險。於是財經專家和政策制定者得到一個絕佳藉口：「果真是黑天鵝事件，沒人料想得到啊！」

2017 年 7 月，中國政府使用我所創造的「灰犀牛」一詞，引導人們關注並適度因應那些顯而易見的風險。在這場決定中國經濟政策方向的會議上，高階政府官員慎重討論那些極有可能發生的風險隱患，宣布他們決心採取有效措施阻止「灰犀牛」帶來的衝擊。《人民日報》也在頭版社論運用「灰犀牛」的比喻，表明政府將積極處理金融風險問題。投資人相當認真看待這則警訊，被視為高風險公司的股價單日跌幅達 5%。

在此同時，「灰犀牛」一詞迅速傳遍全球各地，在南韓、馬來西亞、卡達、土耳其、越南、比利時、法國、德國、盧森堡、義大利、西班牙、葡萄牙、英國、巴西以及拉丁美洲與非洲各地登上新聞頭條。「灰犀牛」這個隱喻發揮出應有的作用，成功吸引世人的注意力，將政策焦點集中到那些顯而易見

且有可能避免的金融風險上。

在中國積極處理國內金融風險「灰犀牛」的同時，美國則任憑金融市場的泡沫愈吹愈大，公司負債與預算赤字雙雙創下歷史新高。美國民眾對經濟益發不平等及企業的膽大妄為感到憤怒，但得到的回應卻是讓富者愈富的政策。華爾街與政策制定者對眼前風險顯得老神在在，似乎沒能從10年前的金融危機中學到教訓。那場危機之所以會發生，正是投資人及政策制定者未能準確評估及回應顯而易見的風險所導致。

美中兩國在態度與政策上的明顯對比，讓我好奇：為什麼中國更願意正視「灰犀牛風險」並防範未然，而美國的決策者與選民往往刻意忽視眼前顯而易見的風險。尤其是許多美國人總是過度自信，相信「美國無所不能」的國家神話，認為我們有能力接下其他國家努力設法避開的挑戰。我想知道，為何兩國會有如此大的差異？

經過很長一段時間我終於發現：這些令人困惑問題的答案，與我外婆的故事有關。歸根究底，也與你我的故事有關。

無所不在的灰犀牛

我到各地出席《灰犀牛》的宣傳活動時，對話常被引到意想不到的方向，但聽眾席裡總會有人問到，如何把灰犀牛理論應用到個人生活之中。記得在一個風雨交加的夏日傍晚，一名時髦的20多歲上海年輕人請我簽名與自拍，感謝我的書改變了他的人生。我很開心他聽進我在書中傳達的訊息。另一

名女性讀者告訴我：「我的婚姻會結束，就是因為有一頭『灰犀牛』！朋友們全都看到牠朝我奔來，但從前的我卻不想承認。」另一位來自印地安納州的男性讀者則是在部落格上提到，他正透過跑馬拉松來替乳癌研究募款，試圖以積極的行動來擊敗朋友碰上的這頭「灰犀牛」（後來他的朋友成功康復了）。

　　我最好的朋友在母親確診為帕金森氏症時，也運用「灰犀牛」概念做出理想的健康照護與人生決定。更令我驚喜的是，印度一名八年級學生推動的全國性「數位排毒」運動中，運用「灰犀牛」的概念協助民眾克服對電子設備的成癮問題。

　　每當親朋好友一再遲疑，拖拖拉拉不肯解決財務問題；有慢性健康問題卻一直沒去看醫生；或是為一段全世界都知道早該分手的感情猶豫不決時，我總是會假裝生氣的罵他們：「你沒讀我的書嗎？」這招的確管用！雖然他們的問題不會一夜消失，他們的反應往往是走走停停或進兩步退一步，但他們的確開始嘗試改變自身行為，尋求醫師或會計師的協助。

　　當讀者們將書中概念應用到各自遇到的「灰犀牛」時，他們的表現是如此令人印象深刻，使我感到一股強大的吸引力，催促我從新的角度看待我所探討的問題：為什麼在碰上人生風險與危機時，有的人積極行動，有的人卻坐以待斃？為什麼有的人甘願冒著讓問題持續惡化到隨時可能爆發的風險，仍不願意去面對和處理？然而，我數十年來研究的都是金融、商業、全球經濟與政策議題，不禁讓我擔心上述問題會不會太偏離自

己所熟知的領域。也就是說，研究個人層面的風險行為，對我來說似乎是個很大的風險。

於是我尋求朋友圈的協助，試著面對像「灰犀牛」那樣高威力、高衝擊、令人措手不急的影響時的因應之道。一位老友（他是一位受人敬重的私募股權公司的執行長）讓我了解到，商業策略與個人挑戰絕非八竿子打不著的事。不久前，他和投資團隊檢討旗下投資組合中，那些表現不符預期的公司。他告訴我：「每一間公司在之前進行盡職調查時就已經出現警訊，這些公司真正的問題不在於商業模式、技術或市場競爭，而是領導階層的個人問題所導致。他們在酒駕、家暴等負面事件的影響下，做出糟糕的風險決策。」

「#MeToo」運動無疑證明「不良的個人風險決策」與「商業結果」之間的緊密關聯，不僅加害者面臨被逮捕的後果，更對受害者造成嚴重的影響。我有一位朋友就做出非常不容易的決定。她去國外參加某場會議後，被會議上認識的人下藥性侵，就這樣一個人身心受創的在異國被拋下。當創傷演變為一場個人危機，如果不去處理，終將影響她的職業生涯。回國後，她原本想試著裝做若無其事，但當她站上台面對兩百人做簡報的那一刻，她明白必須讓自己停下腳步治療心中創傷。她說：「如果我繼續勉強工作，我將把整個團隊拖下水，更將賠上我的人生。」

類似這樣的深度對談為我帶來莫大啟示。我發現個人、商業與全球層面的「灰犀牛」，彼此其實是互為影響的。此外，

我也了解到自己之所以堅持研究那些顯而易見卻未受重視風險，部分原因是源自於我的家族矛盾的風險態度。

　　我開始尋找「勇於冒險 vs. 迴避風險」的人士，深入了解風險經歷對他們造成的影響。透過這些訪談，我彷彿看見他們頭上的燈泡亮了起來。受訪者一再告訴我，我的提問讓他們深獲啟發，這樣的回饋也讓我意識到，原來人與人的對話如此重要。我的提問協助人們更加了解自己是誰、重視些什麼，以及為了保護他們在生命中所珍視的事物而願意冒什麼險，這觸及了每個人深層自我的核心問題。

個人風險與職業風險的交會

　　雖然我很感動大家把《灰犀牛》書中概念應用在生活上，但當我被問起親身的「灰犀牛」經歷時，往往感到很不自在，對我來說，暴露自己脆弱的一面，風險實在太高！我大多只會談談書中提過的例子，例如我直到接受牙周手術後，才終於學會定期上診所檢查牙齒。

　　在為撰寫本書而訪談別人的過程中，我開始想，或許也應該深入剖析自己與風險的關係，對讀者才算公平。於是我開始深入了解自己平日會處理或忽略的問題，以及這些問題如何隨時間推移而發生變化，以及我生活中公私領域的「灰犀牛」是如何出現交會點。我發現自己過去所面對的重大風險，多與工作和健康之間的緊張關係有關。

　　我曾經是個工作狂，嚴重到甚至會影響健康，而健康問

題又回過頭來引發重大的職涯挑戰。我在攻讀碩士學位時每晚只睡6小時，因為我一邊在西班牙語報社工作（一週工作35小時），一邊還以全職學生的身分在哥倫比亞大學國際公共事務學院（School of International and Public Affairs）讀書。

　　1991年秋天，我在期中假期的前夕走進院長辦公室，手上拿著我的修課清單告訴院長，我將去海地報導該國推翻總統阿里斯蒂德（Jean-Bertrand Aristide）的政變事件，但不確定什麼時候回國，萬一無法準時回來，能否麻煩行政人員告知授課教授。在其他期中假期期間，我還曾到海外報導薩爾瓦多內戰結束，以及多明尼加共和國的抗議事件。

　　然而，和我無視於朋友的警告相比，前往戰地採訪的風險根本算不上什麼。朋友總說我把自己逼得太緊，沒有好好照顧個人的生活與健康。這讓我想到婆婆，我終於明白自己對於健康風險的態度得自誰的真傳。畢業後，我繼續過著蠟燭多頭燒的生活模式，除了擔任工作壓力很高的財經記者、努力維繫一段搖搖欲墜的感情，到了週末還努力寫我的第一本書。朋友紛紛試著勸我慢下腳步，對我說：「多過一點生活，少做一點事。」但我完全聽不進去。直到有一天，長期以來堅忍不拔的我毫無理由的開始痛哭，卻完全不知道為什麼。事後回想起來，答案其實很明顯，我承受的生活壓力早已超過負荷。

　　1995年，我被診斷出罹患慢性疲勞症候群，於是遵從醫囑請病假，別無選擇的停下腳步，面對身旁每一個人早就看出來的事：我需要休息，學習調整生活步調。我和朋友在德州待

了一段時間，進行大量早該做的自我反省，讓精神與體力逐漸恢復。我發現能在記者工作中學到的東西早就已經全部學到，而我真正想做的事，是寫完我的第一本書。

我知道如果再照之前的模式繼續工作下去，遲早又會生病。雖然我難以割捨那些值得關注、影響著金融市場的議題，但我耳邊不時響起我的傑出記者朋友喬爾（Joel）的話：「依你的專業，遠遠可以有更大的成就。」於是，我展開一段全新的風險之旅，開始學著不再依賴傳統路線、躲在企業保護傘下仰賴固定的薪水過活，改以做最在行的事來實現自我。

當恢復到足以回去上班的狀態，我做的第一件事就是告知主管我要離職。接下來幾個月，我當起自由工作者，一邊擔任金融通訊的兼職編輯，一邊在多明尼加共和國與海地四處跑，並且找到出版社簽下我的書。你可能會以為我已經學到教訓，這次會老實一點。可惜並沒有。當我們解決完問題後，常會忘記繼續努力以防止同樣的事再度發生。

我的書《為什麼公雞會打架：多明尼加、海地與西班牙島上的對峙》（*Why the Cocks Fight: Dominicans, Haitians, and the Struggle for Hispaniola*）在 1999 年推出後獲得好評。隔年，我厭倦自由工作的不穩定性，接下一本有關拉丁美洲資本市場的雙週刊編輯工作。我熱愛這份工作，只花不到一年時間就為這本雜誌打造出全新面貌與氣象，大幅增加它的影響力。然而，我的心並不滿足，我渴求做得更多，卻忽視迎接新挑戰時所需付出的代價。

　　2001年夏天，6年前迫使我中斷工作的症狀再次降臨，包括失眠、皮膚問題、偏頭痛等。對一個工作上需要高度集中注意力的人而言，這些症狀讓我感到恐懼，難以維繫對工作的專注與興趣。我在搭地鐵時會坐錯方向，甚至會在熟悉的街道迷路。後來才知道，當時最幸運的事就是我不需要做出什麼困難的決定。接著，阿根廷發生債務危機，科技泡沫就此破滅，我任職的雜誌社關門大吉。失去工作的我離開位於世界貿易中心（World Trade Center）旁的辦公室。短短兩星期後，發生令人怵目驚心的911恐怖攻擊事件。

　　從某方面來講，我相當幸運，因為每當感到不快樂或壓力大時，我的身體就會出狀況。這是個強大的警訊，但我得學著留意相關徵兆，而且顯然得到一次教訓還不夠。症狀再次發作提醒了我，我必須隨時記取教訓。

　　是什麼因素讓我不得不面對長期以來一直忽視的健康風險？「被危機嚇到而採取行動」顯然不是個理想的方式，但確實很有效，促使我認真培養起新習慣。此外，我養了一隻狗，為了照顧狗狗，我不得不過著規律的生活，而累到不想講話時，狗狗總能讓我的心情頓時好起來。我開始把力氣集中在真正讓我感到興奮的計畫，至於那些無法滋養靈魂的事情，還是等有空再說吧！我開始留意自己的情緒反應，把精力放在能為我帶來「好」的壓力的事情上。當我需要幫助或建議時，我變得更願意向朋友求助。

　　上述轉變絕非如變魔術般憑空出現，而是來自過往點點

滴滴人生經歷的結合。我很幸運擁有朋友和家人的支持；能夠獲得良好的醫療照護；長期累積的知識、技能與人脈；我相信知識有一天能夠幫助我度過難關；以及我能夠意識到自己的問題，也願意設法改變。此外，上述轉變還涉及「毅然做出改變」與「屈服於慣性」之間的風險權衡。任何有理想、有抱負的20多歲年輕人（其他年齡層多半也是如此）都會理所當然的認為，「放慢腳步」是一種很大的風險，但事實上，這才是正確的決定。

從多元角度看風險

就許多方面而言，寫這本書也是冒很大的險。出版社喜歡可以輕鬆歸類的書，例如自助類、商管類、政策類、政治類、經濟類、心理類等等，本書儘管和上述領域都有相關，但卻無法被簡單歸類為任何單一類別。我決定與其削足適履，不如擁抱超越傳統界線所帶來的力量。從不同角度看，冒險會有著不同的面貌，同樣的，如果想了解風險，我們需要用多元的角度才能看見全貌。

新冠病毒疫情清楚的證明一件事：大規模的風險事件會持續擴大或逐漸受到控制，端視不同群體之間的互動。我的意思是指，個人、企業與政府全都扮演著保護我們安全的角色，但也有可能讓我們陷入危險。你的鄰居上雜貨店時是否戴口罩，商店採取哪些預防措施來保護員工和顧客，政府做出哪些防疫指引或措施，莫不影響著我們的存亡安危。因此，個人、企業

與政府如何看待風險與責任，以及它們所採取的相應行動，也讓各國產生截然不同的結果。

　　個人風險、政策風險、職涯風險、經濟風險、組織風險與全球風險，彼此縱橫交織，影響著我們的生活、工作與世界，而我們最終也會以個人、企業與政府的角色加以回應。因此，了解個人與風險之間相互影響的關係，能夠幫助我們設法將負面風險的影響降到最低，並讓我們燃起擁抱正面風險的勇氣，跨出舒適圈、調整應對風險的習慣，踏上那條實現自我潛能的道路。

　　讀者手中這本《風險指紋》就像是《灰犀牛》的姊妹作。儘管《灰犀牛》針對的是政策及商業領域的讀者，但卻在個人內在層面上引起許多讀者的共鳴；而《風險指紋》是專為個人讀者所寫，希望幫助社會大眾理解與改善自己的風險關係，但其中提到的諸多概念也與組織管理者及政策制定者的工作息息相關。

　　我想將本書獻給一如那個夏日傍晚在上海遇到的年輕人們，他們正為職涯、感情、健康或財務糾結困擾，不知該如何做出抉擇。本書也是為那些希望進一步了解員工、選民及顧客的商業或政府領導者而寫，我在全球各地演講時，許多風險與業務持續營運（business continuity）領域的專業人士一再表達共同的殷切期盼：希望找到更好的方式，讓全公司的人和他們一樣認真的看待風險管理。對理財顧問及其他類型顧問而言，本書能夠幫助他們協調客戶家中不同世代的風險態度與行為，

建立足以支持客戶未來教育、住房、健康照護與退休生活所需的財務規劃。對政策制定者而言，本書能夠幫助他們構思如何支持正面的冒險行為，打造強大的經濟與健全的社會結構，並說服民眾接受他們做出的風險決策。最後，本書也寫給那些受決策影響的公民，因為政府需要大家的支持，才有辦法在不受歡迎的情況下，依舊堅持做正確的事。

本書的風險探索旅程

在接下來的篇幅中，將協助企業領導者以一種全新的方式思考自家顧客、合作夥伴與員工。在政府部門任職或扮演決策角色的讀者，將了解看待風險的角度會如何影響你對選民需求的認識，從而改變你對優先事項的排序。此外，所有讀者都將明白，你的風險取向（risk profile）影響的範圍遠遠不只是自己。本書將幫助你洞悉周遭人們所抱持的風險信念與態度，以及擺盪在正面風險與不明智風險之間的系統、流程與政策，促使你思考如何才能從中獲益。

首先在「PART1：風險認知與個人性格」中，我們將檢視與風險有關的個人特質，包括：我們對風險有多敏感？我們將風險視為機會還是危險？覺得風險是令人害怕的新領域，或純粹是該做的事？我們將探討風險性格的源頭，以及風險性格與信任、信心、創意與不確定性之間的關聯。你的風險性格中有多少是來自先天特質、又有多少是來自後天經驗？你和生活在周遭的人們在識別風險及評估風險重要性上表現如何？

我們還將探討風險性格在群體互動中扮演的角色。在個人及工作關係中，從錯過投資機會到延誤就醫導致健康惡化，生活周遭的人們如何影響你對風險的看法，以及風險刻板印象所帶來的真正成本。我們將探索「風險同理心」（risk empathy）可以如何改變群體互動的發展。

接著在「PART2：**態度、判斷與耐受度**」中，我們將繼續討論風險態度（影響不同族群、文化與國家成員看待風險方式的價值觀與信念）與風險性質如何影響你的風險容忍程度。並介紹感性與理性兩種風險權衡過程的差異，以及辨識兩種過程的重要性。我們將探索影響人們回應不同威脅時常見的認知偏誤，以及如何平衡情緒及理性的反應。此外，我們也將認識神經生物因素（包括荷爾蒙、大腦以及整體身體狀態等等）如何影響你的情緒、你區分好風險與壞風險的能力，以及你正努力承擔著的風險到底是不是「對的」風險。

我們將從個人、組織與政策三方面探討工具與系統，協助人際關係、組織與社群展現最佳的風險態度與行為。各位將學到如何辨認良好的風險習慣，以及風險習慣在決策、團隊工作與策略上扮演的關鍵角色，同時留意良好風險習慣也可能帶來意外的不良後果（例如有些人繫好安全帶後，開車時反而更快更猛）。

我們將探索支持良好風險生態系統的政策，既能強化經濟、促進創意與創業精神，同時又能減少道德風險（當系統鼓勵系統性的冒險、組織也加以利用時帶來的危險）。這部分包

括我們必須如何做，才能教育出具備良好風險意識的新世代，讓他們有能力與不確定性及未知的成敗和平共處。

最後在「PART3：行為」中，我們將追蹤個人風險取向與組織健康程度之間的相互影響，了解文化態度與政策生態系統如何塑造出健全發展（或瀕臨崩解）的經濟與社會。這牽涉到：社會如何型塑成員對風險、道德、倫理與能動性（agency，人創造未來的能力與力量）的看法？公民、企業與政府如何攜手合作控管影響著他人的風險？我們如何平衡風險帶來的得與失，盡可能讓更多人擁有更好的生活？風險生態系統如何創造出協助投資的環境，讓國家欣欣向榮？過程中我們將觸及目的、知識、掌控感與能動性的作用，以及群體互動對風險認知、態度與行為的影響。

不論你是執行長或員工、政策制定者或國民，亦或是扮演父母、手足、朋友的角色，讀完本書後，你將更了解以下問題的答案：

- 你與風險的關係是否健康？
- 面對風險所帶來的影響，你與身邊的人擁多少力量足以促成改變？
- 面對風險態度與你截然不同的人，該如何有效溝通彼此想法與做法上的衝突？
- 從你的「風險指紋」顯示你是什麼樣的人？你與家人、朋友、同事與群體之間，擁有什麼樣的關係？

第 1 章
與風險共舞

　　是什麼讓一名63歲的女性，決定成為史上第一個橫渡尼加拉大瀑布的人？這位女性名叫安妮・埃德森・泰勒（Annie Edson Taylor），她在1901年創下這項紀錄。當時，她為了快速致富，爬進一個改裝過的醃菜桶，被推下舉世聞名的尼加拉瀑布。泰勒的家鄉在紐約奧本（Auburn），她是一名教師[1]。從加州到田納西州、印第安納州、德州、阿拉巴馬州，從墨西哥城（Mexico City）到華盛頓特區、再到芝加哥，泰勒環遊各地，四處教學。即便如此，她的生活開支大部分得靠遺產支撐。泰勒12歲時父親驟逝，婚後又成為寡婦，先生死在南北戰爭的戰場上。

　　泰勒很晚才學跳舞，後來便在密西根貝城（Bay City）開設舞蹈學校。可惜的是，學校經營失敗，於是她又到美加邊境位於美國那頭的蘇聖瑪利市（Sault Ste. Marie）嘗試教授音樂。泰勒想出尼加拉瀑布的點子時，遺產已經花得差不多了，又很難找到穩定的工作。泰勒因為不想再伸手向妹夫拿錢，便想著怎麼樣才能在短時間內，以不違法的方式弄到錢。

當時泛美博覽會（Pan-American Exposition）預定在水牛城舉辦，離泰勒剛找到跳舞教學工作的地方不遠。她心生一計。「我在紐約的報紙上，讀到民眾將大批湧入泛美博覽會，並順道參觀尼加拉瀑布時，我靈光一閃。」泰勒日後寫道：「我可以乘著木桶橫越尼加拉瀑布！從來沒人做過這樣大膽的事。」

泰勒下定決心執行這個驚人之舉，日期就訂在她的64歲生日。泰勒手裡的錢已經少到感覺沒什麼東西可以失去，再加上她相信，倘若成功一定能一夕致富，所以願意孤注一擲，盡一切所能做好各種安全上的準備。

《時代報導》（Times-Press）的記者問泰勒，為何會有這種近乎自殺般的想法。泰勒回答：「我不認為這是自殺。我有絕對的信心一定會成功，我將毫髮無傷的橫越尼加拉瀑布。木桶很結實，內部加裝墊子，在水中滾動時我不會受傷。此外，我有皮帶可抓。桶子的底部也加裝重物，空氣可以從上方的氣閥傳進桶內，我的頭會維持在上方。」

泰勒特別訂製一個約135公分高、90公分寬的醃菜桶，材質是肯塔基白橡木。木桶加裝皮帶與內墊當保護，氣孔連接著軟木塞和橡皮管。此外，這個重達70多公斤的桶子底部還裝有約90公斤的鐵砧，好讓桶底一定會朝下。泰勒還預先做測試，把自己養的貓裝進桶內，推下尼加拉瀑布群中最為雄偉壯觀的馬蹄瀑布（Horseshoe Falls），結果貓咪成功生還。

1901年10月24日，也就是泰勒64歲生日當天，她在接近

安妮·埃德森·泰勒，乘坐木桶活著橫渡尼加拉瀑布的第一人。照片中，泰勒站在木桶旁，她的貓也一起入鏡。泰勒測試木桶的安全性時，就是由牠負責上陣。照片來源：貝恩新聞社（Bain News Service），1901 年。喬治·葛拉罕·貝恩攝影集（George Grantham Bain Collection，收藏於美國國會圖書館）。[2]

下午4點時爬進木桶。她的工作人員把木桶拖至尼加拉河中央的草島（Grass Island），位置大約在馬蹄瀑布的北方約1.6公里處。泰勒的貓可能陪著她，也可能沒有。工作人員用腳踏車幫浦把空氣打進桶中，並在下午4點05分把桶子推進水裡。

在一旁的嘉年華承辦商法蘭克·「圖西」·羅素（Frank M. "Tussy" Russell）比誰都緊張的盯著整個過程。圖西受雇來替泰勒宣傳，據報導，加拿大和美國官員都已經放話，萬一發生事故，將會以過失殺人罪起訴他。[3]（泰勒的回應則是撂下狠話：有誰膽敢試圖阻止她的行動，她會馬上淹死自己。）

泰勒在醃菜桶裡一路順著湍急的河水往下流，終於在下午4點23分從瀑布邊緣墜落。大約1分多鐘後，木桶從峭壁底部的水霧中冒出來。接著工作人員花了16分鐘，終於把卡在兩

個漩渦之間的木桶拖上岸。現場有數千人在急流兩側與瀑布下方觀看。

意想不到的風險

泰勒從約48公尺高的地方墜落，過程中幾乎毫髮無傷，唯一受傷之處只有右耳後方一個大約7公分長的傷口，但多半是在工作人員鋸開木桶、拉她出來時不小心弄傷的。泰勒宣稱自己在落下瀑布過程中失去意識，並抱怨脖子扭傷。她告訴記者：「我寧願面對知道會把我炸成碎片的大砲，也不要再次從瀑布上墜落。」

儘管泰勒做足種種預防措施，最後卻敗在她沒能料到的風險：經紀人捲款潛逃。泰勒甚至沒能留下她的冒險道具。據說圖西偷走那個木桶，帶著一名年輕女性到全國巡演，宣稱她就是乘坐木桶掉下尼加拉瀑布的人。由於圖西與泰勒先前接受記者採訪時，圖西把泰勒的年齡少報了20歲，這位冒名頂替者顯然更符合民眾心中對泰勒的形象。

泰勒自封為「迷霧女王」（Queen of the Mist），但除了事後接到幾次演講邀約，那趟驚險之旅並未帶來她所期待的名氣與財富。雖然泰勒的一生多彩多姿，但她實在缺乏舞台魅力。為了維持生活，泰勒在尼加拉的街道上兜售那次壯舉的紀念品，包括木桶模型、個人玉照，以及描述那次冒險的小冊子，並和遊客合照來換取一點小費。泰勒後來又多活了20年，最後身無分文的死在紐約洛克波特市（Lockport）。

　　泰勒一生留給後人的事蹟全都與風險有關。她的故事為我們提供許多冒險者典型特徵的線索，說明是什麼樣的經歷促使她做出高風險的決定。兩位至親的驟逝，讓她明白生命是如此轉瞬即逝。她一生大部分時間所擁有的財務安全網，讓她得以自在生活、盡情冒險，據說她曾經 8 次橫越美國東西岸。然而，儘管她早年過著舒適生活，但在尼加拉瀑布搏命演出時已幾乎身無分文，或許正因如此，降低了她的風險認知，將孤注一擲的行動視為通往財務自由的途徑；人們面對眼前龐大的利益，較容易傾向低估所承受的風險。而周延的準備讓她獲得掌控感，因而更願意承擔如此高的風險。

　　泰勒的選擇不只受到個人背景因素的影響，其實也是時代和社會的產物。她身處經濟與社會動盪的高峰，所做的決定自然帶有時代精神的印記。[4] 當時的美國已經步入「鍍金年代」（Gilded Age）的尾聲，蕭條取代了富裕，讓她愈來愈難賺到錢。1901 年的 5 月，也就是泰勒搏命演出的前幾個月，股市因市場恐慌而崩盤。在動盪不安的時代中（或許和今日沒什麼不同），那些感到已經沒什麼好失去的人們，往往樂於冒險一搏。在泰勒搏命演出的前幾週，麥金利總統（McKinley）被暗殺，年僅 42 歲且富有冒險精神的羅斯福（Theodore Roosevelt）宣誓就職，成為美國史上最年輕的總統。

　　泰勒過世後的一個世紀內，還有許多人效法她橫越尼加拉瀑布，其中 11 人生還，5 人因而死亡。「冒這樣的風險，值得嗎？」這個問題只有當事人才能回答。但對依然活著的我們來

說，在面對現在已經承擔或未來可能遭遇的風險時，問自己這類問題則能帶來助益。因為這個問題的答案將完整揭露我們是什麼樣的人，以及我們身處在什麼樣的世界。

你的風險指紋

正如泰勒的風險決定定義了她的人生及帶給後人的影響，每個人所承擔的每一個風險，也都在向外傳達我們是什麼樣的人。無論是個人在扮演家庭、職場及社會角色時所做的日常選擇，或是執行長、市長、總統、全球領袖等具有深遠影響力的行動，風險都能夠解釋一切。

例如：你決定早餐要吃什麼，還是不吃早餐；要去健身房，還是要坐在沙發上吃披薩；要預留多少時間去機場搭機；過馬路時是直接闖過去再說，還是先觀察左右來車；乘車時是否繫上安全帶；是否會依公車司機的提醒站穩抓好。

工作上你習慣拖延，還是會遵守最後期限；老闆在重要會議中提出有問題的行動方針時，你是否會站出來講話；應該乖乖待在目前的職位，還是要爭取更理想的工作；是要努力從現有客戶身上拿到更多訂單，還是直接放棄那些不值得花時間的客戶，以便專注爭取更大的客戶；要在新產品還未確認前就率先推出，還是冒著被競爭者搶先上市的風險慢慢測試。是否要冒著讓好友難過沮喪的風險，直言他們的另一半有問題，還是保持沉默、眼睜睜看著他們鑄下大錯；是否要把一生的積蓄，投入表弟聲稱有可靠消息的雞蛋水餃股。

　　是什麼原因讓人們選擇冒險？為什麼有的人會替成功預作必要的準備，有的人則誤判形勢、導致難以挽回的後果？為什麼當大家覺得風險過高時，有些人看到的卻是大好機會？從日常生活到生死關頭，這些問題的答案與民眾和國家每天所做的決定息息相關，影響著人際關係、健康、財務、安全、職涯與社會。我們的風險決策背後有哪些力量對企業和投資人而言特別重要？而企業和投資人的選擇又將創造或摧毀財富、職涯與信譽。

　　我們為何會選擇面對或忽視眼前的危險與機會，背後的原因可能令人感到驚訝，但也往往能帶來許多啟發。許多因素會影響著我們對風險的認知與評估，例如：人口統計特徵、教育程度、職涯選擇、宗教、地域、文化、過往經歷、世代、媒體、決策過程、組織設計等等。然而，還有一些因素不僅出人意料，而且影響力遠遠超乎我們的想像，例如：你的身高、長相、你今日吃什麼、你說的語言、你聽什麼音樂等等。因為即使是那些自認為高度理性的人，也會受到情緒、認知偏誤、血液中荷爾蒙濃度的影響。忽略這些因素，往往會使我們身陷風險之中。

　　這些習而不察的因素左右著我們對風險的敏感度，也就是我們對風險的判斷、留意的程度，甚至是能否察覺到風險的存在。這些因素型塑著我們的風險容忍度，幫助我們判斷：值得冒多少險，是否能區分「好風險」（各種機會，例如：接受新工作、嘗試新事物）、「壞風險」或「危險風險」（例如：借

錢來賭博、從事犯罪行為）。最後，這些因素還會影響我們面
對風險時，是否會選擇躲在自己的舒適圈裡：竭盡所能規避風
險，本身往往就是一種風險。

 風險指紋：人格特質、人生經歷及社會脈
絡的組合，是每個人獨特的核心要素之一。

「風險指紋」像是我們每個人都擁有像指紋般獨一無二的
風險性格（risk personality），它源自我們的基本人格特質，你
可以把這些特質想像成各種弧形、圓形、螺旋形的紋路，它們
型塑出一枚枚各不相同的指紋。我們的風險指紋會因人生經歷
而有所改變，就像割傷所留下的疤痕。

一如真正的指紋能為法醫提供辨識個人身分的線索，風險
指紋開啟一扇能夠一窺個人內在的窗口，顯示我們對權威與權
力的感受、我們如何看待人類的能動性、我們在團體中如何對
待彼此，以及在文化差異影響下，我們是對風險特別敏感或視
若無睹。風險指紋揭示出人們的期盼與恐懼、背後的原因，以
及他們感到自己與領導者握有多少掌控周遭世界的能力。

我們賴以生活及工作的風險生態系統（增加風險或提供
安全網的文化、社會、政策及經濟環境），將弱化或增強我們
的風險性格。最終，如同對雙手呵護程度會決定皮膚的細緻程
度，我們的風險習慣會改變風險指紋。

風險生態系統：影響個人與組織風險決策的文化、社會、政策與經濟環境。

　　我們的生活取決於我們如何看待風險，以及據此做出什麼樣的決定。英國心理學家傑夫・崔克（Geoff Trickey）告訴我：「風險與生存息息相關，風險與機會間的平衡，即是生與死的界線。」崔克是研究風險與人格的專家，接下來的章節很快會再提到他。

　　我們如何理解、權衡眼前的威脅和機會，並決定是要接受或拒絕，影響著個人、職場、群體與國家的未來。每個人的風險性格特質不僅影響自己的行為，更會與他人交互影響。當我們群聚在一起，它們的複雜性就會呈指數型放大。

　　無論在何處工作、從事什麼職業，你的成敗將取決於以下事項：你對預期變化的回應能力、你願意承擔哪些風險、你是否在意外事件發生前未雨綢繆的建立安全網、你與身邊的人面對風險的態度是彼此互補或衝突。風險幾乎定義著我們性格、工作、休閒與社會關係的每一個面向。當你愈了解自己與風險的關係，就愈有可能在各領域中取得成功。

最大的風險是停滯不前

　　我認識一對年輕夫妻，他們充滿冒險精神的故事是個

絕佳案例，說明「了解自己的風險指紋」能夠幫助你做出重大改變，讓你在不確定性中成長茁壯。梅根與馬蒂・巴蒂亞（Megan and Marty Bhatia）在20多歲時就建立起不動產開發事業，提供土地、建造與仲介等服務，為貧困街區帶來發展契機。夫妻倆雇用14名員工，在芝加哥時髦的西環區（West Loop）擁有一棟好房子。

　　然而，在2008年金融危機期間，房地產市場崩盤，馬蒂在業界的導師開槍自殺，夫妻倆的負債幾乎達到資產的兩倍。一天晚上，巴蒂亞夫婦在路上協助一名看起來意志消沉、手上帶著醫院手圈的男子，男子不久前才因為慘賠10萬美元並失去餐廳而輕生。相較於巴蒂亞夫婦欠下的百萬美元債務，男子的損失根本是微乎其微。這段偶然的插曲帶給巴蒂亞夫婦很大的啟示：「直到這時我才明白，我們之所以在心理上、情緒上能比他穩定，是因為我和馬蒂擁有彼此，擁有可以幫助我們的家人。」梅根說：「那位先生顯然先前是非常專業的人士，但當他失去一切時，卻沒有可以支持他的人。」

　　後來，他們在家人的協助下展開協商債務，重新振作起來。梅根為另一家公司銷售房地產，馬蒂則成立科技服務公司，兩人懷抱著無限感激努力工作。他們成功的逃過破產及房屋被銀行抵押的命運，經濟復甦後，事業也跟著好轉，還不到30歲的他們感覺彷彿活了七輩子。即便如此，巴蒂亞夫婦有時仍舊感到被困住，因為他們得為房子付出高昂的費用，也會擔憂碰上下一輪的經濟不景氣。2015年時，巴蒂亞夫婦生

下一對雙胞胎，又開始擔憂傳統的育兒方式將跟不上未來的世界。這樣的感覺與日俱增。

終於，他們在2018年底決定賣掉房子和一切物品，花一年的時間帶著雙胞胎環遊世界，原因在於夫妻倆想不出還有什麼事比旅行更能教導孩子以自信的態度面對新環境。「在過去，一想到可能失去房子，我們就會感到壓力沉重。」出發環遊世界的前夕，梅根在林肯公園（Lincoln Park）旁的咖啡廳一邊喝咖啡、一邊說。馬蒂立即接著說下去：「然而現在，擁有房子反而會讓我們有壓力。」

接下來的一年半，他們一家四口住過巴西、智利、英格蘭、比利時、西班牙、葡萄牙、荷蘭、法國、夏威夷與澳洲。他們原本打算在澳洲停留久一點，但雪梨一帶野火肆虐，空氣品質迫使他們縮短澳洲行程，出發前往紐西蘭。就在這時，全球爆發新冠肺炎疫情。我再度聯繫他們時，他們已經在防疫成效卓著的紐西蘭待了6個月。令夫妻倆感到很諷刺的是，他們做出別人眼中極度危險的行動，結果反而得以落腳全球最安全的地方。「親友們都在煩惱孩子停課的問題，」梅根說：「但我們的孩子6個月以來都能正常上學，不曾中斷！」

從某種程度來說，巴蒂亞夫婦似乎過著高風險的生活型態，不過他們不必擔心住在美國時必須擔心的事，例如校園槍擊事件。「離開美國時，我們也很擔心孩子適應學校與健康照護的問題，」馬蒂說：「在最初6個月中，我們反覆問自己這樣的決定是否正確。直到孩子展現他們的成長速度有多快、適

應能力有多強，我們才終於放下心來。」令馬蒂感到自豪的是，在充滿不確定的疫情期間，一家人能在身心獲得安全保障的地方，為孩子的成長打下人生基礎。

「與長期待在同一個地方、生活一成不變的人相比，我們更能創造自己想要的生活，」梅根表示：「對我們來說，未來的一切需要共同用心創造。我們應該選擇在什麼樣的地方規劃未來？是一個時時刻刻充滿恐懼的地方，還是一個安全穩定、知道不論發生什麼事都能因應的地方？」

2020年夏末我們再次聯繫時，巴蒂亞夫婦住在紐西蘭的奧克蘭。一家人用馬蒂的數位技術交換住處，但他們已經在討論計畫完成後，接下來要落腳哪些地方，「大概會去哥斯大黎加或葡萄牙。」他們跟我說。

梅根與馬蒂做的事，八成會讓許多人的風險雷達瘋狂作響。事實上，他們精心打造的風險安全網能夠有效降低許多不確定性，讓他們得以在不確定的環境中自在生活。他們擁有可以帶著走的數位技能，在世界各地都通用。他們以看似缺乏安全保障的方式，為自己創造安全保障。他們掌控自己的未來，但也留下充裕的不確定空間。他們擁有親友組成的支持群體。他們教導孩子如何在充滿不確定性的世界中隨機應變、明智冒險。

即便是最害怕承擔風險的人，也能在馬蒂與梅根身上學到很多。他們不僅在成功與失敗中學習權衡風險，更重要的是持續溝通彼此嚮往的方向、協調彼此追尋未來的腳步。在他們的婚姻關係中，必須不時停下來討論彼此從不同角度看到的風

險，尤其是當梅根無法接受馬蒂想要追求的風險規模時。

　　他們各自在截然不同的家庭中成長，也受到截然不同的風險教育。馬蒂的母親是個酗酒、懶散的愛爾蘭天主教徒，父親是印度裔醫師；而梅根的母親是家庭主婦，父親自美國陸軍遊騎兵退役後擔任律師。馬蒂小時候是個街頭頑童；梅根則住在芝加哥郊區，家中常常接待國際學生。雖然兩人的風險態度大不相同，但齊心協力追求共同的人生目標。套用領導大師史蒂芬‧柯維（Stephen Covey）的話來說，這對夫婦希望擁有的不只是張地圖，而是一個能夠指引方向的羅盤。「我們都相信，保持不變才是最危險的事情。」梅根說：「在未來，躲在舒適圈的人日子會最難過。」

　　上述原則不僅適用於我們每個人，也能套用在企業、組織與社會。企業、組織與社會把我們聚集在一起，定錨我們認識與管理風險的方式。在情緒總是淹沒理智的世界，這些原則能夠幫助我們克服情緒的影響，從「用直覺做風險決定的人」逐漸蛻變為「用理性做風險決定的人」。

看待風險的方式很重要

　　人與人能否和睦相處，關鍵在於當事人能不能成功協調彼此的風險態度。試想，如果朋友總是酒駕、超速、無視交通規則，你會願意搭他的車嗎？如果有人堅持要你做令你感到不安全的事，你會繼續和他來往嗎？當朋友或同事始終無法戒掉抽菸、酗酒、賭博之類的自毀行為，你又會怎麼做？

在事業經營上，成敗不只取決於天分與能力，性格也扮演著關鍵角色，尤其是在做風險判斷時。事業夥伴之所以會拆夥，最常見的原因就是個性不合，個性差異會衍生為分歧的公司願景。風險態度不只反應個人性格，更是影響團隊合作程度的重要元素。此外，風險敏感度與過去經歷還會影響管理階層進行重大抉擇的能力，例如：是否要在涉及安全、法律、股東的錢等方面承擔重大風險。風險態度是董事會與執行長行為背後的主要驅動力。新聞頭條似乎總圍繞著糟糕的企業風險決定：廢氣排放超標、交易失誤，以及一樁接著一樁的企業醜聞。然而，真正值得關注的不是「哪間公司上了新聞」，而是「造成錯誤的風險決策背後的原因」。

新聞與社群媒體的資訊轟炸，有效提升大眾對風險的認識，但也強化我們對風險的誤解。新興技術為擁有它們的人帶來美好前景，同時把大多數人遠遠拋在後頭。技術變遷徹底撼動工作的未來，愈來愈多人已經無法將每天朝九晚五的工作視為安穩的保證。愈來愈極端的氣候威脅著家庭、社群與企業。

潛在的全球災難風險讓人感到無能為力，許多人乾脆假裝那些事不存在。我們以兩極化的態度面對風險，一方面極力避開某些類型的風險，另一方面卻對可能發生的風險視若無睹。隨著新興技術不斷問世，社會受到衝擊的範圍愈來愈廣，這一類的風險緊張關係只會愈演愈烈。

更重要的是，我們對風險的視而不見，正不斷擴大全球性的危險斷層，尤其是不平等程度的加劇所帶來的民粹主義浪

潮。人們在政治動亂、經濟蕭條、全球秩序崩解之中感到迷茫，發現愈來愈無法掌控自身命運。

　　新冠肺炎疫情讓原本就脆弱的局勢雪上加霜，看不見的病原體四處潛伏，而我們卻對它所知甚少。隨著病毒在全球蔓延，各國以自己的方式做出因應，因應方式則取決於各國領導者與人民如何看待風險。政府及企業所下的每一個決定，包括要不要戴口罩、是否保持社交距離、該不該要求民眾待在家中，民眾又會不會遵守等等，牽一髮則動全身。在一些政府權威性較薄弱的地方，許多人要求對眼前風險做出自己的判斷，更增添風險的不確定性，他們藐視疾病、拒絕遵守防疫措施，彷彿成為展現不屈服精神的宣言。

　　然而，如同黎明前的黑暗，充滿不確定性的現實也為我們帶來一線希望：許多人這下子終於明白，當政府與公民未能意識到明顯危機，沒有採取能夠預防及降低風險傷害的行動時，情況有可能惡化到多糟糕的程度。

　　政府所做出的風險決定，攸關企業與經濟是充滿創意、創新與活力，抑或是陷入保守、蕭條與衰敗，也影響著消費者是否能夠信任企業。社會看待風險的態度，將帶來影響範圍極廣的結果：創造或摧毀財富、相信賢達或騙子、支持獨角獸企業或龐氏騙局。從賦稅、教育、法規、健康照護制度、社會保險、移民、基礎設施到科技，多數政策本質上都與風險息息相關。然而政府的風險決定往往過與不及，鮮少能夠恰當適中。

亟需風險素養的年代

我們如何工作、為誰工作、轉職頻率、職涯規劃正面臨結構性的變化，迫使每個人（無論你是上班族或零工族、是企業經營者或股東）都必須進一步認識風險。職場安全網正在縮減、公共危機正在擴張，愈來愈多潛在的全球性危機無法掌控。當身旁充斥著缺乏「風險素養」（poor risk literacy），無法找出威脅有多大或與發生的機率、不斷誤判自己與他人將承受風險的人，將讓我們更難以保護自己。

X世代與更早世代的孩子，多半能在自由的環境中成長。時至今日，則有太多「直升機父母」（helicopter parent）在鋪著墊子的遊戲場成天繞著孩子打轉，努力保護孩子免於接觸任何危險。於是，許多大學生開始要求學校設置能完全免於情緒困擾或不受任何騷擾的「安全空間」（safe spaces）。

普遍存在的不確定性影響人們對專家與政府的觀感，民眾對兩者的信任度大幅下降。反對施打疫苗、否認氣候變遷的人認為科學不可信，他們堅持由自己判斷哪些事危險、哪些事不危險，不僅為自己塑造虛假的掌控感，也讓他人被迫承擔更高的風險。

在上述這些人進行徒勞無功的嘗試，做出危險的風險決策來試圖證實「不可能為真」的信念時，另一些人則渴望著自己能夠掌控風險的體驗。這種渴望帶來一波快速成長的商機，例如：挑戰生死關頭的極限運動與其他高風險活動、模擬囚禁的

密室脫逃遊戲、模擬風險的暴力電玩，以及歌頌各種風險的媒體。[5]許多觀察者批評社會上過分避免孩子接觸風險的努力，並抱怨以科技取代真實風險體驗的潮流。他們指出，這種文化變遷反應的是一種新的風險癡迷型態：我們樂於選擇承擔風險，但僅限於承擔我們有能力完全掌控的風險。

西方社會極力試圖掌控特定類型的風險，但放任其他的風險猖獗發展，於是剝奪下一代精確感知與回應風險的能力。在不確定性與日俱增的世界裡，多數人卻不願意接受這樣的事實，反而以錯誤的態度面對風險。

荷蘭建築師與都市理論家雷姆·庫哈斯（Rem Koolhaas）在 2016 年接受《衛報》（*The Guardian*）採訪時說：「我們生活在一個風險被系統低估的社會，風險已然被舒適所取代。我認為如果人們可以從這個現象中學到什麼，那就是風險對於一個充滿活力與智慧的社會依然至關重要。」他談的是奈及利亞拉哥斯（Lagos）在混亂之中意外誕生的美學與功能性設計。[6]在庫哈斯的職業生涯中，向來大力批評建築與社會的風險規避傾向，提倡越界與不完美能夠滋養創意與人類的能動性。在科技改變人類行為與社會的時刻，創意與能動性是不可或缺的能力。

因此，我們不能單單討論某個或某些具體風險，必須實際深入討論風險的本質，以及個人、組織、社群、社會、國家的風險應對方式。我們無法將個人與文化的風險應對方式分開討論，因為兩者是緊密交織在一起的，這就好像我們在跳一支

複雜的舞，每個人的動作都深深影響著彼此。在過去，文化與社會系統會影響個人如何看待風險；但如今在社群媒體的年代中，個人也可能反過來影響社會與文化系統的風險態度。

重塑我們與風險的關係

面對風險與管理風險的能力，已成為現代社會中必備的生存技能。此外，創意與判斷力也至為重要。隨著機器接手愈來愈多工作，人類需要磨練這些比機器更具優勢的技能。管理者必須評估與培養團隊對風險管理的敏感度。

風險同理心：體會他人感受風險方式的能力，並能調整自身行為來配合他人的相關需求。

一旦了解你的風險態度如何影響著你與周遭人士的行為，你將更有能力替自己下決定，以有效的方式與他人協商何時該冒險、何時又該打安全牌。這將有助於你判斷何時應該拿出風險同理心，理解他人的風險態度並調整自身行為，好讓你能更輕鬆的面對各種風險。

在你與風險的關係中扮演積極的角色，不僅能夠改變你的人生，還能協助你投入能夠創造機會的冒險行動，避開不會有好下場的危險賭局。你將能看清自己性格與行動的某些面向，例如：如何處理模稜兩可與不確定性，深度探索你的恐懼與夢

想。釐清自己做出某些風險選擇的原因，將使你以更清醒的方式做出風險決策，同時運用風險同理心看待身邊的人。此外，把衝突視為風險性格對立所引發的結果，將有助於化解原本的僵局。

　　承受多少風險才是適量的風險？什麼程度的不確定性才不算太多？我們的目標往往和童話故事〈金髮姑娘和三隻小熊〉（Goldilocks）裡的金髮姑娘一樣，她想找到不會太燙、也不會太涼的粥，以及不要太大、也不要太小的床，一切都要恰到好處。然而，真正的關鍵不在於「風險有多大」，而是「你感受到的風險有多大」。金髮姑娘認為太涼的粥，對熊媽媽來講溫度剛剛好；金髮姑娘覺得太燙的粥，熊爸爸則覺得一點都不燙。

　　對於某些人而言，根本沒有所謂「風險過高」這回事。那些頂尖的交易員、賽車選手、戰鬥機駕駛、特技表演者與冒險家，他們是天生就熱愛風險嗎？或者他們是靠後天的努力，才學會如何控制自己對風險的反應？答案是兩者皆有，他們的表現源自於先天性格與人生經歷的結合。這些專業人士都接受過密集訓練，以減少冒險時的不確定性。透過大量的練習，他們比一般人更能相信自己的直覺反應。

　　當你熟悉某個場景，自然能夠快速的做出決定；但對那些沒有足夠資訊、擔心做出錯誤決定的人來說，他們在相同場景中卻感到巨大的壓力。此外，性格也會造成影響。有的人習慣質疑自己，即便他們對相關資訊瞭若指掌，依舊無法相信自

己有能力做出理想反應。但整體而言，透過學習面對與回應風險，就能有效降低風險對我們的影響。試想，在一場高風險的比賽中和專業車手相比，業餘人士在賽道上撞車起火的機率高出多少，就不難明白這個道理。

我們的風險性格以及回應顯著風險的能力，主要與我們所獨有的人生經歷有關，例如：我們是什麼樣的人、我們的成長方式、我們過去面對過的危機（無論當時是否能夠成功化解）。此外，也與我們遭遇風險的性質有關，例如：這個風險看起來有多嚴重、影響層面有多廣，以及它能召喚出多少情緒。最後，也與我們工作和生活中的組織與群體有關，涉及周圍的人怎麼看待我們所面對的風險、他們認為誰應該負責處理這些風險，以及他們對負責處理風險的人抱持多大的信心。

風險認知：對特定事物風險高低的判斷。
風險態度：對特定風險的回應方式。

在這個令人愈來愈感到不確定的世界中，若能理解「風險認知」（我們認為事情的風險程度有多高，以及這樣的認知符合事實的程度）與「風險態度」（我們選擇如何回應風險，以及我們願意承受多大風險、如何因應風險）背後的原因，風險將不再是敵人，反而能夠成為人生中的助力。我們將能朝著嶄新的現實邁進，更加意識到眼前風險的本質，了解哪些因素影

響著我們對風險的反應，讓組織、社會與國家能以更聰明、更公平的方式，妥善控制風險與不確定性。

就許多方面而言，我們今天所感受到的不確定性，和泰勒橫越尼加拉瀑布時的社會、經濟與政治背景遙遙呼應。這個世界正以我們無法完整預測和理解的方式快速改變，對於可能蒙受大規模損失且難以採取避險措施的人來說，這是無比恐怖的事情。新冠肺炎疫情打亂我們的日常生活，暴露出眾多風險無人處理的後果。

這些日子以來，事情的不確定性似乎達到史上新高，但一封由我叔叔轉寄來的電子郵件，幫助我從宏觀角度看待當前處境，尤其是有幸能適應疫情衝擊的我們。這封電子郵件主要在談生活在泰勒那個時代的人們，他們的一生經歷過兩次世界大戰、1918 年流感大流行，以及無數次的小型疫情、經濟大蕭條、冷戰、電視與網路問世，以及許多全球性社會、政治與經濟的重大轉變。如今，我們即將面對的變化，會不會和從前的重大事件一樣威力無窮、足以顛覆世界？與前人相比，我們在應對風險方面表現得是更好、還是更差？

第 2 章
風險的意義

　　學著在不確定的年代愈挫愈勇，將讓你更願意冒險，而冒險又會讓你更加適應不確定性。後文將進一步探索我們與風險的關係，以及如何在不確定的年代中勇往直前。不過在那之前，我們有必要先花點時間，確保我們在討論「風險」與「不確定性」時，每個人都能明白彼此說的到底是什麼。

　　許多自小經歷極端不確定性的人，往往對於險中求勝有著獨特的體會。他們比較會從正面的角度看事情，而且相當了解自己，明確知道自己真正看重的事。出人意料的是，當這些有能力掌握「風險」與「不確定性」的人談起相關概念時，用的卻是截然不同的詞彙。

　　我和瑪麗梅・賈美（Mariéme Jamme）在倫敦滑鐵盧火車站共進午餐時，她告訴我：「創業者不會去計算風險。我們憑藉的是毅力、希望與信任。」她出生於塞內加爾，同時身兼女性企業家、科技投資人與教育倡導者。她在科技業與社會公益創業上的成績都令人印象深刻，但賈美特別令人欽佩之處在於，她能夠克服常人難以想像的人生逆境，以卓越的商業力與

行動力成為全球知名人士。

　　賈美前半輩子活在極度的不確定性中，她形容自己是「一個分崩離析的人」。賈美生於塞內加爾的貴族家庭，但從來沒見過據說是某政要的父親，由母親獨立扶養長大。11歲時，她被教授《可蘭經》的老師強暴，和雙胞胎弟弟一起被母親遺棄。13歲時，她被人口販子從塞內加爾帶到巴黎，落腳在聖但尼（Saint-Denis）附近，和其他偷渡的年輕女性、盧安達種族滅絕倖存者一起生活。當法國警方掃蕩賈美棲身的地鐵站時，一種情緒湧上心頭，那就是：希望。賈美的友人表示：「許多有過創傷經歷的人是靠希望活下去，我們沒有做夢的權利。」不過，賈美依舊有夢。

　　賈美直到16歲才靠自學學會識字，在飯店、酒吧與餐廳當清潔工養活自己。等賺到夠多的錢，她便移居倫敦，一面努力改善自己的英文程度，一面學習程式語言。後來她成為科技創業家及顧問，協助大型科技公司拓展至非洲、中東與亞洲。賈美在2017年成立社會企業iamtheCODE，呼籲政府、企業與投資人支持女性從事科學、科技、工程、人文、數學與設計工作，目標是在2030年前，訓練百萬婦女與女孩成為程式設計師。賈美希望為女性提供機會，讓她們不必和她一樣走過創傷滿滿的青春歲月。

　　創業者天天都在冒險，但賈美的字典裡幾乎沒有「風險」一詞，以至於當我問她如何定義風險時，她過了好一陣子才能回答。「我覺得應該說是『希望』才對。」賈美想了很久之後

終於開口：「我深信自己的希望終能實現，這種信念就像是我心中的燈塔。」賈美想到的不是風險或不確定性，而是抱持希望。她想要什麼，就花力氣來讓事情成真。

　　賈美的故事（包括她談風險時不把風險當風險）是一則不為人知、卻了不起的風險故事，幫助我們思考究竟是什麼風險、如何把風險應用在自己的人生，以及所處的組織、政府與社會中。我研究「風險」的詞源時，發現這個詞彙可以一路回溯到7世紀。在當時，風險是一種經濟概念。我把這個發現和一位作家朋友分享，但朋友不以為然的反問：「那麼在風險這個詞彙出現前，人們用什麼來稱呼它？或許，風險就只是『人生』而已。」

　　朋友的話和賈美對於風險的看法有著異曲同工之妙，風險是某種反正你得想辦法度過的事。我這位作家朋友的想法蘊含一個強而有力的真理，同時也是本書的核心概念：你的人生由你承擔的風險所組成，你的人生決定你是怎樣的人。接下來，我們要進一步認識風險真正的意涵，以及風險的意義如何隨著時代而改變。

「風險」意涵的流變

　　西方語言中的「風險」（risk）一詞，有著波斯語、阿拉伯語與希臘語的源頭，混合了軍事與航海的意涵。不同的社會依據各自對於風險與責任的看法，選擇看待世界的方式，而不同的觀點又會型塑個人與社會在處理不確定性與變動時所扮演的

角色。

　　語言學家亨利與蕾妮·卡翰（Henry and Renée Kahane）將風險一詞的起源，一路回溯至波斯—阿拉伯語的軍事術語 rogik，rogik 日後又演變成阿拉伯語的 rizq。兩位學者寫道：「rizq 是軍事用語，指的是阿拉伯將士在新占領的拜占庭埃及自行徵用糧餉的權力。」在 7 世紀末，rizq 一詞傳到拜占庭希臘，變成 ρίζικό 或 ριζικό（rhizikó, rizikó），意義上也產生重大的變化，再也不是指士兵徵用必需品的權力，而是仰賴「找到糧餉的運氣。有可能碰上好運，也可能碰上厄運，後來又發展為概括性的『機運、命運』概念。」[1]到了現代，風險的含義則是指生計或謀生，一切要看老天爺賞不賞飯吃。如同卡翰夫婦所言：「現代的風險依舊保留過去的語義源頭，包括軍事與航海上的機運和危險。」

　　波斯—阿拉伯語中的概念與希臘文的 ρίζα（rizha，意思是「根」或「石頭」）以及拉丁文的 resicum（「峭壁」之意）結合在一起。這兩個字都是航海用語，用以形容船隻會碰上的潛在危險，也難怪風險一詞首度運用在商業領域時，就是出現在航運業。這個詞彙接著傳進義大利語（risco，「危險」之意），然後又傳入法語（risquer）、西班牙語（riesgo）、葡萄牙語（risco），再來是時間在 17 世紀左右傳進德語（risiko）。「我們認為值得一提的是，相關詞彙是在大膽發現新航線與新大陸的年代，散布至不同的歐洲語言。」學者奧維·聶佳（Ove Njå）等人寫道：「風險在 16 世紀似乎帶有正面意涵，例如在

中古高地德語，rysigo 是商業術語，有『大膽放手去做、期盼獲利』等意思。」

　　彼得・伯恩斯坦（Peter L. Bernstein）在精彩之作《風險之書》（*Against the Gods: The Remarkable Story of Risk*）中精彩描述風險概念在西方社會、數學與貿易領域的發展歷史。[2] 伯恩斯坦主張：「風險掌控是劃時代的革命性概念。」他生動的描述 17 世紀數學家帕斯卡（Blaise Pascal）如何與從事數學研究的友人合作，包括貴族賭徒迪默勒（Chevalier de Méré）和律師費馬（Pierre de Fermat），一起研究分析機率的方法，做出量化風險進而駕馭風險的早期嘗試，同時參考天文學家伽利略（Galileo）、物理學家兼賭徒吉羅拉莫・卡爾達諾（Girolamo Cardano）的研究，以及 14 世紀的中國數學家朱世傑發明的四元玉鑒法，提出日後的「帕斯卡三角形」（Pascal's Triangle）。帕斯卡與同伴研究出今日的風險理論支柱：擔心蒙受損失（換句話說，也就是風險）的程度，同時要看機率與事件的嚴重性。

　　瑞士數學家丹尼爾・伯努利（Daniel Bernoulli）在 1738 年依據風險的效用，提出「客觀決策」與「主觀決策」的概念。伯努利意識到，特定風險帶來的是損失或獲益，取決於當事人所處的情境，以及對當事人而言怎樣的結果才會讓他們感到有用或滿足，而這又要看他們手中已經擁有什麼。伯努利設計出一套方法來計算先前無法計算的事，做為人們尋求風險或迴避風險的動力。伯努利的發明是以法國數學家亞伯罕・棣美弗

（Abraham de Moivre）的洞見為基礎，棣美弗在 1711 年將「損失機率」概念納入風險計算，在提及「冒險」（adventure，該詞彙有時會出現在「風險」的同義詞清單）時，他會用「冒險的總和」（the sum adventured）一詞。[3]

誠如經濟史學家喬納森・列維（Jonathan Levy）所言，風險概念是美洲貿易與商業發展的核心，進而影響全球經濟。然而不只是美洲而已，西方的風險對話主要運用數學與貿易的語言，是指一種可擁有的資產。列維在《扭曲的財富》（*Freaks of Fortune*）[4]中寫道：「風險概念於 16 世紀出現在英語中，但美國直到 1820 年代仍在使用 risque 一詞（在海運保險合約中，該詞是指交換的商品），尚未完全英語化。」然而過沒多久，從 1840 年代的個人意外險到 19 世紀末的企業風險管理，再到 20 世紀初的人壽保險及喪葬互助會，risk 一詞迅速成為現代經濟體系道德與商業生活中的重要元素之一。

列維寫道：「長期以來，自由主義在討論自我（selfhood）的概念時，始終強調賦予個人掌控自身事務權力的重要性，即便是面對不確定性時也是如此。然而，一直要到 19 世紀「自我所有權」（self-ownership）一詞的出現，才開始帶有掌控個人財務『風險』的意涵。」這樣的發展帶來新的道德難題：個人的自由被迫建立在一種新的依賴型態上，也就是對企業金融體系的依賴。企業金融體系成為資本主義的中樞神經系統，助長極端的不確定性與永不停歇的變化。」

從這樣的角度來看，風險顯然是現代全球經濟的基礎。因

此，人們迫切需要建立起對風險的共識，包括風險在道德、金融與貿易上的意涵，以及風險對日常交易與決策的影響。令人吃驚的是，風險究竟代表著什麼意義，至今依舊眾說紛紜。

　　風險專業人士不斷思考著機率、不確定性，以及如何恰當的評估眼前風險帶來的是危險或機會。然而，許多風險專業人士向我表達他們的挫折與沮喪：如何讓組織裡的其他人和他們一樣認真看待風險？事實上，外行人與風險專業人士思考及談論風險的方式很不一樣，彷彿雙方根本不是在講同一種語言。這正是我們迫切需要建立共識的原因。

　　接下來，讓我們快速的回顧風險的意涵，這樣做不僅可以協助風險專業人士以更簡單的方式解釋關鍵原則，也能幫助非專業人士快速理解風險代表的意義，開啟全新的風險視野。

掌握風險的定義

　　危險或許真實存在，但任何危險的實際風險則有待討論。著名的心理學家與風險認知學者保羅・斯洛維克（Paul Slovic）在《風險的感知》（*The Perception of Risk*）中寫道：「人類發明風險的概念，以協助自己理解與處理生活中的不確定性。而誰能掌握風險的定義，誰就擁有理性解決手邊問題的解方。」[5]

　　斯洛維克的真知灼見顯示，良好風險管理的最大障礙並不是遇到什麼樣的風險，而是在於人們連對「風險是什麼」的看法都莫衷一是。不同行業的專家即便表面上都使用著「風險」一詞，但實際上的討論卻往往缺乏交集。

　　對保險精算師來講，風險是非常明確、用來計算機率的術語（例如：50歲女性在接下來10年死亡的機率）。對衍生性金融商品交易員來講，風險是指計算潛在的獲利或損失。財務顧問則喜歡談「風險胃納」（risk appetite），這個金融術語是指當事人為追求某個特定潛在收益，而願意承擔多大程度的損失風險。風險胃納往往表現在不斷尋找能賺更多錢的投資機會，也就是所謂的「風險資產」（risk assets）（股票、高收益債券等不保證報酬的資產）。律師們則希望把行為帶來的風險降到最低，甚至是完全零風險，卻忘記了：當我們不惜一切避開「不好的風險」，將會帶來另一種風險，那就是無法及時承擔的那些「好的風險」。

風險胃納：為追求特定的潛在獲利機會，你所願意承擔的風險程度與類型（尤其是願意承受多少損失）。
風險資產：不保證報酬的金融資產，通常是指股票、高收益債、大宗商品等價格會波動的資產。

　　即便是在不確定性高到無人願意承認時，數學家與科學家依舊想試圖歸納出模型來計算風險。經濟學家關心人們如何做出風險的取捨。[6]社會科學家試圖理解文化脈絡。歷史學家、人文主義學者與小說家希望述說風險的故事。哲學家思考風險，從中獲得智慧。心理學家希望記錄人們如何想像與處理和

風險與機率有關的資訊。風險管理者、保險公司與華爾街則主要以量化、技術性計算具有誤導性的精確數據，以有效隔絕風險。

　　社會科學與自然科學的世界觀具有很大的差異，但專業語言與日常語言之間的鴻溝更為巨大。在一般日常用語中，風險與眾多概念混雜在一起，形成兩種明顯對立的定義。一方面，多數民眾視風險為需要避免的事，像是不利的情勢、可能造成重大損失的危害等等，這種版本的風險通常與不確定性、隨機、曝險與缺乏掌控能力密切相關。另一方面，擁抱風險的人士則用冒險、大膽或刺激等詞來形容風險，這種樂觀版的風險定義類似於試手氣、放手一搏或想辦法致富，背後暗藏著希望。這兩種觀點的風險，都與信任、信心與可預測性等概念交織在一起。

　　此外，行動與不行動的風險不同。有時候，我們會冒積極的風險，像是要不要跳傘或開車超速，這都是個人的選擇，而不論我們是否意識到，人永遠都在計算多少風險算太大、算很小，或剛剛好。有時候，我們則會冒消極的風險，指的是不論喜歡與否都得面對的風險，是如果未能以某種方式採取行動，就有可能碰上的壞事，例如：如果酒後不叫計程車，有可能因為酒駕而出車禍；如果不為退休生活存錢，有可能身無分文的死去；吃太多起司漢堡可能會得心臟病；沒達成績效目標，大概會被炒魷魚或關門大吉。此外，沒冒積極的風險也屬於消極風險的一種，例如：投資在教育上、開公司、要求加薪等等。

由於消極風險的定義還包括不作為，不像許多積極風險是放手一搏，因此消極風險極具欺騙性，也常是我們最可能低估的風險。

　　社會學家延斯・齊恩（Jens O. Zinn）認為冒險有三種：「為冒險而冒險；達成目標的手段；回應脆弱性。」第一種冒險是尋求刺激的人士為了讓腎上腺素高漲而冒險。第二種冒險是人們在追求促進社會公益等目標時，雖然意識到眼前有風險，但認為是值得冒的風險。第三種冒險則是二選一，一個是有可能掉進無法忍受的風險，另一個是勉強能忍受的風險，例如：難民逃離家園、走投無路的窮人因為找不到其他活路鋌而走險。[7]

風險與不確定性

　　人們大都認為「風險」與「不確定性」密不可分。舉例來說，如果你接下一份新工作，這份工作將會和書面上看起來一樣美好，或是實際上根本不是那麼一回事？如果你投資共同基金，績效是否會超過把錢放在其他類型的投資標的？如果買房子，會不會出現意想不到的昂貴維修支出？我們知道除非是發生峰迴路轉、意想不到的事，例如：中樂透、繼承遺產，或是獲得新工作，要不然不遵守預算的話，錢有可能不夠用。然而，真正的結果要看我們怎麼做。不管是職涯與財務、感情或健康，都是同樣的道理。你多有能力處理不確定性，決定著你多有能力管理風險，進而掌控變化。

　　芭芭拉‧雷諾茲（Barbara Reynolds）是危機與緊急危險傳播顧問，任教於杜蘭大學公共衛生與醫學院。她告訴我：「我們研究風險與風險容忍度時，其中一項是看『人們多有能力處理不確定性』。」雷諾茲在全球各地做研究多年，她發現個人、組織與國家對不確定性容忍度愈高，更能處理風險與危機。

　　相較於多數人思考風險與不確定性的方式，金融業者則有另一套不一樣的思維。在金融業，不確定性是指難以計算的威脅。我們可能完全無從得知會不會發生、何時將發生，或是究竟會發生什麼事。儘管我們知道每個人最後一定會離開人世（死亡涉及「何時會過世」與「死因」，但沒有「會不會死」的問題），相較之下，我們可以計算風險會不會成真，就如同經濟學家、金融業者、保險公司試圖駕馭不確定性來進行相關交易：運用足夠多想像中的確定元素，讓投資人得以交易風險，保險人得以保護資產。

　　1921 年，芝加哥大學經濟學家法蘭克‧奈特（Frank Knight）在其影響深遠的著作《風險、不確定性與利潤》（*Risk, Uncertainty and Profit*）中，替風險與不確定性確立正式的定義，深深影響著風險管理領域。[8] 奈特認為：「風險」雖然具有不確定性，但其發生機率可以用「有效的確定性」（effective certainty）加以計算或測量，計算結果取決於你如何定義「有效」及「確定」，這兩個概念的範圍會因不同觀察者而有所差異。相對而言，真正的「不確定性」是無法計算或測

量的。奈特寫道：「『風險』有時指的是一個可測量的量，這種可測量的不確定性，性質與所謂的「不確定性」性質迥異，甚至根本算不上是不確定性。」

風險： 依照奈特的定義，風險是可以計算機率的狀態。
不確定性： 不確定性是指所知有限、無法計算機率的狀態。

奈特認為，人們普遍高估政府預測未來的能力以及可能發揮的積極作用。[9]他在書中用大量篇幅，闡述風險與不確定性在刺激與鼓勵創業行動上所扮演的積極角色。歸根究底，風險是資本主義的核心：投資有賺有賠，投資人之所以願意將資本置於風險中，並非受到政府政策的鼓勵，而是因為他們期待獲得更加豐厚的回報。

著名的英國經濟學家約翰・梅納德・凱因斯（John Maynard Keynes）的《機率論》（*A Treatise on Probability*）和奈特的書在同一年出版，同樣將風險區分為「可定義」與「不可定義」兩種。[10]然而，這兩位經濟學界的巨人對風險與不確定性的觀點彼此相左，一位偏重測量與計算，一位偏重認知與意義，因而開展兩人職業生涯後期一系列的競爭與衝突。[11]

凱因斯傳承亞當・斯密（Adam Smith）的早期研究，對不確定性採取較為廣泛的定義，當他稱某事件「可能」（probable）發生時，意思類似於討論暴風雨會不會發生。凱因

斯指出，將風險視為事件發生的機率與權重（一個可能範圍的
數值），或將風險視為會或不會發生的零和事件，兩種定義間
存在細微差異。凱因斯在 1936 年寫道：「無論在道德、享樂或
經濟上，我們的積極行動有很大一部分源自於自發性的樂觀，
而不是數學上的期望值。當我們認為『具可能性』而決定積
極行動，其結果通常要很多天後才會完整顯現。這樣的決定只
能被視為動物本能的結果（一種自發性的行動衝動），而不是
『量化後的好處』乘上『機率』的加權平均結果。」[12]

　　將風險視為「事件發生機率」或「一種具有彈性的日常語
言」，兩種定義間的緊張關係至今仍影響深遠。堅守奈特式定
義的人士往往會對自己評估風險，進而對控制風險的能力抱持
過高的信心，這就是為什麼 21 世紀的頭 10 年，會有那麼多人
信賴根本偏離實際情況的風險評級。太多投資者與分析師堅持
要做精準的預測，但那些東西其實根本稱不上預測。預測市場
會崩盤？好，那你說是哪一天？下跌多少點？由什麼引發？只
要你說不出這些資訊，就不能算是預測。

　　凱因斯則強調採取行動的重要性，因為即使無法百分之百
確定，但事情總會有一定程度的確定性。此外，類似現代的行
為經濟學家提出的理論，凱因斯意識到情緒在決策中扮演的角
色。風險的整體概念是在協助人類在不確定的世界裡運作：在
不可能確定的時候，提供確定性的幻覺，獎勵那些把風險視為
機會的人。

　　不論如何，奈特與凱因斯都會承認風險與創意、創新密

不可分。社會與經濟在不確定性、掌控與風險之中，會共同跳著一支複雜的舞，三個因素結合為惡性或良性的循環。不確定性太高會阻撓投資，太少則會扼殺創新與成長。政府、經濟與社會仰賴一連串的決定，包括：它們的成員認為應該鼓勵或不鼓勵哪些風險、應該保護哪些人免於哪些風險，以及該如何做到。相關決定的基礎則建立在對「風險出錯時該由誰來負責」的假設，包括：哪些風險應該留給個人與組織決定，政府又該規定與監督哪些風險。

人們普遍不喜歡承擔風險，但真正的問題不是他們難以適應風險，而是不確定性讓人心神不寧。即使經濟學家與保險精算師希望能努力說服我們相信風險是可以控制的，但只要承擔風險，就意味著我們得承擔不確定性。

機率與確定性

我們常常騙自己風險不太可能會發生，或是即使發生，影響也不會太大。這是個大問題，因為風險是「可能性」乘上「潛在影響」的函數，但人類的偏見卻往往同時扭曲對這兩個因素的判斷。我們如何看待風險的嚴重性，牽涉到風險會影響哪些人、我們對影響的感受，以及影響的時間、範圍與嚴重性等等。上述判斷都極具主觀性，我們通常傾向忽略距離現在遙遠的影響，我們對親朋好友遭受威脅的關注程度，也遠勝於世界上數百、數千、甚至數百萬人受到的威脅。此外，我們的大腦還會自動排除不想要的資訊（這點第10章會再詳談）。

　　我們隨時都在計算可能性，通常依據的是手上握有的數據及過去發生過的事，例如：降雨的機率、某匹馬在比賽中勝出的機率、某支隊伍贏得比賽的機率、債券發行者違約的可能性，以及擲硬幣會是人頭還是字朝上。大部分的人偏向將可能性看成擲硬幣，結果只有兩種選項，而不會將其看成由一系列可能性所組成的光譜。金融與經濟領域以外的人士往往覺得事情要不是「有可能」，就是「不可能」，因此很難處理兩者間的灰色地帶。

　　有一次，我和朋友在曼哈頓吃午餐，討論幾個月前一同參加的全球災難性風險會議。有些風險萬一成真，將帶來極其巨大的影響，例如：不可逆的氣候變遷、大規模毀滅性武器等等。風險專業人士都知道，風險等於「可能性」乘上「潛在影響」，然而多數人（即便是極度聰明的人士）很難從這樣的角度思考。正如我的朋友坦承：「我很難那樣看待風險，對我來說，結果只有兩種：會發生或不會發生。」

　　多數人採取二元對立式的風險決策，也就是參考手中資訊後決定「要做」或「不做」。氣象預報說降雨機率是30%，所以你決定上班帶或不帶傘。你知道股市有可能上漲或下跌，所以你決定投資或不投資。一般人會把複雜的一組資訊「扁平化」成過於簡單的東西，但風險專家與具備風險知識者有辦法看見一個可能性光譜。顯而易見的，把風險視為「非此即彼」或「一個光譜」的差異甚鉅，這也是為什麼風險專業人士總是很難讓人理解他們的觀點。

　　預測本質的變化以及先前預測的準確性，都會影響我們心中區隔「危險」與「不危險」的那條界線。新的數據技術或許讓我們得以預測從前無法預測的事，但相關預測依舊得仰賴數據的精確度，以及預測演算法的有效程度。

風險社會

　　我們看待特定風險的態度，甚至是我們如何定義風險的方式，一定程度上取決於我們所受到的資訊轟炸。[13]政府、媒體與同儕尤其扮演著具影響力的角色，他們是強調或是低估風險，將影響民眾對於自己或他人處理風險的信心。已故德國社會學家烏爾利希・貝克（Ulrich Beck）主張，政府會「塑造」（stage）風險，透過溝通及強化特定風險排序來型塑公民認知。在許多時候，「政府說很危險的事」與「民眾擔憂的事」之間存在著巨大差距。1980年代，貝克與英國社會學家安東尼・紀登斯（Anthony Giddens）提出「風險社會」（risk society）一詞，以反映一個持續對抗現代性（modernity）副作用的世界，包括那些「無法預測、沒有人能獲得充分保障的威脅」。2015年過世的貝克像是學術界的搖滾巨星，他描繪出一個無論窮人或富人都深受威脅的反烏托邦世界。在那個世界中，有著崩潰的市場、失能的法律制度、加劇風險程度的新興科技，以及促成風險社會化且利潤私有化的金融市場。

風險社會： 一個充斥人為風險的世界。

　　貝克和他的追隨者主張，社會早該重新評估管制與分散風險的系統。他們說得太對了！全球化將來自不同文化、具不同觀點的人們齊聚一堂，大家對於「什麼是真的，什麼不是」、「什麼可以接受、什麼無法容忍」的看法各異其趣，形成一個風險態度及認知彼此衝突的危險組合。

　　「當風險愈難估算，不同文化所導致的風險認知差異影響就愈大，於是『風險』與『文化造成的風險認知』之間的界線變得更加模糊。從不同國家與文化的角度來看同一種風險，卻認知到各自不同的『現實』。」貝克主張：「隨著全球化進展讓世界變得更加緊密，文化認知的碰撞與互斥性也將與日俱增。」貝克認為這種風險文化與現實間的碰撞，是今日地緣政治的根本性問題。如今，全球各國回應新冠疫情的方式南轅北轍，再度證實貝克的看法。

　　「相互碰撞的風險文化與現實」的概念可以有效解釋政治上的分歧，無論是美國的紅州與藍州[*]，或是各國公民間對恐懼

---

*　編注：指美國選舉得票數分布的傾向。紅州表示傾向支持共和黨的州；
　藍洲是指長期傾向支持民主黨的州。

與期待的鴻溝。政治人物關心選民對風險的看法，他們會助長或淡化對風險的恐懼，來影響選民的判斷。國家的未來取決於公民與領導者能否在諸多議題上達成共識，包括：能容忍哪些風險、希望盡量消除哪些風險。討論全球性風險也一樣，我們必須將各國的風險態度納入考量，用全新視角看待國際談判，來達成原本看似不可能的協議。

「無風險」的風險

「消除風險」的想法聽來十分誘人，但正如同「將風險與不確定性分開」的想法一樣，註定只是個幻想。試想，深夜時收看的電視產品廣告中，宣稱你可以先試用看看、完全無須承擔任何風險，這有可能是真的嗎？世上根本沒有這種好事，產品要不就有效，要不就沒效，如果你決定退回產品，你得浪費時間走到最近一間郵局，支付退貨的郵資，然後望穿秋水等著付出去的錢何時才能回到你手中。

當大蕭條以來的房地產多頭市場步入尾聲，也就是2007年至2010年房價暴跌的前夕，美國人深信一種被強力洗腦下的說法：房子是「無風險」（risk-free）的投資。接著，歷史又再一次證明，「無風險」不過是個危險的幻覺。

接下來，我們看看政府公債的例子，或許談起來會有點枯燥，但請忍耐一下，因為這件事很重要。監管單位會要求各家銀行提供文件，載明銀行資產負債表上的證券和其他資產的風險層級，而且要定期反映出價值變化，「依市價評價」

（marking to market）。然而，由於政府融資得仰賴銀行，希望盡量取得最便宜的資金，銀行被允許在資產負債表上將政府債券列為「無風險」。這種心照不宣的做法大有問題，因為如同個人和企業會宣布破產，政府也有違約的可能。當國家陷入窘境時，會支付更多利息，補償投資人因為書面上「零風險」的債券而承受的額外風險。也就是說，銀行帳面上的資料與實際的風險漸行漸遠。

評估機率： 我們可以給出一個可能性的風險，即便數字很容易變動。
計算機率： 由明確的方法與可觀察的數據判斷出來的可能性。
純風險： 危險或有損失的可能性。
情境風險： 機會與危險同時被積極考量的選擇。

　　我們需要更新的詞彙，以反映人們在日常生活中與風險的關係。首先，如果風險確實存在，我建議應該停止使用「零風險」一詞。此外，我們必須拋棄百年來凱因斯與奈特陣營對風險及不確定性的區分方式，改以「評估機率」（estimated probability）指稱那些僅能給出一個可能性、無從確定、約略數字，通常只是基於猜測的風險。「評估機率」反映出我們對數字的主觀判斷，而「計算機率」（calculated probability）則是根據壽險精算表或天氣圖之類的數據集計算出的客觀可能性。

部分風險專業人士習慣用「純風險」（pure risk），表示僅有不利面向的風險（即危險），以「情境風險」（context risk）表示同時帶有危險與機會的風險。不過，這樣的區分法象徵風險的負面意涵依舊高過正面意涵。[14]

負面風險： 危險。
正面風險： 機會。

本書中使用「風險」（risk）一詞時，採取的是價值中立的概念，代表可能是壞事，也可能是好事。若為「負面」風險，我將使用「危險」（danger）一詞，這類風險通常是潛在的壞處多過於好處，是需要盡力避免的事，例如醫生說你有心臟病徵兆，但你依然常吃起司漢堡；或是明明下著大雷雨，你卻硬要站在空曠的高爾夫球場正中間。若為「正面」風險，我則使用「機會」（opportunity）一詞，代表這類風險通常能帶來較多好處，例如升職或創業。不過，有一點請務必牢記在心：不論談的是負面風險或正面風險，兩者皆具有不確定性，這意味著，結果不一定會失敗，也不一定會成功。

危險與機會

勵志演講者經常提及一個不完全精確，而且很可能過度簡化事實的比喻，就連甘迺迪總統（John F. Kennedy）也曾數

次在競選演講中引用，或許你也早就聽說過。據說中文的「危機」一詞是由兩個字組成，第一個字代表危險，後一個字代表機會。這個說法引發一場語義學大戰，爭論著這個中文詞彙是否真的同時帶有危險和機會兩種意涵。語言學家班・齊莫（Ben Zimmer）等人則進一步批評這種老生常談的說法根本缺乏實質意義。[15]我無意加入這場論戰，因為語言往往十分複雜，而且仍在變化之中，通常不會有「唯一」的正確翻譯。姑且不論上述翻譯是否精確，我們可以確定的是，危機一詞的確帶有可被視為「機會」的元素。

　　中文的「危」與「機」兩個字放在一起時，不只可以翻譯成crisis（危機），也能翻譯成risk（風險）。對我來說，中文的「危機」一詞具有深意，既點出風險的意義，也看得出背後的意涵是如何隨時間而產生變化。

　　左邊那個字是中文的「危」。任教於南卡羅萊納州傅爾曼大學（Furman University）的哲學家張榮峯（Eiho Baba）在Skype上告訴我：「你可以把這個字想成有個人蹲坐在峭壁上方，俯視著懸崖下跪著的人。」教授畫出那個字給我看，用箭頭指出字裡的各個元素，傳達出一種步步逼進的危機感。他解釋：「峭壁上方的人有能力扔下大石頭，砸死下方那個被命運

所擺布的人。面對這樣的情勢，下方的人正猶豫著是該卑躬屈膝以保全性命，或是試圖爬上峭壁以扭轉危機。」

這座峭壁就像是人類的「能動性」，分隔著積極與消極的風險態度。西方版本的「危機」同樣帶有峭壁的意象，但背後的風險概念卻大不相同：著重於藉由眼前危險來獲利的可能性，而不是人類能動性的對話。這不禁讓我好奇，語言的細微差異如何影響著東西方對金融風險及其他風險的處理方式。

張榮峯教授同時擁有亞洲和西方的世界觀。他的雙親一位是台灣人，一位是日本人，但他在美國教書。他的研究以12世紀以後的中國宋代哲學為主，科舉制度在這個時期得到關鍵性的發展。張教授指出「危」字還有另一種解釋方式，是將這個字看成一個人和牛軛的組合：「這個人為了避開危險而抓著軛，試著停下牛車或操控牛車以避開危險。」這個意象如同剛才的峭壁解釋，同樣帶有能動性的意涵，象徵改變結果的能力與選擇。

張教授接著向我解釋第二個中文字「機」（轉捩點）背後的故事。「這個字右上的部分代表細線。」[16] 他告訴我：「下方是兩個人被一條代表『戈』的平行線連在一起。線很細，代表著當下的情勢千鈞一髮。這個字描繪出一個緊張的場景，一個人手中的戈，幾乎要砍到另一人的喉嚨了。」（「機」這個字再加上另一個中文字「會」時，便是英文的opportunity。語言學家馮蓋瑞〔Gary Feng〕稱這個版本的解釋「說出幾分事實」，代表著「機」這個字的積極意涵多過消極意涵。其他的

批評家則認為不足採信。）

「危機」這組中文字傳達出一個至關重要的概念：「能動性」與「無能為力」交互作用，以及當事人剎那間心中所暗藏的決定。張教授形容這代表著「不完整」（inchoate）與「初始」（incipient）的概念，也就是尚未完整成形，或是位於早期階段的情境。

張教授表示，如果要深入了解相關概念，可以參考《易經》（英文譯名為「改變之書」〔Book of Changes〕）。這本書或許是西方讀者群最廣的中國典籍，為人們解釋宇宙運行的核心價值觀與哲學，提供窺知天意與占卜未來的原則。著名的《易經》學者安樂哲（Roger Ames）寫道：「人類群體的精神性是基於對宇宙變化的深切理解，從而激發出的合宜行動。簡單來說，精神是受自然啟發而產生的生活方式，在情勢未明時洞察端倪，預知並掌握各種可能性，並努力實踐與完成。[17]」因此，《易經》稱讚那些能在事情開端就能敏銳意識到並迅速做出回應的人：「幾者動之微，吉凶之先見者也。君子見幾而作，不俟終日。」此外，《易經》還是一本占卜指南，用以預測未來。在不確定性中創造出某種程度的確定性，這是人類面對風險、不確定和未知世界時的重要能力。

風險對你而言是什麼？

風險的意涵，在希望與擔憂、機會與危險、興奮與恐懼之間來回擺盪、流轉。人的性格與經歷，加上所屬職業、所處文

化、所接收到的資訊等等，莫不影響著其看待風險的方式。有些人能在不確定性的未知領域中如魚得水，有些人一旦被推出狹窄的舒適圈就顯得狼狽不堪。

　　無論你天生的傾向為何，有一件事不會改變：風險與不確定性永遠密不可分。我們賦予風險的機率充其量也只是猜測。在奈特與凱因斯試圖區分「風險」和「不確定性」的一個世紀後，拋開他們看法的時刻到了，因為那只是在試圖製造確定性的幻覺，反映著人們控制風險的渴望。事實上，奈特與凱因斯的「風險」都只是猜測，其中的不確定性遠超過他們所暗示的那樣。

　　風險是我們不太能掌控的東西，我們總期盼會有好的結果，擔心會有不好的結果。面對風險，我們看到的是機會還是危險，取決於個人與文化的情緒反應，同時也取決於你看待風險的角度，也就是你認為風險將如何影響你關心的人或世界上其他人。對個人而言，風險可能代表好事或壞事、危險或機會、資產或負債，但風險本身是價值中立的。

　　有時候，風險的核心是確定性元素，但外頭卻被不確定性元素包裹著。例如，「人終將一死」不是風險，而是必然的事。然而，「我們將如何離開人世」就充滿著不確定性：我們會在睡夢中寧靜離去？還是因為做出「玩火」（無論是字面上或比喻上的玩火）的糟糕風險決定所導致？或是由醫生診斷出的存活率來決定？當我們死後，是留下一堆爛攤子給親友收拾，或是預先安排好後事，讓大家齊聚一堂追憶過往？

　　風險是相對的，要看和什麼比較。難民決定到陌生國度追求新的工作與生活，確實是在冒很大的險；但比起留在家鄉繼續面對難保性命的艱困處境，遠走他鄉似乎是風險最小的選項。風險甚至是一種奢侈的事，因為你至少還擁有選擇。

　　最重要的是，你要知道風險對你個人來說的意義。你認為風險是好事、壞事或「視情況而定」？你願意接受多少不確定性？什麼樣的機率能促使你接受或拒絕某個選項？此外，當你和別人談論風險時，你確定你們在講的是同一件事嗎？

PART1
風險認知與個人性格

第 3 章
風險與性格科學

　　我們與風險之間的關係，是先天性格、成長背景與人生經歷彼此交互作用的結果。雖然我們無法控制人生中大部分的先天與後天因素，但可以控制自己深入思考與風險關係的程度。透過了解自己獨特的風險指紋，我們將更有能力回應眼前的挑戰。

　　風險專業人士將人們回應風險的動機分為兩種。首先，他們會觀察對特定風險的「風險敏感度」（risk sensitivity），也就是人們判斷某件事的風險有多高、引發多大的焦慮或興奮感。接著，他們會觀察「風險容忍度」（risk tolerance），也就是人們能夠適應、願意承擔特定風險的程度。

　　「風險敏感度」和「風險容忍度」不僅彼此連動，也會和周遭環境交互影響，結果則取決於人們的性格、經歷、掌握情境程度、社會與文化環境以及自我的鍛鍊等等。你可以把「風險敏感度」想成個人風險認知，而「風險容忍度」則是個人的風險傾向。

風險敏感度： 你認為某件事的風險有多高，以及那件事引發焦慮或興奮程度。
風險容忍度： 在特定情況下，你願意承擔多少風險。

　　試想有三名好友有機會嘗試跳傘，就叫他們派特、克里斯與泰勒好了（由於人們對風險存有許多性別刻板印象，因此我在舉例時刻意使用中性的英文名字。我們會在第6章詳談這件事）。派特不管什麼事都願意嘗試，想都沒想就一口答應。克里斯考慮得比較多，他覺得應該先評估一下機率：根據美國跳傘協會（United States Parachute Association）2018年提供的數據，330萬次跳傘中，有13起死亡意外，也就說跳傘意外死亡的機率是1／253,669。[1] 此外，2019年上半年的所有死亡事件中，有一半發生在科羅拉多州的文斯布蘭德市立機場（Vance Brand Municipal Airpor）。[2] 幸好，有三人位於威斯康辛州，不會用到那座機場，感覺生還機率瞬間加倍。雖然對照死於被雷擊中的機率是1／161,856[3]，但這樣的數字，還是讓泰勒對於跳傘這個點子感到相當害怕。不過相較之下，泰勒更怕被別人笑是個膽小鬼。

　　最終，三人都答應去跳傘，但背後有著截然不同的風險決策方式：派特的風險敏感度極低，因此不需要很高的風險容忍度就輕鬆答應，但也讓人不免好奇，在他眼中究竟什麼事才算高風險？風險敏感度高的克里斯會先做足功課，但看到數據後

判斷風險不高，因此不需要有比派特高多少的風險容忍度，就答應去跳傘。最可憐的是泰勒，一想到有可能發生意外就瑟瑟發抖，他對風險極度敏感，卻硬是答應去跳傘。也就是說，泰勒最終顯現出遠比派特或克里斯高的風險容忍度。

　　風險性格與風險指紋的第三個面向，涉及一旦你判斷眼前風險已經高過你願意忍受的程度，你會採取什麼樣的因應行為：你將如何處理這件事？你覺得「採取試圖降低風險的行動」和「什麼都不做」的風險何者較高？許多人認為採取避險行動本身就具有高度風險，這類看法將導致截然不同的風險計算結果。

　　最後一個涉及風險性格與風險指紋的重要元素，是我們的風險態度與行為會如何隨著不同領域而改變。我們有可能願意冒財務風險，但不願意冒健康風險；我們有可能願意冒安全風險，但不肯冒社交風險；我們有可能願意冒重大的職涯風險，但不會光顧賭場等等。

　　一旦了解自己在面對各種風險時會產生特定感受與行為模式的原因，就能開啟一扇洞悉自己的內在之窗，探索自我對掌控感的需求到忍受模稜兩可的程度，一窺過去沒有意識到的自己。你將知道自己的性格屬於內向、外向或介於兩者之間；你的信仰有多虔誠；你在團體中與獨處時的行為差異；你行為的動力是基於恐懼還是希望；你大多時候是感到平靜或焦慮。

　　上述因素影響著我們的職涯選擇與人際關係，以及我們願意為在意的事冒多少險。不論你是執行長、駕駛、警察、特

技演員、舞台演員、圖書管理員或資訊技術專家，性格對我們的影響程度超乎想像。如同先前在派特、克里斯與泰勒身上看到的那樣，你無法單從行動推斷出某個人屬於風險愛好（risk-seeking）或風險趨避（risk-aversion），然而，我們在描述他人與風險的關係時，經常任意幫別人貼上各種標籤。事實上，你需要搜集更多有關對方動機與感受的資訊，才能明白究竟是怎麼一回事。

風險愛好：在條件相同的情況下，傾向於選擇承擔風險。
風險趨避：在條件相同的情況下，傾向於避免承擔風險。

　　看到特技演員或極限運動愛好者，我們常會說這些人是在「追逐風險」，但實際上，他們通常早就做好大量的預防措施來降低風險；相反的，那些完全不願意冒險的人也未必是風險趨避者。假設過去10年間股市已經翻漲3倍，而且企業盈餘下滑、經濟衰退指標瘋狂閃爍，這時把錢放在債券而不投入股票，算是迴避風險還是精明對待風險？

　　不同人面對同一個風險時，反應卻經常大不相同：有的人陷入焦慮，有的人從容不迫；有的人事先盤算好可能發生的事，以便壞事發生時能快速採取行動；有的人則毫無任何準備。同樣面對凌晨3點空無一人的黑暗街道，對一個身高157公分的女性，以及對一個身高183公分又曾在海軍陸戰隊服役的男

性來說，兩人對風險的態度肯定大不相同。

主觀風險：你感受到的風險程度，包括情緒上與實際的體驗。
客觀風險：依據實證證據，理性評估風險。

談到這裡，有一個非常重要的要點：不是每個人都以相同的方式看待相同的風險。有時這是因為風險明顯不同所導致，例如：走在深夜街道上的是男性或女性，或正在開飛機的是經驗豐富的駕駛或從來沒開過飛機的普通人。這就是主觀風險與客觀風險的差異所在：「主觀風險」是指我們如何看待威脅或機會；「客觀風險」（如果真有這種東西的話）是指對威脅或機會發生可能性及影響範圍的理性評估。

五大性格特質

接下來，我們先了解一下性格分析的科學，看看這門科學如何解釋我們看待事物以及因應風險的方式。各位大概聽過「邁爾斯—布里格斯測驗」（Myers–Briggs Test），該測驗透過「內向或外向」、「感覺或直覺」、「思考或情感」、「判斷或知覺」等4個維度，劃分出16種性格類型。每一種類型都解釋一種性格特質，而性格特質又會顯示出你身處某種情境時（包括碰到某些風險）將會如何行動。不過，這個測驗的概略分法只是心理學家描述人類性格的眾多方法之一。

　　企業為了深入了解員工的性格特質，每年耗資5億美元做心理測驗。《哈佛商業評論》（*Harvard Business Review*）指出，這個數字每年成長10%至15%。[4] 至於相關測驗究竟有沒有效，以及運用時的倫理規範也引發許多爭議。不過，雖然人有千百種，但每個人的確會和某些類型有較多的共通點。如果把性格測驗當成概略性的引導，而不是百分之百的科學最終定論，那麼依舊具有相當程度的實用性。

　　這類隨處可見的心理測驗，源自我們深深好奇不同性格之間不一樣的風格、需求與適配度。把性格類型當成粗略的指南，可以讓我們更了解自己與身旁的人。儘管多年來許多性格測驗已經納入風險因素，但心理學家直到近期才開始明確的將研究焦點放在風險上。

　　19世紀末，被眾人奉為心理測驗研究（量測人類的心理特質）奠基人的英國博學家法蘭西斯·高爾頓爵士（Sir Francis Galton），率先搜集各式各樣的人格特質。不過，高爾頓爵士主要是對智力感興趣，日後卻因為將自己的理論應用在優生學上，為其成就留下陰影。

　　美國心理學家高爾頓·奧爾波特（Gordon Allport）與亨利·奧德伯特（Henry S. Odbert）在1936年，找出近1.8萬種描述人類行為的詞彙，接著又將這張無所不包的清單分成5大類，包括：天生與持久性的特質；暫時性的心理狀態；生理狀態；行為、角色與影響；對相關特質與行為好壞的評估。[5] 接下來的數十年間，其他的科學家又在兩人奠定的基礎上持續篩

選與分類，進一步將他們的清單再細分成更小的各種變量。
到了1980年代，路易斯·戈德堡（Lewis Goldberg）又將其去
蕪存菁成今日的「五大性格特質」（"The Big Five" factor），
以描繪出五花八門的人類性格。[6]由於部分學者依舊偏好採
用和其他學者不同的講法，五大性格特質只能說大致可分
為：外向性（Extraversion）、親和性（Agreeableness）、盡責
性（Conscientiousness）、情緒穩定性（Emotional Stability，或
神經質〔Neuroticism〕）與文化（Culture）。最後一項爭議較
大，其他的心理學家提出的不同講法包括：聰穎（Intellect）、
開放性（Openness to Experience）、創意（Creativity）、原創性
（Originality）、想像力（Imagination）、叛逆（Rebelliousness）、
精神（Spirit）與自主性（Autonomy）。

　　一份以50名5年級學生為對象的研究指出，與風險最相
關的人格特質，是高度外向性與開放性加上低盡責性的組合。
老實講，這份樣本數很小的研究告訴我們的事符合直覺，[7]不
過，雖然其他研究也顯示外向性與冒險有關聯，但不盡然皆
是如此。另一份以178位大學生為對象、運用「艾森克人格量
表」（Eysenck Personality Inventory）的研究發現，外向者比內
向者更可能偏好高財務風險，而且當風險愈高時，兩者間的差
異程度就愈大。[8]另一項研究則發現，冒險同時與外向性和神
經質相關。

　　安德列斯·厄勒（Andreas Oehler）與弗洛里安·韋利西
（Florian Wedlich）引用的研究顯示，相較於內向者，外向者更

傾向於表達熱情與喜悅等情緒、自我控制能力更強，整體而言更為樂觀，而且更會尋求刺激；此外，他們傾向注意正面資訊並忽視負面資訊。[9]然而，厄勒與韋利西引用的其他研究卻未發現顯著相關性，儘管外向者比內向者更可能投資股票，但他們的投資組合波動性並未較高（也就是說風險並未偏高）。

　　一些研究發現，外向者更可能拒絕遵守公共衛生措施，例如：不願在新冠肺炎疫情期間戴口罩或保持社交距離。[10]開放性、盡責性、親和性得分較低者也是如此。看來新冠疫情提供真實世界的實驗室，來證實五大性格與冒險之間的關聯。

　　不過當你愈深入研究，就會發現測量風險性格相當複雜，真是件非常困難的事。例如：外向者真的比較願意冒險嗎？對內向者來說，光是在派對上和陌生人說話就是在冒很大的險。外向者與內向者都去了派對，但內向者承受著強烈的風險感受，外向者則感到安全舒適，所以究竟誰才算是風險趨避者？

　　盡責性的問題也是如此。人們總以為相較於那些漠視規則的人，責任感強的人更容易受到規範與社會期待的束縛。然而事實上，追求正義的渴望會讓人願意冒更多險。正如每一位吹哨者告訴你的，本著良心做正確的事絕不是毫無風險的。依吹哨者的風險評估，「縱容錯誤的事繼續發生」所帶來的風險，顯然高於「失去工作」或「因為聽從良心的行動而被其他人排擠」。

　　經濟學家只希望計算具體的結果，例如你做了某件事或沒做。而心理學家則會考慮態度，但對當事人的自我陳述仍抱持

懷疑態度。觀察行動則比較容易，但觀察法在性格描述上則稍顯不足，因為對行動者動機的了解不夠深入。因此，在許多風險認知與風險態度的研究中，採取的是綜合性研究法，除了會請受試者評估各種風險，也會讓他們進行彩券挑戰或遊戲，來挑選風險層級不同的選項。不過，人們如何在現實生活中處理風險相當複雜，有很多不同的細節，多數研究無法納入真實世界的背景脈絡，所以未必能夠捕捉到我們是「如何」做出風險決定。

在實務上應用性格科學

　　財務顧問會給客戶看簡單的風險輪（risk wheel），指出應該依據自己的年齡做哪一種風險配置（通常是「高風險」股票與「低風險」債券的組合）。然而，年齡的確可以用來粗略判斷你的財務需求與風險態度，但與今日的高科技輪胎與磁浮列車相比，風險輪的重要性大概如同史上第一個用石頭做成的輪子。於是在 2007 至 2009 年的金融危機後，測試風險態度的龐大產業開始迅速成長。

　　Riskalyze 軟體平台用一個數字，描述投資人的風險容忍度，協助理專建立合適的投資組合。Riskalyze 類似於視力檢查，你選擇選項一或選項二、選項二或選項三、選項三或選項四，直到得出最佳配對。選項的內容類似於「為了獲得 X 這麼多的量，你願意冒多少險」。

　　Riskalyze 等工具協助財務顧問理解客戶，替他們量身打造

投資組合。隨著金融服務業了解讓客戶參與討論的重要性,除了要談特定的風險,也要談客戶與風險本身的關係,各種類似產品包括:Advicent、Rixtrema、StratiFi、Syntoniq、Totum、Tolerisk、Dynamic Planner、Envestnet、FinMason、FinaMetrica(澳洲)、Stackup(英國)、Pocket Risk(英國)與牛津風險(Oxford Risk)。這些風險工具還有另一項重要功能,它們給出數據以協助人們看出自己的風險偏好,等於是在為客戶帶來掌控感(即便是幻覺),讓客戶更能依自己的風險層級安心冒險。

渣打銀行(Standard Chartered Bank)與牛津風險開發另一種性格量表,除了參考大量的性格特質,還納入風險容忍度,包括:當事人喜歡投機或賭博的程度、性格的穩定程度(多冷靜或焦慮)、下決定時的自信程度、財務狀況、渴望獲得指引與意見的程度、衝動程度、渴望接收遺產的程度,以及他們認為成功比較是來自能力或運氣等等,最後歸納出三種投資性格:保守型(Conservative)、安逸型(Comfortable)與熱衷型(Enthusiastic)。[11]

牛津風險集團(Oxford Risk)的戴維斯(Greg Davies)在特許金融分析師協會(CFA Institute)的報告中寫道,許多新型財務風險態度評估工具的前景與陷阱,反映出這個領域尚在演變,大家對風險定義與最佳做法莫衷一是。戴維斯寫道:「問題有很大一部分出在產業使用風險取向的術語時,相當不精確與模稜兩可。風險容忍度、風險承受力(risk capacity)、風險胃納、風險態度等詞彙,在全球各地不同的組織用法各不

相同，有時甚至在同一個組織和同一個客戶對話時，也有不同的講法。」

　　戴維斯建議看「風險承受力」這一項。這一項除了考量投資人對風險的看法與感受，也會計算投資人有能力安全承擔多少風險。投資人所擁有的風險承受力，取決於他們擁有多少財務緩衝、與人生階段相應的財務需求，以及他們具備財務彈性的程度。戴維斯主張兩件事很重要：第一、是建立與改善風險承受力的動態模型與工具，第二、是協助投資人理解與說出自身的目標。不過他也指出，不該要求投資人表達明確的目標。他呼籲財務顧問應該把重心放在較為簡單的風險容忍度評估方式，理解客戶長期真正在乎的事：不該只看模型如何描述他們在單一時間點的情形，而要以動態的方式調整投資與建議，隨時配合變動中的需求。[12]

　　金融顧問還利用簡訊等其他的行為工具，在市場大跌時隨時追蹤最新現況，協助客戶保持冷靜，滿足客戶的需求。新型的生物回饋與神經定位等工具，也能協助我們進一步洞悉並管理自己的財務行為。我們將在本書第 10 章探索這部分。

風險類型羅盤

　　風險性格心理測驗的用途並不限於財務金融領域，在決策與團隊合作上，也能幫助我們善用自身優勢來彌補劣勢。英國心理學家崔克及其團隊以創新的方式研究風險，聚焦於影響我們回應方式的性格特質。他們明確區分「風險類型」（risk type）與「風險態度」（risk attitude）：風險類型是以性格特質為基礎，被視為成年後就具高度穩定性的基本傾向；風險態度則會受到身處情境（例如財富多寡與其他經濟狀況）、輿論與安全宣導活動（例如推廣乘車要繫安全帶、反酒駕運動、疫情期間保持社交距離）等因素的影響。此外，在市場情緒的渲染下，投資人的態度與行為也有可能一夕翻盤。

風險類型：性格特質與基本傾向的組合，決定你在處理風險時焦慮或冷靜、衝動行事或有條不紊的程度。

崔克團隊提出約100題有關健康、安全、財務、倫理等領域的風險抉擇問題，並請受訪者陳述在真實生活情境中他們會怎麼做。他們大量借鑒五大性格特質理論，但在做法上則有明顯不同：揚棄風險愛好與風險趨避的二分法，改採呼應最新決策、情感與認知神經科學研究成果的兩條主軸線。新的做法更能說明在風險認知與容忍度方面的個人差異，包括：人們焦慮或鎮定的程度、對不確定性的敏感度，以及他們做決定是基於一時衝動或深思熟慮。一條條軸心結合為類似羅盤的樣貌，因此崔克團隊將量測系統定名為「風險類型羅盤」（Risk Type Compass）。

崔克是個平易近人且對研究充滿熱情的人。我們在 Skype 上第一次對話就遠遠超出預定時間，當你全心投入某個議

題，那份熱情總會溢於言表。因此我特地趁歐洲之行轉往英國，與崔克面對面進行對話。崔克從前在心理公司（The Psychological Corporation，在當年是規模與影響力最大的心理測驗出版商）工作幾年，與鮑伯和喬伊斯・霍根（Joyce Hogan）密切合作，參與「霍根測評系統」（Hogan Assessment Systems）的初期開發工作。這個系統是將五大性格特質應用於真實生活，是這個領域最著名的顧問服務之一。2008 年的金融危機過後，當時英國的監管單位要求金融顧問必須考量客戶的風險胃納，為崔克創造出明確的市場需求。於是崔克成立心理諮詢公司（Psychological Consultancy），進而研發出「風險類型羅盤」，使用者除了金融公司，還包括高度重視風險與安全的產業與董事會，以及希望改善團隊動態的其他團體。如今，崔克帶領著同仁在通風明亮的辦公室工作，地點位於倫敦南方迷人的唐橋井鎮（Tunbridge Wells），搭火車前往大約需要一小時。

　　崔克的團隊運用五大性格測驗中共約 100 個問題，評量人們在 360 度羅盤光譜上的落點，並依據 8 種風險類型來詮釋結果，這 8 種類型包括：「熱切興奮型」（Excitable）、「深思熟慮型」（Deliberate）、「感知強烈型」（Intense）、「沉著冷靜型」（Composed）、「膽大冒險型」（Adventurous）、「精明機警型」（Wary）、「縝密謹慎型」（Prudent）、「無憂無慮型」（Carefree）。分析時會考量落點是靠近軸線中心，還是位於羅盤的邊緣地帶（見下頁圖）。

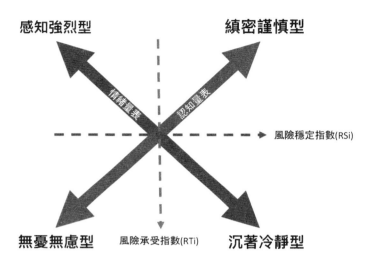

圖片來源：© Psychological Consultancy Ltd (PCL)。

圖片來源：© Psychological Consultancy Ltd (PCL)。

　　崔克團隊在開啟風險類型羅盤研究的頭一個十年中，就對1.7萬人進行測試。他們發現特定類型性格的人會傾向選擇相應的特定職業。飛航管制員通常非常擅長分析，喜歡按規矩辦事，往往冷靜、善於規劃、不容易緊張，如你所料，他們之中有超過四分之三屬於風險類型羅盤8種類型中的「深思熟慮型」。風險類型羅盤能用來判斷人們有多願意容忍風險，以及他們如何決定回應方式。「深思熟慮型」的人擅長分析與研究，性格冷靜，公事公辦。他們習慣詳加規劃、預做準備、徹底測試、遵守既定流程，所以不容易感到緊張。工程師與銀行員通常也具備這樣的特質。

　　飛航管制員在面對「一旦失誤便會釀成悲劇」的龐大壓力下，依舊能夠保持冷靜狀態。崔克告訴我：「他們並不會因為要負責四百名開心度假的乘客性命而感到焦慮。」機師們常常抱怨飛航管制人員缺乏情緒變化，希望他們能在危急時刻傳達出符合實際情況的急迫感。招募人員一般傾向「膽大冒險型」（大膽進取、無所畏懼、容易不耐煩）與「無憂無慮型」，而工程師則需要「沉著冷靜型」與「深思熟慮型」的特質。

　　崔克表示：「相對而言，莎劇演員之類的表演藝術家較容易在登台前感到身體不適。他們容易自我懷疑，但仍會堅定的完成演出。」演員通常情緒起伏較大、對風險極度敏感，但擁有尋求認可與掌聲的動力，讓他們擁有無論如何都要克服的決心；換句話說，他們屬於「感知強烈型」與「熱切興奮型」。警察與律師則普遍傾向「精明機警型」，精明、機警、掌控心

強。他們在任何情境下都對脆弱與暴露於風險極度敏感，熱衷於消除不確定性，積極尋求建立秩序並掌控事件的發展。

　　稽核人員不容易陷入慌亂的特質，屬於「沉著冷靜型」、「縝密謹慎型」（做事有條理、照章行事、流程導向、注重細節、無法容忍模稜兩可）與「深思熟慮型」的組合。他們通常冷靜、樂觀、處變不驚，擅長分析且效率極佳。

　　「無憂無慮型」的人往往大膽、好奇心強、不遵循傳統。崔克表示：「他們第一時間察覺到的總是機會，而不是風險。充分享受在緊急時刻或高速變化節奏下做決定時，腎上腺素飆升的那種快感。」著名的一級方程式賽車手明星詹姆士・杭特（James Hunt）總是自信滿滿，所以不常出現在練習場，然而他也極度容易焦慮（他的風險類型大概屬於「熱切興奮型」），以至於賽前不時會緊張到嘔吐。技師在準備比賽用車時感覺車子在震動，他們原本以為是引擎導致，直到他們發現車子還沒發動，才知道原來是杭特在發抖。

　　落點位於羅盤邊緣地帶的人，高度代表著自己所屬的風險類型；靠近軸線中心的人則變化性較高且特質較不強烈，他們的性格往往是不同風險類型的結合。舉例來說，我屬於「輕微感知強烈型」，這兩個形容詞放在一起聽起來有點矛盾，但我天生喜歡中庸之道。我的落點靠近軸線中心，因此與其他性格類型有著較多共同特徵。「感知強烈型」善解人意、具備風險意識與熱切，我們這種類型的人會熱情投入，但也會確保自身的安全，同樣的錯不太可能再犯第二次。

在我造訪唐橋井鎮後，崔克在電子郵件上告訴我：「我們發現，風險行為會隨著技能發展（騎腳踏車、攀岩）、經驗事物以及知識增進而產生變化，進而由不確定逐漸走向確定，並擴大舒適圈的範圍。風險類型並未預先決定著我們所有的舉動（人是有情感的生物），但具備一致與持久的影響力，的確會影響我們人生故事的發展。」

你的性命要看你的風險態度

「我看待風險的態度，救了我一命。」危機顧問達維亞・戴敏（Davia Temin）在她位於曼哈頓中城的高樓層辦公室中這樣跟我說。在我的追問下，她說出一個令人痛心的故事，告訴我：我們得先承認那些沒人想承認的風險，然後才有可能設法做點什麼。她說：「我們看不見那些不想看見的事實，這是人類本能使然。因為事實總讓人感到難堪與不適，它會奪走你腦海中熟悉的世界。因此，我們面臨的挑戰是：你是否能夠看到事實，並勇敢接受它？」我很快就會分享戴敏的故事，但首先我們需要先探索的是，究竟是哪些風險性格元素，讓戴敏準備好面對風險。

戴敏欣然同意接受風險類型羅盤的測驗。結果出爐，她屬於「無憂無慮型」，但落點很接近軸線中心。心理諮詢公司對「無憂無慮型」的描述是：「並非天生井井有條或留意細節。他們會挑戰成規，喜歡有開闢新天地的機會。」戴敏說自己做事有條理，不過經過仔細反思，她發現那其實是後天習得的風

險應對方式，而不是先天的自然反應。不過，「無憂無慮型」
的其他描述則完全命中，機會、新概念與改變會令戴敏感到興
奮，她的頭腦靈活、反應靈敏、口才便給。與戴敏相反的風險
類型是「縝密謹慎型」，最相近的則是「熱切興奮型」，但由
於戴敏落點靠近軸線中心，她展現的特質放在其他類型也說得
通。舉例來說，戴敏在面對客戶時極度謹慎。她擁有快速行動
的信心與能力，因為她十分清楚自己的人生目標。她具備數十
年的觀察與學習經驗，能把知識應用在實務上，並視需求加以
調整。也正因為這些特質，成功的救了她一命。

　　幾年前，有次戴敏搭乘計程車，她從曼哈頓上東區到西
邊的哥倫比亞大學新聞學院講課。在計程車後座練習講稿的她
沒繫安全帶，背靠車門雙腿擺在椅面上。她抬頭時發現計程車
司機正在闖紅燈，尖叫著要司機停下，這時車子正穿越公園大
道，和另一輛車發生擦撞。一陣天旋地轉後，車子終於停下，
但司機一回過神又繼續猛踩油門。這下子戴敏明白，這名司機
是故意危險駕駛，她的風險管理意識立即啟動。這下可好，她
該怎麼辦？

　　幸好，戴敏的父親是電機冶金工程師，她從父親那兒學
到車子的底盤比車子其他部分堅固數倍。於是戴敏立刻滾下座
位，除了右腿外全身都順利塞進座椅下。計程車撞毀時，這個
瞬間反應救了她一命。消防人員把她從車子的殘骸中拖出來抬
上救護車時，她依舊維持清醒的意識。戴敏要求救護車司機
把她載到紐約醫院（New York Hospital），但那不是最近的醫

院。當司機還在猶豫時，戴敏成功的說服了他。

「這就是能夠幫助你控制風險的方式：掌握主控權，」戴敏告訴我：「你得主動接手控制情勢，才能抵銷隨機性的影響。」車禍發生那天，戴敏穿著 Nina McLemore 的粉色外套，搭配 St. John 的米白色針織褲。她當初是花了九年二虎之力才找到這個顏色的褲子。神奇的是，戴敏抵達醫院時，那條褲子還完整無缺。

戴敏清醒的程度甚至連醫院護理師想要剪開她的褲子急救，戴敏都拒絕讓他們剪開，於是護理師加強她的嗎啡劑量，20 分鐘後回來再問一遍，戴敏依舊拒絕。問到第三遍時，戴敏告訴護理師，她的褲子有鬆緊帶，能否直接把褲子往下拉就好。最後護理師就照她說的做，順利保住那條褲子。

戴敏大難不死，但她的右腿如今還裝著 18 塊金屬片。說完自己的故事後，她問我：「你想看那條褲子嗎？」她走到衣櫃拿出褲子，不僅完整無缺，而且這米白色真是漂亮。戴敏告訴我：「這條褲子已經成為一種象徵。」象徵著堅持、果決、隨機應變，以及健康的風險關係。當然，也象徵著戴敏這個人的核心特質。

你的風險性格與風險指紋

你的風險指紋是很多東西綜合在一起的結果，包括你的基本性格傾向、人生經歷，以及你在各種情境中選擇如何採取行動。了解你的風險關係背後的影響力，將幫助你看出內心的希

望與恐懼、行為的動機及其成因,這些洞見將能協助你發揮優勢,並找到彌補劣勢的方法。

你的風險指紋也與身邊的人有關,包括:他們的態度與行為背後的動機、你符合團體期待的程度(不論那個團體是親朋好友、工作夥伴或街坊鄰居)。其中,同儕壓力以強大的力量影響著你的風險關係。你對外界的壓力愈敏感,就愈可能依照其他人所認為的「正確方式」應對風險、用那種方式來思考與採取行動,然而眾口之言卻未必真的適合你。你會期待冒符合自己性格的險,但當你試圖踏出舒適圈時,可以尋找和你性格互補的人一起合作。

上述了解自己風險指紋的原則,也同樣適用於你所處的組織、社群與整體社會。本章介紹部分企業如何運用最新的風險性格科學研究成果,來了解客戶與團隊動態。後面的章節將繼續深入探索國家與組織的文化(也就是「大我版」的性格)如何影響著民眾。不過在那之前,我們先聽聽幾位傑出冒險者的現身說法,了解他們的風險指紋如何深遠的影響他們的人生決定。從他們的故事中,我們將看見個人的風險意識如何與周遭的人相互呼應與影響,這些故事將印證一件重要的事:尋找風險態度、信念與行為與你互補的人,將有助於你做出更正確的風險決策。

第 4 章
放大的風險指紋

　　即便擁有跨國新聞集團財力與影響力的支持，在戰亂地區當記者依然是件非常危險的工作，對獨立記者來說，承受的風險自然更為巨大。然而，這卻是一條許多年輕人踏入國際新聞領域的必經之路。獨立記者制度不僅能幫新聞機構省下大筆鈔票，還能充當入行測驗，以確認有志擔任戰地記者的新人擁有鋼鐵般的膽識，足以勝任這份全球最危險的工作。

　　從事獨立記者的工作者必須具備某種性格，資深記者法蘭克‧史麥斯（Frank Smyth）就是個典範。業界都知道，史麥斯數十年間在戰亂地區報導現況，他走遍各地，薩爾瓦多、瓜地馬拉、哥倫比亞、盧安達、厄利垂亞、衣索比亞、蘇丹與伊拉克都有他的足跡。在伊拉克時，他還被關在惡名昭彰的阿布格萊布監獄（Abu Ghraib）18 天。

　　1990 年代初期，我在某個派對上認識史麥斯。派對中有一群人待過中美洲，撰寫內戰地區被撕裂的人權議題。史麥斯開心時會捧腹大笑，他的眉眼堅定，一對藍色的眼珠彷彿能透視你的靈魂。你很難不立刻喜歡上這樣的人。這些年來，我們

也成為好友。

　　史麥斯從法學院輟學並結束一段感情後，就全心投入報導中美洲的記者工作，起初，他替紐約市傳奇報紙《村聲》(*The Village Voice*) 等刊物撰寫調查報導。史麥斯憑著人際技巧、聰明才智、幽默感與熱情，建立起提供消息的人脈網絡，甚至得以接觸神出鬼沒的游擊隊領袖。那些領袖要花很長的時間才會信任你，但也可能在瞬間被觸怒。史麥斯能在反叛勢力中擁有無人能及的人脈，因而迅速聲名大噪。

　　第一次波灣戰爭爆發後，新聞業者對中美洲頓時失去興趣。史麥斯說服新聞編輯替他出機票錢，談妥相當有限的津貼後，動身前往約旦的首都安曼。CBS新聞讓史麥斯住在他們已經訂好、但沒派上用場的飯店房間。1991年2月，波灣戰爭進入尾聲後，史麥斯和，為《新聞週刊》(*Newsweek*) 雜誌工作的明日之星攝影師葛羅斯 (Gad Schuster Gross) 開始對伊拉克的什葉派與庫德族人起義感到興趣（老布希政府鼓勵這群人起義，但卻不支持他們）。於是，兩位年輕記者開始跟著起義軍行動，報導他們希望讓世界聽見的聲音。史麥斯在近三十年後告訴我：「我當時突發奇想，想要跟在他們身邊報導。你要得到故事，就得加入他們，和他們一起冒險犯難。這種事在1991年聽起來很大膽，但這正是美軍隨軍記者的意義所在。」這種模式後來在第二次波灣戰爭期間成為記者隨軍報導的標準做法。

　　史麥斯的三人小組準備動身時，CBS新聞總部提供他大馬

士革分社的八釐米攝影機，但不保證一定會買下他們的報導，更別提支付危險津貼。他們打算拍下精彩的戰鬥畫面，由葛羅斯的攝影通訊社替團隊售出報導。「你想拿到錢就得冒險。」如今史麥斯回憶過往說道：「但我們完全誤判情勢，沒給自己留任何一點犯錯的餘地。」

生死一瞬間

　　就這樣，在 1991 年 3 月，史麥斯、葛羅斯，以及另一位當時替法國攝影通訊社工作的攝影師亞蘭・保（Alain Buu），搭乘臨時拼起的木筏，順著底格里斯河進入伊拉克。與此同時，海珊派遣的坦克車與武裝直升機發動猛烈進攻，只花了 7 小時便重新奪回吉爾庫克。當他們在一名庫德族游擊隊員陪同下抵達吉爾庫克時，庫德族人正成群結隊的逃離。

　　史麥斯回憶當時一輛坦克向他們駛來，葛羅斯和陪同的庫德游擊隊員躲進附近房舍，史麥斯和保則跳進壕溝，在裡面躲了一夜。隔天早上醒來，史麥斯和保聽見房舍傳來咆哮聲，再來是槍聲、尖叫聲、更多槍聲，接著陷入一片死寂。當他們聽到伊拉克士兵離去的腳步聲，其中一人立刻扛起葛羅斯的藍色攝影包，攝影包上還掛著染血的記者證。不料，士兵很快返回並發現史麥斯和保的藏身地，他們遭到逮捕。

　　史麥斯和保被矇住眼睛審訊，他們被指控是西方間諜並關押在阿布格萊布監獄，18 天後才獲釋。[1]經過這次經歷，史麥斯更加認真看待自己的風險決定。他說：「我不得不向母親保

證，除非對方正式提供工作，真的答應會付我錢，不然我再也不會接下任何危險任務。」1990年巴爾幹半島戰火爆發時，史麥斯並未前往報導，而是努力的從心理創傷中走出來。他向自己發誓，不再碰帶有交易性質的報導、不要只為賺錢而接下採訪任務。史麥斯無法再對自己、對家人做出那樣的事。

　　史麥斯改而投身調查報導，雖然財務和安全上的風險依然存在，但至少不用賭上性命。這些年來，史麥斯積極的治療「創傷後壓力症候群」（post-traumatic stress disorder, PTSD），開始練習瑜珈、皈依佛教、閱讀魯米（Rumi）的詩，透過深度自省釐清自己的人生選擇與未來方向。

　　當反思自己為何會墜入生死一線的危機，史麥斯清楚意識到遺傳與文化對他的深遠影響，這些因子助長他對冒險的渴望。他在美國紐澤西的中產階級家庭中長大，雙親都是如「火球」般性格剛烈的人，塑造史麥斯強烈的信念：只要下定決心，什麼事都做得到。史麥斯的母親是義大利裔，以培養具有男子氣概的兒子為榮。他說：「我母親的教養原則就是『你是最棒的』，你要擁有那樣的超強自信。」史麥斯的父親也親身示範什麼是自立自強的男子漢，令他印象最深刻的經驗是：「有次有個人威脅並抓住我，我父親叫那傢伙放手，對方卻不肯，於是父親就給了他一拳。」史麥斯回憶道。

　　史麥斯的先天性格與後天教育，讓他變成一個勇於冒險的人。豐富的戰地報導經歷，更讓他願意承接別人碰都不敢碰的工作。新聞機構利用獨立記者的方式，讓他必須常態性承擔高

度風險。財務的壓力更是讓他不得不一再深入虎穴，他感到別無選擇。

「風險令人感到刺激，那為個人帶來莫大挑戰。但冒險行動往往也帶有許多傲慢的成分，」史麥斯表示：「後來，你在人生旅程中會慢慢學到，風險會帶來一些負面的東西，你得學會做出調整。」如今，史麥斯也常回想起1991年採訪庫德起義軍的致命決定，到底有多少程度是出於自我的傲慢。當然，財務需求是一部分原因，但他試圖報導的事真的有**那麼**重要嗎？或者，他想證明些什麼？史麥斯說：「你必須學著問自己：『有多少是我的自負在作祟？有多少是真的出於責任感？如果不成功，後果是什麼？』」史麥斯至今仍會不時想起當時三人投票表決、決定是否待在吉爾庫克隨軍採訪的場景。事後回想起來，史麥斯不確定他的同伴是真心覺得該冒那個險，還是有所猶豫卻保持沉默。

從那個致命決定帶來的教訓，加上多年來累積的智慧，史麥斯學會控制自己的性情，不僅如此，他還想分享他所學到的東西。他在2011年11月成立全球記者安全諮詢公司（Global Journalist Security），協助新聞工作者與跨國組織降低在衝突情境中面臨的風險，從防止監控、網路安全措施到防治性侵，全是史麥斯的授課內容。因為他深深知道，媒體工作者心理與決策上的技能，和專業技能一樣重要。

如何降低在戰亂地區工作的風險？史麥斯的關鍵祕訣就是充分準備。準備充足就比較不容易出錯與超出掌控範圍，

同時還能增進對必要風險的安心程度。史麥斯也鼓勵大家思
考「增進對某種情境的掌握程度」與「接受不確定性且無法掌
控事物」間的微妙平衡。「我教大家的另一件事，就是風險自
負。」史麥斯說：「你在戰地時只能靠自己，每個人都只能為
自己負責。你要有擔當，替自己的行動與安全負起責任。非
生即死，你在生死交關處所做的決定，影響著所有關心你的
人。」

風險是史麥斯性格特質的一部分，就像救難人員、特技
演員、極限運動員、拆除工人等任何從事高風險工作那樣。對
於我們這些生活型態較為靜態的人來說，或許風險性不是那麼
明顯，但實際上我們每個人都在冒險，所冒的險反映出我們是
什麼樣的人、我們重視哪些事。從把金錢和時間投資在大學教
育、承諾餘生將與某個人禍福與共、決定開間公司、選擇雇主
或職業……生活中的冒險機會實在太多了。在永無止境的回
饋循環中，你冒的險不斷塑造著你。當你賭對了，多巴胺分泌
將引誘你冒更多險；當你孤注一擲卻不符期望，也將反映許多
事：你可能從此努力避開任何風險，也可能學到，原來失敗不
是世上最糟的事。

目標與放手的力量

羅珊娜・費格拉（Rosanna Figuera）與先生湯瑪斯・迪吉
特（Thomas DeGeest）是熱門鬆餅店「Wafels & Dinges」的共
同創辦人。迪吉特是比利時移民，用佛拉蒙語替自己的店取名

字，大致可翻譯成「鬆餅＆各式甜點」。這間店鋪如同夫妻倆一般朝氣蓬勃。費格拉25歲時為了工作，從家鄉委內瑞拉搬到美國。費格拉說那是她這輩子頭一次冒這麼大的險，即便每個認識她的人都不這麼認為：「我朋友總是說我天不怕地不怕，我都不知道原來自己是那樣的人。」費格拉說：「我認為天經地義的事，其他人卻覺得無法想像。我從來不認為自己有什麼好失去的，總是看見贏的機會。」她看不見風險的壞處，只見到機會。

費格拉回想：「我們成立 Wafels & Dinges 的時候，因為開店而太過興奮，甚至沒停下來思考風險。」當時他們還沒生孩子，而且都有做生意的經驗。此外，他們手裡有資產，可以完全靠自己的錢創業。由於他們不需要對外募資，也因此沒有正式的營運企劃書。萬一開店不成功，也沒有「B計畫」。

迪吉特把退休基金變現，賣掉紐約下東區的公寓，把所有的銀戶帳戶提領一空。「我們想，如果說有什麼東西值得投資，那就是我們自己。」費格拉表示：「這會是我們最好的401(k)退休金計畫。」即便如此，他們還是有安全網的支持：費格拉沒辭掉外面的工作，她是人資專員，薪水還不錯，而且有401(k)退休計畫。三年後，他們的第一個兒子出生，店裡的生意欣欣向榮。費格拉說：「我們坐下來盤算，然後我就在那時宣布：『全部賭下去吧。』」費格拉辭職了。

風險性格與風險態度相輔相成。費格拉表示：「我勇於做夢，迪吉特腳踏實地，我們是最佳拍檔。一開始，我們都看好

這個決定。這個夢想很大，太令人興奮！」然而，隨著事業成長，兩人的不同之處開始顯現出來。迪吉特大力拓展分店，費格拉則減少夢想家的那一面，開始鑽研實務，多花很多力氣思考兩人必須考量的風險。她說：「我的風險意識大增。其實也不一定稱得上是避免冒險，但因為我現在是兩個孩子的媽，自然會花很多力氣設想任何可能影響這個家的因素。我意識到事業與家庭中間那條模糊的線。」此外，萬一有任何事出錯，他們夫妻現在已經沒有上班的收入可以倚靠。

　　2020年，經過十年小本經營後，費格拉與迪吉特決定要更上一層樓，它們打算從紐約市搬到科羅拉多州的丹佛，在當地與其他城市開設新分店。Wafels & Dinges處於大舉擴張模式，其中一間實體餐廳將位於名氣響亮的美國購物中心（Mall of America）。2020年3月13日，美國宣布進入新冠肺炎疫情的全國緊急狀態。費格拉與迪吉特手中的現金剛好只夠支付員工兩星期的遣散費。費格拉告訴我，大家在告別時哭了。接下來，他們和債權人與房東協商，申請國會授權的政府疫情紓困方案。夫妻倆也因此還有餘力可思考，該如何幫助疫情中的其他人。最後，他們找出的答案，就是他們當初開店的原因：提供大家一天中最快樂的時刻。

　　「當我們碰上危機時，永遠在忙著解決問題，但我突然間明白，有時候我們解決不了任何事，什麼都做不了。就是在那樣的時刻下，我們才開始懂得真正接受。」幾星期後，費格拉打電話告訴我：「我們從小學到的事是：你應該盡力奮鬥。然

而，當你發現不得不屈服於現實，反而得平心靜氣去接受，事情和你預期的差很多。等到心情平靜下來，你就能看出該怎麼做下一步。」

於是，費格拉夫婦改做網購服務。在那之前，網購一直是他們事業中非常小的一環。在他們從紐約市搬到丹佛之前，就已經舉家搬遷到當地一、兩年。當時，顧客熱情的響應捐贈鬆餅給在前線作戰的健康照護人員，兩人的公司因此得以回聘部分員工。Wafels & Dinges 不僅帶給前線的健康照護人員歡樂，還打造出更穩健的線上事業，業績在疫情後穩定成長。

隨著疫情愈拖愈久，兩人忍痛在夏天結束 Wafels & Dinges 在紐約市各處的營業據點，包括時代廣場、中央公園、哈德遜河公園45號碼頭，以及其他許多季節性的分店。「悲傷的情緒太殘酷了。我們失去全部的一切，失去13年來憑著熱情與努力工作擁有的成果。」費格拉在臉書頁面上寫道：「是的，我們依舊不會被打敗。我甚至有一種感覺，我們正在踏上一條新的道路，我們立穩根基的程度將更勝以往……不過今天，我允許自己憂傷，一切都會過去的。」

費格拉與迪吉特冒險犯難，勇敢追求自己的目標，夫妻倆是最佳拍檔，在情緒上互相支持。兩人因此得以走過疫情帶來的高度不確定性與恐懼。封城不到6個月後，兩人籌備已久的明尼亞波利斯（Minneapolis）分店，終於在美國購物中心開張。

創業者與風險

　　目前為止，我提到的故事主角都是開創者，這並非偶然。我們一般把創業人士視為冒險者。成功創業者的風險指紋經常帶有許多與冒險有關的元素，包括：堅毅的性格、自信與勇氣。此外，他們的眾多行為都支持著自身的決定，包括：懂得找到貴人相助、打造人脈，以及權衡利弊得失。

　　客觀上來講，創業者所冒的風險似乎超越任何從事傳統職業的人所能接受的範圍，不過實際上並非那麼非黑即白。風險是主觀的，有的人把某些事視為龐大、無意義，甚至是無法接受的風險，例如：低空跳傘、結婚生子、寫書。其他人則可能會聳肩，覺得沒什麼大不了。

　　如同量子力學，在我們觀察的那個瞬間，風險的本質已然改變。當我們辨識、分析與考慮自己會如何回應，就已經改變手上選項會失控的可能性，從而降低風險。同理，第9章會介紹，當我們對某個風險的所知愈多，就更有掌控感，不再感到威脅有那麼大。同樣的，創業者看風險的角度和其他人不同，他們會採取降低相關風險的步驟。

　　關於創業與冒險之間的關係，研究結果不一，部分原因出在許多研究的樣本數很小。不過，這也跟「風險趨避」究竟是什麼意思有關。風險趨避很難測量，如果要能說某甲比某乙更迴避風險，那麼必須是在完全相同的條件下，某甲選了風險較低的方法，但這種研究很難做，因為情況很少會一模一樣。

　　史丹佛大學的組織行為學者徐宏偉（Hongwei Xu）與普林斯頓大學的社會學者馬丁・盧夫（Martin Ruef）比較 1,200 多位新創業的人士與一般大眾的數據。一般人往往會覺得「創業者喜歡冒險」、「新創公司的失敗率高」，但兩位學者的研究結果出乎意料：新創業者其實比一般大眾**更不願意**冒財務風險。[2]

　　為什麼？兩位學者指出，原因在於創業者的動機比較不是金錢，而是為了其他理由，例如：獲得個人成就感與自主權。創業者的優先要務是追求繼續營運下去，而不是冒重大風險。徐宏偉與盧夫寫道：「只要公司撐住了，有辦法做下去，創業者就會在社群裡被視為事業主，受人尊敬。他們將擁有個人自主權，有辦法達成各種下定決心的目標，而那些目標與他們的身分認同有關。然而，如果創業者冒很大的財務風險並失敗，可能不會再有東山再起的機會，無法達成與金錢無關的相關目標。」兩人指出，另一個不願冒險的理由，在於相較於非創業者，創業者掌握不同的資訊，擁有不同的認知偏誤。[3] 一般大眾常看到媒體報導成功創業者而非失敗者，但創業者更可能去做第一手的調查，向其他的事業主取經，因此更了解現實中的失敗率。

　　不過，評估創業者的風險態度時，冒財務風險或許不是正確的指標。有的人比較習慣替別人工作，或是維持現況就好。不論創辦人的財務風險決策有多保守，創業本身就是巨大的風險，遠遠不只牽涉財務上的考量。研究顯示，創業者更可能跳

下去做的原因，在於他們眼中的成功機率高過現實狀況或他人眼中的機率。麥斯・貝澤曼（Max Bazerman）、丹尼爾・康納曼（Daniel Kahneman）、阿莫斯・特沃斯基（Amos Tversky）等知名學者已經證實，多數決策者容易高估自身能力，並低估眼前風險。[4]

約翰・平福德（John Pinfold）研究紐西蘭的新事業主，證實自我增強的偏見會導致新手創業者過分自信。他調查創業不滿 3 個月或預計在接下來 6 個月內創業的人士，問他們認為 5 年後事業還會存在的機率是多少。[5] 新手平均而言認為，自己的公司有 75% 的機會能撐過 5 年，而別人的公司撐過 5 年的機率則只有 52 %。然而，紐西蘭存活超過 5 年的公司實際上只有 42%。

創業者最終可能做出其他人眼中冒險的決定。然而，由於他們眼中的風險比非創業者來得低，而且以不同方式評估決策元素，很難說創業者的風險趨避程度究竟較高或較低，他們只不過是用了不同的標準來做決定。

阿諾・庫柏（Arnold Cooper）、卡洛琳・胡（Carolyn Woo）與威廉・丹肯伯（William Dunkelberg）三位學者，在一份對近 3,000 位創業者的調查研究中發現，創業者並未像刻板印象以為的那麼偏好風險，而是對相關風險有著過度樂觀的看法。[6] 三位學者指出：「他們認為公司前景一片光明，81% 的人認為成功的機率在七成以上，33% 更是認為成功機率是百分之百。請他們預測其他類似公司的成功機率時，儘管數字低許多，但

仍顯得相當樂觀。」有趣之處在於，他們發現「創業者對自己的信心」與「衡量是否能取得成功的相關指標」（例如：深入研究市場的程度、做了多少其他準備等等）間缺乏顯著相關。「事實上，那些缺乏準備的人看起來和充分準備的人一樣樂觀。」

羅伯‧卜羅浩（Robert H. Brockhaus）進行大量創業者研究後發現，「冒險傾向」並非「成為創業者」或「成功創業」的關鍵因素。[7]他指出，創業者普遍擁有一般大眾較為缺乏的共同價值觀，例如：對於事業成就、獨立有效領導的強烈需求等等。卜羅浩發現，創業者通常在先前有不好的工作經驗（與薪水無關），但受正面楷模啟發而走上創業之路。卜羅浩還發現，創業者的教育程度通常高過一般大眾（正如本書將反覆提到的，教育在風險認知、風險判斷與風險偏好上扮演著重要的角色）。卜羅浩的結論是：若將認知差異也納入考量，創業者不過是中等程度的冒險者。

鏡子後面的世界

我和大學同學蘭道‧泰瑞爾（Randall Terrell）敘舊時，發覺「創業者只不過是以不同的角度看世界」。我的同學給泰瑞爾取的綽號是「隨機狂」，因為他天馬行空、想到什麼就去做，而且他的決定通常跳脫傳統束縛。我第一天認識他時，他正在號召一群學生去休士頓大街裸奔（而且他成功了）。「我冒過哪些險呢？」泰瑞爾自問自答：「讓我數一數喔……我好

幾次差點翹辮子，但大都是意外。在休士頓和洛杉磯騎單車？奔牛節？攀岩？對要偷吃我食物的熊扔石頭？開車超速？控告德州州長、副州長、參議員、現任法官、德州騎警、中央情報局（他曾經代表客戶打許多官司）……」

　　泰瑞爾最大的一次冒險，是把畢生積蓄投入新創事業。那次我們聊天時，他正在投身把廢木屑轉換成顆粒燃料的新創事業。這個計畫幾度獲得大規模投資的承諾，但可惜最後沒有兌現。泰瑞將自己與妻子所有的錢全都投入這個計畫，還拉了親朋好友加入。「我不認為自己腎上腺素成癮，但風險確實有幾分吸引力。」他說。

　　路易斯‧卡洛爾（Lewis Carroll）在經典童書《愛麗絲鏡中奇遇》中，描述名為愛麗絲的年輕女孩走入鏡子，掉進一個完全沒道理的世界。泰瑞爾認為這個故事像極了創業者的遭遇：「風險對創業者有著莫名的吸引力，讓你做出重要的決定，想一步步從真實世界跨入那個鏡中的美妙仙境。」他說：「但當你真的走進鏡中世界才發現，一切根本不是那麼回事。」

　　泰瑞爾的家族流淌著冒險的血液。他母親的祖先是探險者，外曾祖母曾經騎著馬加入奧克拉荷馬州的搶地大戰，其他親戚則前往加州掏金。泰瑞爾的祖先是第一批跨過科羅拉多河的盎格魯人，他們抵達德州的時間甚至早於德州之父史蒂芬‧奧斯汀（Stephen F. Austin）。泰瑞爾的祖父創辦一間醫院，還成為洗衣店的匿名合夥人，因為醫院需要乾淨床單，但當地沒有洗衣店。泰瑞爾一家人在吃飯時通常談的都是生意，評估著

各種風險與機會。泰瑞爾的兄弟姐妹有的成為教師，有的成為
政策遊說者，有的是獨立律師，家族裡大部分的人都是自雇
者。

　　泰瑞爾大學畢業後攻讀法學院，後來成為州內的環保律
師，設立自己的法律事務所。之後，他化身為一名社運人士，
結合對環保的熱情、源自家族的創業精神、新興技術人才，準
備將一種德州人視為有害植物的樹木製成顆粒燃料。

　　「有大力支持的父母實在是太棒了。爸媽告訴我們，我們
什麼都能做到。」泰瑞爾表示：「這或許是白人的特權。我知
道即使一切完蛋了，至少還有安全網支撐著我。」雖然泰瑞爾
的妻子（本身也是才華洋溢的藝術創業者）與家人都支持他，
但並非社交圈裡的每個人都贊成他的行動。「我們剛開始創業
時就失去了一些朋友。」泰瑞爾說：「有些人看到機會，但沒
看到風險；有些人只看到風險，但沒看到機會，因此害怕得完
全不敢行動。不過，當然還是有一些朋友懂我。」

　　許多創業者和泰瑞爾一樣，他們能自由踏上創業的道路，
原因是他們知道背後有安全網會撐住他們。他們的風險指紋包
含身邊的社群。他們知道「度小月」時能向誰取得資源。然
而，如果是那些沒有強大安全網的創業者呢？他們得自行打造
安全網，努力尋找能幫助他們的貴人。

打造自己的金湯匙

　　芝加哥的設計師潔咪蔻・蘇珊娜（Jermikko Shoshanna），

業界都直接叫她潔咪蔻（JERMIKKO）。流行樂壇的超級明星碧昂絲（Beyoncé）推出石破天驚的《檸檬特調》（Lemonade）專輯MV時，身上穿的衣服就是潔咪蔻設計的「換穿帽T」（SwapOut hoodie）。那種帽T的新穎設計利用兩條拉鍊，把衣服一分而二，穿的人可以更換布料顏色，選擇自己要的顏色組合。此外，也可以取下帽子的部分，潔咪蔻因此成為史上第一位取得服飾專利的非裔美國人。

　　潔咪蔻和泰瑞爾不一樣，並未出生在支持她冒險的環境之中，而且情況恰恰相反。潔咪蔻從小夢想成為一名設計師，但高中輔導老師竭力勸阻她打消這個念頭；想要追求夢想，她需要更多決心、運氣，以及找到貴人相助。當然，俗話說的好，天助自助者。「你得讓很多人願意為你承擔風險，然後你必須負起責任。我知道如果有人站出來替我打開一扇門，我會抓住機會，帶著自尊、正直與毅力走過那扇門。」潔咪蔻說：「但如果沒有人要幫我開門的話，我就自己走過去開。我可不會坐在那兒乾等。」

　　當我問到潔咪蔻記憶中人生第一次冒的險，她愣了一下，然後大笑起來。她想起自己大概八、九歲時，跟著外婆住在路易斯安那州。外婆總是穿一身素白的洋裝上教堂，而潔咪蔻希望外婆也能像某位女士一樣優雅。潔咪蔻常在教堂裡看到那位女士，而且她會出入在小鎮上唯一一間允許有色人種（當時的用語）進入的飯店。

　　有一次潔咪蔻沒徵得大人的允許，就從衣櫥裡拿出一件

白色洋裝，重新剪裁縫製一番，接著到家附近的河裡利用紅蠟筆把衣服「染」成紅色。外婆發現時沒說話，穿上那件作品上教堂。「當教堂姊妹驚訝的問：『茉莉亞，你穿的那是什麼？』我外婆回答：『這是我的寶貝孫女替我做的。』」外婆從教堂椅起身時，椅子上掉滿從洋裝脫落的乾泥巴屑。回家後，外婆告訴潔咪蔻：「小女孩，以後別再碰我的白衣服，聽到了嗎？」但除此之外，外婆一句責備也沒說。

　　潔咪蔻10歲時和朋友在放學途中，爬上一棵山核桃樹。一群白人男孩不准她們爬，潔咪蔻不甩他們，回嘴說：「這又不是你們的樹。」那群男孩發動攻擊，痛打她們一頓。潔咪蔻的朋友被活活打死，她自己則腿部受重傷。後來外婆打電話給潔咪蔻的母親（她在芝加哥當織布工），說是時候帶潔咪蔻離開了，因為只要她拒絕「不可以」這個詞，就無法在美國南方棉花州安全生活。

　　時間快轉到高中，潔咪蔻當時已經知道自己想走的職業道路。她說：「我想製造漂亮的衣服，但我不想當裁縫師，那樣一次只能幫一個人做衣服。我想當那種供應服飾店衣服的人。」然而，學校的輔導老師告訴她，那是不可能的，因為成衣設計產業沒有有色人種，那是條困難的職涯道路。潔咪蔻於是開始探索其他選項。當醫師是不可能的，因為她見不得血；也不可能當律師，因為法官要她安靜時，她不可能閉上嘴。

　　有一天，她的叔叔問：「小潔，你到底想從事哪一行？」潔咪蔻回想當時她的回答：「我可以做衣服。我很想設計漂亮

的東西。」叔叔說：「那你為什麼不去做？」她回：「因為沒人能幫我。」叔叔說：「這個嘛，只要你有心想做，總有一天會做得到。」

　　後來，潔咪蔻在伊利諾州的貝爾電話公司找到總機接線生的工作。每當工作空檔，她會在6x2英吋的電話帳單背面，畫下自己設計的衣服。她在貝爾待了大約兩年後，有一天接到一通電話，電話那頭的客戶辱罵她是「黑鬼」，她憤而掛斷電話，於是被叫進主管辦公室。然而，主管接下來說的話完全出乎意料，也改變了潔咪蔻的一生：「你知道嗎，潔咪蔻，有一件事我想不通。妳幹嘛待在電話公司？妳明明很有才華。」潔咪蔻告訴主管，那是因為她無法做自己想做的事，現在的她需要這份工作。主管想了想，讓潔咪蔻提早下班，叫她去找間能教她成為設計師與製造商的學校，要不然就立刻開除她。

　　潔咪蔻回到家後，換上厚底鞋與自己做的衣服，前往市區密西根大街上的薩克斯第五大道百貨公司，要求見能雇她擔任設計師的人。她被帶到時尚搭配師伊凡（Nena Ivon）的辦公室。伊凡向她說明百貨公司是從和製造商合作的設計師購買衣服，並告訴她到芝加哥藝術學院（School of the Art Institute of Chicago）能學到成為設計師所需的東西。伊凡是世上頭一個告訴潔咪蔻該怎麼做的人，協助她做到想做的事、成為她想成為的人。

　　入學申請需要繳交作品集，潔咪蔻以前從來沒聽過這種東西。當她回去上班並向主管報告她打聽到的事時，主管打開抽

屜，拿出一疊潔咪蔻扔進垃圾桶的草圖。「光憑這疊東西，我就能開除你。」主管說：「但拿著吧，這就是你的作品集。」

後來，藝術學院錄取了潔咪蔻，但為了以防萬一，潔咪蔻同時還到芝加哥大學修心理學學位。兩間學校都給她獎學金。同一時間，潔咪蔻還打了三份工。她拿下許多獎項，並獲得精品服飾店 Stanley Korshak 的實習機會，開始替芝加哥上流社會設計衣服。後來，她擔任過好幾間公司的設計師，直到 1979 年，一位朋友委託她替第一屆芝加哥艾美獎設計禮服，還邀請她參加頒獎典禮。潔咪蔻替自己設計好一條牛仔褲，又用手邊 3 碼長的金線布搞定外套，接著前往時髦的橡樹街女裝店，尋找可以搭配的上衣。

潔咪蔻連最便宜的上衣都買不起，但銷售人員看著她穿的牛仔褲，發現那是她自己設計的，就直接跟她訂購 5 條。就在這天，潔咪蔻第一次收到訂單，展開屬於自己的服裝設計與製造事業。她算出她需要 480 美元的成本，好心的布料業務員辛格（Harold Singer）讓她賒帳，潔咪蔻用朋友付她的艾美獎禮服設計費準時支付帳單。

當潔咪蔻再次來到橡樹街，又接到 5 條褲子、5 件上衣的訂單，接著又收到 3 條裙子、2 件褲子、10 件上衣的訂單。潔咪蔻當場就設計出裙子與上衣。隔週她辭掉工作，開始在黃金湖岸的狹小公寓裡處理訂單。她用兩塊樹幹充當椅子，金屬薄板搭成的桌上擺著家用縫紉機。她養的澳洲狗「寂寞」（Lonesome）幫忙固定住布料。潔咪蔻向認識的人求助，協助

她擴展事業。

　接著，套用潔咪蔻的話來講，她「碰上種族麻煩」。當時她請銷售人員不要讓客人知道她的身分，因為客人不會想向黑人女性訂購衣服。銷售人員不相信，直到印第安納州來了張5,000美元的訂單（那到當時為止金額最大的一張），銷售人員鼓勵買主和設計師見面。隔天，買家就打電話說自己買太多，「不得不」取消訂單。

　不同於潔咪蔻在事業與人生中做的其他選擇，一旦牽涉種族問題時，總會激起她強烈的風險意識。潔咪蔻有一位導師是已故的桃樂絲・富勒（Dorothy Fuller）。富勒是芝加哥時尚產業的先驅，1987年成立服飾業研究會（Apparel Industry Board）。富勒問潔咪蔻為什麼不參加時裝秀，也不肯讓報導放她的照片。潔咪蔻說出原因：她已經從那位印地安納的買家身上學到教訓。有一天，富勒打電話給潔咪蔻，告訴她《女裝日報》（Women's Wear Daily）正準備報導芝加哥時尚產業，希望能介紹潔咪蔻。「我聽著老師講那件事，感覺全身發冷。我說：『還是不了，我說過了，桃樂絲，我還能賣出我做的衣服、還能開店，那是因為我不露面。』然而，我也曾經告訴她，上帝準備讓世人認識我的時候，祂會讓我知道。」富勒提醒潔咪蔻這或許就是上帝對她的通知，潔咪蔻終於答應。

　身為一名設計師、製造商與歷史締造者，潔咪蔻榮獲無數獎項。2014年，她擔任美國國會圖書館的時尚設計師後不久，一家非營利組織與她聯繫，邀請她與年輕人見面，教他們

創業。計畫參加者中有一位安靜害羞的年輕男孩，穿著露出臀部的鬆垮褲子走進潔咪蔻的工作室。潔咪蔻做的第一件事，就是叫他把褲子穿好，接著給他看 SwapOut 帽 T。這個年輕男孩訝異完潔咪蔻不但發明出這樣的衣服，而且還獲得專利。他不再害羞自閉，對潔咪蔻提出各式各樣的點子。後來，男孩告訴潔咪蔻，希望能替她工作，因為他不想死在自己住的街區，那裡的街頭語言是槍枝，各種麻煩會找上無事可做的孩子。這段話讓潔咪蔻心情沉重，她因此成立結合藝術、設計與商業技能的青年培訓計畫。

潔咪蔻說：「沒人告訴這個孩子，才華是有價值的。他的父母整天忙著打零工養家，努力讓桌上有食物，讓孩子有地方住，他們對商業世界一無所知。」如同先前許多人曾對潔咪蔻伸出援手、告訴她需要知道的事，潔咪蔻也要當別人的貴人，把冒險成功的經驗傳承下去。「我們這些已經上岸的人應該要伸出援手，拉他們一把。曾經走過這條路、一路跌跌撞撞抵達目標的我們，現在需要回過頭給年輕人機會。」她說。

潔咪蔻扣人心弦的故事告訴我們：如果你不是含著金湯匙出生，那就自己打造一把吧！如果有一天你獲得成功，那就把這種精神傳承下去，將金湯匙帶到先前沒有金湯匙的地方。想像一下，如果有人打造一個良好環境，讓每一個夢想著實現潛能的人，都有機會做自己最擅長的事，那將是多麼美好的景象。

屬於你的風險指紋

你這輩子冒過最大的險是什麼？花個幾分鐘，想一想這個問題的答案。答案不必是開創事業或環遊世界，也不必是在戰地報導新聞。我猜答案多半是結婚生子、轉換跑道、買房子或拿學位。

你的答案將訴說許多關於你的事。你認為那是一種選擇嗎？你決定要不要跳下去做的時候，有什麼感受？你感到躍躍欲試或莫名恐懼？對於當初冒的險，你現在感覺如何？當時的你是否覺得自己在冒險，還是事後回想起來才發現？後來事情的發展和你所期望的一致嗎？如果可以重來一遍，你依舊會義無反顧嗎？

《創業家》（*Entrepreneur*）雜誌封台灣出生的科技先鋒金辛蒂（Cindy Chin，音譯）為 2018 年「最大膽的」創業者。但她告訴我，她一點都不認為自己很大膽。在她心中，她只是沿著一條路走下去。我問她這輩子冒過最大的險是什麼，她的答案很有趣：「允許自己快樂」。她說：「當你面對選擇時，從科學家的角度來看的確有許多未知成分，但也有一定程度的任性。這樣的時刻將帶你走上一條路，然後在某些時間點，你會知道應該繼續走下去或離開。不過前提是：你得先踏上那條路。」

金辛蒂的答案以及我在本章分享的故事，說出了幾點關鍵原則，點出人們的風險指紋如何決定了他們的命運。

　　首先，某個風險到底是好事還是壞事，在不同人眼中可能有著截然不同的答案。我們的性格與經歷讓我們習慣從正面或負面角度看待風險，但實際上風險是價值中立的。風險是好是壞，取決於每個人如何解讀。

　　第二，冒險者通常不會把自身的行為看成「風險」，因為風險涉及對選項做出決定。對冒險者來講，「風險」是唯一可行的路，他們是別無選擇的踏上追尋之旅。在某種神祕性格力量（不論是好奇心、野心、貪婪或恐懼）的驅使下，正確選項通常是如此明確，以至於根本不需要做選擇。冒險者一般很確定自己該往哪裡走，即便他們不知道一路上會碰到哪些曲折。

　　我們的動機是什麼？我們認為哪些事值得冒險？我們會冒險避開哪些事？危機過後，我們變得更善於接受好風險、避開壞風險，或者再也不敢承擔任何風險？為什麼有些人碰上重大打擊後變得畏首畏尾，另一些人則能以全新姿態擁抱風險？遭受極其可怕的風險洗禮後，是哪些因素決定我們能否重新站起來？

　　對於上述問題的答案，刻畫出我們的風險指紋。我們天生的性格描繪出指紋的輪廓，包括：我們自信的程度、感到焦慮或鎮定的程度、衝動或有條理的程度。我們經歷的事將強化或削弱天生的傾向。我們身邊的風險生態系統，也將進一步影響我們的感受與行動，如同手套保護著手指，安全網是否將增加或限制我們的風險選項。此外，我們養成的習慣、選擇的職業，也型塑著我們的風險指紋。

　　儘管風險指紋是獨一無二而且專屬於每個人，但它同時也是周遭環境的產物。接下來，讓我們來看看，不同群體有著什麼樣共通的風險認知和態度。

第 5 章
風險的 Who、What 與 Why

　　我問一群活力十足的芝加哥青年:「你們冒過最大的險是什麼?」現場一片靜默,接著有人舉手說:「我放棄醫學院,成為單口相聲演員。」他是阿甘．亞羅拉(Agam Arora)。即便在場人士的風險容忍度都很高,有的人是創業者,有的人是顧問與社會改革者,但亞羅拉的故事依舊獨樹一幟,也粉碎人們對「千禧世代不願意冒險」的刻板印象。

　　亞羅拉的風險態度深受雙親影響。他的父母是從印度旁遮普(Punjab)移民到美國的印度教與錫克教徒。父親是心臟科醫師,母親是心理諮商師,兩人在洛杉磯的事業都很順利。儘管他們選擇專業的職涯道路,卻告訴兒子:當醫師或律師雖然可以保證至少穩定賺進 6 位數報酬,但與創業相比,卻不是一個好的風險選擇,因為創業可以賺得更多。即便如此,夫妻倆依舊以孩子的快樂與成就感為主要目標,並未將錢放在首位,因為他們深信:如果孩子最終得不到快樂,那麼過程中的各種犧牲都是一場空。亞羅拉告訴我:「我父親堅信不論決定要做什麼,都應該努力做到最好,只要達到專業水準,錢自然會滾

滾而來。」

社群與環境影響風險認知

　　亞羅拉父母的教養態度，恰好與第一代移民的典型態度形成強烈對比。第一代移民通常會對孩子（也就是出生在移居國的第一代）耳提面命，期盼孩子一定要當醫生或工程師，因為他們認為相較於自己走過的路，這一類的工作比較穩定、不確定性也較低。身為移民，這個群體通常被視為冒險者：他們拋下在某個國家的一切，在異鄉展開新生活。然而，異鄉通常使用不同的語言，對移民也不太友善，這就是為什麼相較於更好的收入，移民通常希望孩子選擇安穩的工作。有趣的是，他們的孫子（也就是生在移居國的第二代）通常會擁抱風險，成為創業者。

　　我和亞羅拉喝著咖啡，聽他娓娓道來。他的故事就某些方面，比我預期得更接近傳統第一代的故事，但也讓人看出社經地位、社群與環境是如何影響著我們對風險的看法。

　　亞羅拉最初想成為作家，在父母的支持下前往雪城大學（Syracuse University）主修文學與生物學。在大學期間，亞羅拉嘗試過單口相聲，發現這是發揮寫作才能的好出路。然而當他畢業時，正好碰上2009年春天的全球金融危機。即便在景氣好的年代，寫作工作也不是很好找，而且收入也並不優渥。不穩定的經濟情勢讓亞羅拉倍感焦慮。他說：「我問自己，『家裡有現成的醫師之路可走，我要拒絕嗎？』」

　　於是，亞羅拉接下加州大學洛杉磯分校（UCLA）的研究工作，準備申請醫學院。後來，他順利進入加勒比海島國多明尼加的醫學院，但他一到那裡，就發現自己像是「跑錯賽場的車子」。第一學年結束時，有所美國本土聲望和排名遠遠更好的醫學院通過他的入學申請，但他卻陷入天人交戰，因為他深知這條路根本不適合他。

　　亞羅拉的哥哥聽從父母的建議而投身創投業，他建議弟弟不用考慮在醫學院這一年的沉沒成本。這樣的聲音解放了亞羅拉，他決定回到洛杉磯，重新投入能發揮創意的創作生活。他報名單口相聲班，並打一堆零工來養活自己：「我在 Craigslist 廣告上接了很多奇奇怪怪的工作」，包括賣刀子、當影子寫手，最後成為全職的職涯顧問。到了晚上，他投身於喜劇秀，練習那些讓他感到有些青澀蹩腳的段子，默默等待短短幾分鐘的上場時刻。他說：「那種滋味很美好，但也很嚇人。我喜歡逗大家笑，但討厭成為鎂光燈的焦點。」亞羅拉再度面對理想與現實的衝突。

　　後來，家族友人介紹他進入 DirecTV 工作，培養商業歷練。與此同時，亞羅拉也投身雙親的慈善事業，到印度鄉間幫助學童。在那段期間，學校裡一名小女孩死於瘧疾，帶給他很大的衝擊。小女孩和其他許多年輕人受瘧疾所苦，卻無法及時獲得醫療協助。當地學校的學生人數太多，老師很少能注意到學生的早期症狀，也就是說，罹患瘧疾的孩子被送到醫院時，往往已經時日無多，往往等不到兩星期後的血液檢驗結果出

爐，就必須針對特定菌株進行治療。最令人難受的是，基金會提供的藥物明明就放在學校的架子上，卻只能眼睜睜看著孩子一個個死去。

亞羅拉憑著生物科技與醫療領域的經驗想出一套計畫，利用快篩在12小時內辨識菌株，孩子就能及時治療而獲得存活機會。亞羅拉辭去工作，前往印度主持計畫，利用快篩協助需要治療的孩童，並搜集數據讓基金會得以快速分發有效藥物。這是一個在摸索中逐漸調整的過程，例如他事先沒想到在缺乏電力的社區搜集數據時，筆電會需要行動電源。他的團隊在這樣的情況下，順利讓近500位孩童接受測試，結果卻受到沉重的打擊。亞羅拉發現自己採購的瘧疾試劑盒有問題，得不出理想的數據。這讓他懊惱自己為何要買最便宜的試劑。他這時才恍然大悟的發現，自己需要提升商業技能。

我認識亞羅拉時，他已經是一位擁有西北大學凱洛格管理學院MBA學位的商業分析師。此外，他還為一間社會企業工作，協助遊民取得健康照護等服務。亞羅拉走了一條很漫長、很曲折、充滿不確定性的道路，但他冒的險最終讓他抵達該去的地方。他必須調適自身的創造性格所帶來的不確定性，但無論結果是好是壞，他的人生故事都和身旁的人息息相關。

亞羅拉擁有支持他的家族，提供他在失敗中繼續向前的安全網：姑姑傳授他需要的科學方法，父母在財務上資助他，哥哥和表哥提供建議與鼓勵。他感受到大家的期望是希望他成為一個成熟的人，了解自己的長處並勇敢冒險、實踐夢想。但

回首他過去做過最大的錯誤,卻是選擇「風險較低」的醫師之路。這個例子告訴我們一件重要的事:了解「自身的風險決策」與「身旁的人看待風險的方式」之間的關聯性,弄清楚你的想法在多少程度上來自於你自己,又有多少是來自身邊人群的集體影響與期待。

近朱者赤,近墨者黑

家長總會試著避免讓家中青春期孩子交到壞朋友,因為他們知道,當我們身處於團體之中所做出的決定,往往與一個人做決定時大不相同(遇上狐朋狗友尤其如此)。這確實有其道理,因為你處理風險的方式除了和性格有關,也經常和身邊的人有關。

人如何看待與回應風險,取決於過去經歷、期望與文化等因素,以及這些因素如何與你自身的風險態度及信念交互作用。由相同性別、同個世代或同一種族組成的團體,通常擁有某些共同經驗。然而,當你改變一個人的經驗時,他的風險態度組成也將隨之改變。

這就是為什麼你所屬的群體、性別或國籍,會在一定程度上影響你與風險的關係。不過即使彼此擁有許多共同之處,但團體裡每個人的經驗及個性並非一模一樣,因此,所屬群體只是影響你風險判斷的因素之一。如同團體間會有差異,團體內部成員的差異性也不可忽視。

你對自己與周遭他人的風險態度看法,比你想像的來得

重要。同儕壓力是很強大的一股力量，那些習而不察的刻板印象、偏見與假設，莫不影響著我們與團隊的風險動態。接下來我們將看到，這些力量是如何深深的影響你在群體中的決策與行動，進而也影響組織的決策與行動，甚至擴及公司的顧客、員工、供應商與合作夥伴。因此，如果領導者不留意團體的風險動態，將可能因此鑄下大錯。

　　社會科學家將人在獨處與團體時出現不同行為的現象稱為「風險偏移」（risky shift），是指與獨自做的決定相比，由團體共同做出的決定往往更加極端，可能出現過度冒險躁進或過度謹慎保守的傾向。[1]這意味著風險是一種社會現象，我們身邊的人會以料想不到的方式，改變我們看待與感受風險的方式。

風險偏移：相較於成員獨自做的決定，團體傾向於做出較為極端的決定。

　　我們真的知道周遭人士是如何看待風險的嗎？想像一下，你會如何預測富人與窮人、男性與女性、年輕人與老人將如何回應某個風險。研究顯示，現實情況遠比想像中複雜，任何小細節都會帶來極大的影響。我們有時候會放心的做出假設，例如猜測青少年出現冒險行為的機率會大過45歲的女性。然而，過度依賴刻板印象，很有可能導致你做出錯誤的決定，像是雇用到不適合的員工、選到錯誤的投資標的等等。我們接受

太多源自於他人的刻板印象，然後在不知不覺中貿然承擔過多風險，或者因過分保守而喪失良機。

人們通常以為律師會高度迴避風險，但「保守的事務律師」與「習慣大風大浪、咄咄逼人的訴訟律師」行事風格往往大相徑庭。企業法務與法律事務所的律師可能也非常不一樣，這樣的差異也導致一個真正關注客戶風險的律師，尤其顯得難能可貴。一位同時擔任企業法務與通路長的美國律師告訴我，同時從這兩種截然不同的角度看風險，能讓他在工作中獲得更好的表現。

在第4章曾提過經驗與情境很重要。創業者如果能在親友及貴人的支持下打造新事業，比起無依無靠的創業者，兩者處境可說是天差地遠。當難民登上搖搖晃晃的破船，是冒著九死一生的風險踏上漫長旅程，但他們很有可能覺得不搭船的風險更大。

說來或許有些不公平，你面對風險的態度以及人們認為你對風險的看法，竟和你的身高、體格、長相，甚至是體重多寡有關。[2]2010年刊登於《風險與不確定性期刊》（*Journal of Risk and Uncertainty*）的研究顯示，在賭博情境中，高大者比矮小者更偏愛風險，這點倒不令人感到意外。有趣的是，那些長相較具魅力的受試者也傾向冒更多險；而體重過重的女性則比較不尋求風險（但過重的男性沒有這種現象）。論文作者得出的結論是，在風險選擇上，不只有性別一項在起作用。他們寫道：「男性冒高風險的機率或許普遍稍高一些，但如果考量性

別與體型的交互作用、承擔風險能力及性格等因素後，結果可能會截然不同。」

受到世代、種族、收入與性別差異的影響，不同群體往往有著非常不同的風險體驗。當我們依照群體特性做出假設時，這樣的假設很可能是錯誤的，刻板印象的精確程度通常遠低於我們所想像（如果我們有意識到自己的刻板印象的話），卻深深的影響群體成員在投資、聘雇及其他各方面的決定。在本章中，我們將看到各群體中有哪些共通的風險態度與行為、哪些因素影響著他們，以及群體內部的差異。至於普遍性更高、爭議性更大的性別刻板印象，我們將在第6章單獨詳細討論。

是「風險趨避」還是「具有風險意識」？

在討論風險態度之前，我們需要先做一下風險評估的測試。常見的做法是將人分為「風險愛好」與「風險趨避」兩類。風險趨避是指當其他條件相同時，傾向於選擇風險較低的選項。風險愛好則剛好相反，是指當其他條件相同時，傾向於選擇風險較高的選項。這種分類方式有個明顯的問題，那就是現實生活中「其他條件」很少會一模一樣，每個人的體驗、判斷和排列風險的高低順位也都不一樣。

舉例來說，對於經濟寬裕者與債台高築者而言，或是將十年間已經飆漲三倍與剛剛下跌三成的市場來看，投資股票帶來的風險都截然不同。同樣是在團體中展現高度自信、直言不諱的工作者，當涉及不同的性別因素時，卻會招致截然不同的評

價與結果；職場中的性別差異有時也會影響薪資待遇（這還是尚未考慮到種族因素的情況下）。此外，由於每個人過去的經歷不一樣，風險選擇也會為個人帶來截然不同的情緒衝擊與反應。

不幸的是，在許多群體與風險態度的研究中，通常都是用「風險愛好」與「風險趨避」這樣非此即彼的二元對立語言。你很快就會發現這會產生很大的問題，因為使用「風險趨避」一詞時通常帶有貶義，容易扭曲人與人對話，尤其是討論風險與性別的關係時。這使得相關的研究與溝通方式，往往衍生出許多問題。

觀察一下談「千禧世代」（生於1981年與1996年之間）與「Z世代」（出生於1997年後，有時被稱為「第二波的千禧世代」）的新聞標題，就能明白為什麼你一聽到這兩個詞，就聯想到「畏首畏尾」或「溫室裡的小花」。[3]隨手舉幾個標題為例：〈千禧世代迴避風險，喜歡存錢〉（Investopedia金融投資百科網站）、〈沒錯，千禧世代是風險趨避的世代〉（Hedgeye風險管理公司）、〈克服風險趨避，讓千禧世代的投資行為最佳化〉（T. Rowe Price資產管理公司）。然而，如同每一件與風險有關的事，年輕世代的故事並不完全是新聞標題讓你以為的那樣。

千禧世代與Z世代處理風險的方式，和他們的父母與祖父母截然不同（他們的父母無疑早就知道這件事）。新世代對風險的態度影響著他們的職涯選擇、工作表現、購物行為、投資模式，以及政治選擇。造成世代差異的主因如下：首先，不

同類型的風險行為會隨著人的年齡而改變；第二，當年紀增長後，腦部的運作方式會產生變化；最重要的是第三點，型塑每個世代的經歷都不相同。有句話說：「初生之犢不畏虎」，孩子正一步步體驗新的世界，他們對於風險的本質可說是一無所知或不太了解。因此，從主觀的風險來看，孩子比成人更願意冒險，因為對他們而言每件事都是新的。然而在此同時，人愈年輕，經驗就愈少，因此無從得知該如何判斷風險；他們低估事情的危險性，自然一開始就沒把事情當成風險。這點再度說明我們為何需要留意風險認知與行動之間的差異。

　　青少年往往思慮欠周、任性而為，未曾嘗過人生苦果的他們，以為自己天下無敵。此外，在龐大的同儕壓力下，風險偏移也會進一步增加冒險行事的可能性。一般來說，隨著年齡漸長，他們會逐漸開始節制自己的冒險行為。一個人會變成什麼樣的大人，取決於青少年時期冒險時所發生的事。

　　年齡漸長也可能使我們更勇於冒某些險。原因一方面是我們擁有更多知識，另一方面則是，隨著我們逐漸接近無可迴避的人生終點，可以失去的東西愈來愈少，已經沒什麼好顧慮的。不論從前是老闆或員工，退休後對自己時間的掌控程度遠勝以往，掌控感讓人更不害怕風險。此外，經過大半輩子的打拚與投資，年長世代通常擁有的手中資源較多（希望如此），較有能力應付風險所帶來的變化。投資的風險計算也會隨著年齡而產生變化。當股市下跌時，年長者比較沒時間等市場恢復，已屆退休年齡的人不能在股市和年輕人下一樣的賭注。理

財專員自然會建議隨著年齡增長，要增加投資組合中保守型投資標的的比例。

此外，人們的投資決定取決於他們自認還能活多久，以及需要多少錢才能度過餘生。神經經濟學家史蒂芬‧亞伯特（Steven Albert）與約翰‧達菲（John Duffy）於2012年對不同世代的風險態度研究中證實了這點。[4]兩人寫道：「年長者與年輕人基本上都可能決定參與投機活動，因此在風險趨避上沒有差異。但長期而言，年長者冒險的機率遠比年輕人低。」

研究顯示，年長者在風險決策過程上也有所不同。當環境發生變化，年長者可能更難彈性調整決定，也更容易被近期事件影響，尤其是當他們的決定有好結果時。雖然年長者和年輕人一樣會參與投機活動，但當他們的注意力放在損失上時，能夠將風險降到最低。[5]上述發現及其新近研究成果，讓「展望理論」（prospect theory）出現新的發展。展望理論是由諾貝爾獎得主康納曼與特沃斯基提出，兩人認為人們的風險決定元素包括「價值」（期待某個特定結果的程度）與「機率」（發生那個結果的可能性）。康納曼與特沃斯基的研究證明，相較於追求獲利，人們更願意為了規避損失而冒險。

新近研究成果為展望理論增添更詳細的背景與細節，指出每個人的風險趨避程度並不相同。[6]這些差異與風險態度息息相關，也就是我們最害怕失去什麼，以及損失發生的可能性有多大。

不同世代的風險認知

　　人們願意冒哪些險、害怕損失哪些東西、以及看待風險的態度與情緒，存在著顯著的世代差異。每個世代處於人生軸線上的不同階段，擁有截然不同的生活體驗、挑戰與機會。

　　每個世代碰上的歷史機運很不一樣。猶太人大屠殺倖存者的子女，以他們的生活方式向上一代人所經歷的磨難與損失致敬。美國中西部的行銷副總裁琳達（Linda）告訴我：「在倖存者家中，通常會有一個孩子是所謂的『紀念蠟燭』（memorial candle），成為家族經驗的記憶庫。」琳達父親的家族在戰前相當富裕，但先是逃難至上海，後來又在1940年代初落腳美國，生活變得十分窘迫。家裡雖然沒負債，但每個月領不到薪水就會餓肚子，一家人永遠感到朝不保夕。

　　琳達告訴我，她是家裡最大的孩子，自然成為那支「紀念蠟燭」：她總是提早15分鐘抵達目的地以免遲到、做同一份工作超過20年、住在堅固的房屋之中，事事都過度準備，一切都為了以防萬一。她說：「我會對小事反應過度，但危機來臨時，我完全不會害怕。」琳達的弟弟是正好相反的類型，大而化之，什麼都不管。

　　琳達嫁給一名自由樂手。她先生排行老么，家族已經定居美國數代，安定感高到可以選擇能盡情發揮創意（也就是有風險）的工作。如果碰上需要看牙醫或換屋頂一類的事（也就是起初不是很緊急，但最終會變得很嚴重的事），琳達會問自己：

「如果這件事繼續拖下去，會不會惡化？」相較之下，她的先生則採取船到橋頭自然直的心態，一切等事情真的發生時再說。

琳達夫妻倆扮演著彼此互補的角色。她先生在父母逐漸年邁後開始懂得未雨綢繆，琳達則反而變成只管今天的事情就好。「隨著時間過去，我試著掌握更多資訊，不再只因為出於害怕而做決定。現在的我經常會思考：「如果我做這件事，我的感覺會更糟嗎？如果不做，未來會不會後悔？」對於現在的琳達來說，擔心的不再是哪件事有可能出錯，而是有可能錯過機會。

在每個世代、家庭或團體之內，每個人會被分配到不同的角色，而他們的角色會隨時間產生變化。若能了解他人為什麼會以某種方式替風險做準備、為什麼會那樣回應風險，就有機會了解彼此可以如何相輔相成。有些人的人生經歷和我們極為不同，嘗試從他人的角度看事情、以他人的方式應對風險，我們每一個人將能拓展自己的界線並獲得成長。

千禧世代的風險觀

布魯斯‧塗爾根（Bruce Tulgan）是勞動力顧問公司造雨思考（Rainmaker Thinking）的創辦人，著有數本商業策略書籍。塗爾根表示，20歲世代與30歲世代是卡在中間的一群人。一方面，智慧型手機讓他們隨手一滑，就能獲得豐富資訊，他們因此高度意識到風險。他們也能快速取得工具，自行解決部分問題。然而另一方面，這兩個世代很多是被「直升機

家長」帶大，家長總會試著替孩子降低風險，提升自信。

塗爾根說：「這兩個世代的人生第一波風險觀點，形成於1990年代。那是一個相較之下低風險的年代，特徵是和平與繁榮。」接下來，全球金融危機在2008年爆發，銀行倒閉，全球股市近乎腰斬。成千上萬的美國人房子被法拍，失去家園。在最糟的時刻，接近十分之一的美國人失業。塗爾根在電話上告訴我：「千禧世代的人生基礎成形於風險極低的環境，接著又得適應高風險環境。」千禧世代中最年輕的一群，以及緊接在後的Z世代，風險態度受金融危機與後續的震盪影響。他們親眼目睹父母與哥哥姊姊失去工作與存款，而且沒有太多掌控結果的能力。

結果就是，這群人高度專注於自己能掌控的事，但心態上卻相當矛盾。他們如果對某個問題感到無力，便會高度焦慮，也會假裝沒看到問題。塗爾根表示：「千禧世代高度意識到，自己很容易受到超出自身掌控的因子所影響。」特別是在他們可以取得大量的資訊，因而格外深刻的意識到超出掌控的因子，並為此感到無助。許多人資主管感到憂心，這種焦慮與無助會導致千禧世代與Z世代太關注自己無能為力的事，卻沒把注意力放在自己能解決的事。

然而，從好的一面來看，在不確定性中成長，也讓千禧世代碰上他們能掌控的挑戰時更具有彈性。如果是需要創意、獎勵自主的角色，他們如魚得水。此外，他們重視使命感，希望是為了好理由而工作。強烈的使命感促使他們做出有益的風

險決定，展現強大的領導特質。千禧世代更習慣風險、更有自信能型塑身邊的世界。他們獨立工作的機率較高，偏好有可能改變世界的工作。此外，他們使用產品時會選擇理念相近的廠商，致力於減少對地球環境的負面影響，努力讓世界更美好。

時代的風險印記

相較於先前的世代，21世紀初的年輕人在成長過程中背負較多的負債，前景也不如上一代明朗，沒把握自己能像上一代那樣過得更好。此外，社經差異確實造成影響。美國全國經濟研究所（National Bureau of Economic Research）的烏莉克·馬曼迪爾（Ulrike Malmendier）與斯特凡·內格爾（Stefan Nagel）計算過去經驗如何影響投資選擇。[7]研究結果證實，「蕭條嬰兒」（Depression babies，童年期落在1930年代與1940年代的人士）的確會依據過往經歷做出投資決定。他們發現，經歷過股市榮景的人更可能將高比例的流動資產投入股市；相反的，經歷過通貨膨脹的人比較不會投資債券，更可能把錢放在高流動性、穩定與抗通膨的資產。兩人寫道：「我們的研究結果可以解釋，為什麼1980年代初的年輕家戶投入股市的比率相對低（先前1970年代的不景氣，帶來令人失望的股市報酬），1990年代末的年輕投資人參與率則相對高（接續1990年代的繁榮歲月）。」換句話說，過去的經驗會影響我們對未來的期望。

當談到財務問題，千禧世代傾向於做出被人誤稱為「**風**

險趨避」的決定，但事實上，那只是基於「風險適當」（risk-appropriate）的決定而已。千禧世代在 2018 年放進退休儲蓄的錢，一般少於 2007 年時年齡介於 25 至 39 歲的人士，轉而偏好把錢放在應急基金或償還債務。[8] 金融危機讓許多千禧世代欠下高額債務。2017 年時，63％的千禧世代依舊還欠 1 萬美元以上的學貸。面對 10 年間已經漲 3 倍以上的股市時，償還債務純粹是較為聰明的財務決定。此外，眼前的未來充滿不確定性，存應急基金也比存退休金來得務實。

　　佛羅里達海岸銀行（Seacoast Bank）的財務顧問丹尼斯・諾爾特（Dennis Nolte）認為，那一類的行為只不過是常識，而不是風險趨避。投資股市前，先確保有穩固的基礎能保護自己，是很合理的做法，尤其是在已經出現景氣循環停滯階段的跡象、但依舊狂漲的股市。不過，諾爾特鼓勵愈早開始投資愈好，因為你將獲得了解自身風險容忍度的重要經驗。諾爾特告訴我：「如果你在 2006 年第一次拿錢出來，並撐過後來那段糟糕的時期，但這沒對你的投資行為造成影響，你沒有為此寢食難安、甚至退出市場，那麼你就知道自己的風險容忍度及冒險性格了。」

　　然而，如果你沒有投資的資源，就很難投資股市，正如諾爾特說的：「Z 世代口袋空空。當每個人都告訴你，你永遠賺不了什麼錢，你要怎麼辦？」你很難遵守傳統的做法，開設 401(k) 退休帳戶：買房子，繳學貸，不負債，手邊還有應急的錢。此外，Z 世代也擔心輪到他們退休時，社會安全局已經破

產。就算還在，他們能領到的錢也會少很多，而且晚很多年才能開始領錢。根據研究顯示，千禧世代與 Z 世代看待社會議題上明顯比先前世代保守許多，一部分原因出在他們以不同的方式看待風險，另一部分原因則出在社群媒體大力強調年輕人的風險態度。研究顯示，相較於先前世代，年輕世代在相同年齡時發生性行為與飲酒的可能性較低。

美國聖地牙哥州立大學的心理學教授珍・特溫格（Jean Twenge）稱出生於 1995 年之後的人為「i 世代」（iGen）。她在同名書籍中指出，書名的意思在於「i 世代是和手機一起長大的一代，他們還沒上高中就有 Instagram 帳號，而且不記得沒有網路的年代。」[9] 特溫格在研究世代差異時，留意到青少年行為最重大的變化，大約出現在 2011 年或 2012 年時。為什麼？特溫格認為此一轉變出現在美國智慧型手機使用者達多數的時候。而使用社群媒體，則提高寂寞、憂鬱與焦慮的風險。

特溫格留意到，過去的青少年不認為喝酒是好事，但大家都在喝，而今日的青少年則剛好相反，他們認為喝酒不算什麼，但不會真的去喝。「時下的青少年人身安全程度比以往時期都來得高，他們與過去幾個世代相比，比較不會做出高風險的選擇。」特溫格在書中提到 i 世代意識到喝酒的風險，以及喝酒可能產生的法律後果，甚至是當潛在雇主在社群媒體上看到他們飲酒作樂，有可能會失去工作的機會。

此外，i 世代開始要求擁有一個「安全空間」來保護自己不被冒犯。根據特溫格與團隊做的民調顯示，86％的大學生同

意「打造所有的學生都能安心發展的安全空間，是大學行政機關的責任。」訪談顯示學生感到「情緒安全」很重要。從這個角度來看，i世代屬於風險趨避型，而這對他們培養創意與創新，以及在今日的經濟情勢下，培養愈來愈必要的人際關係技巧來講，帶有重要的意涵。特溫格提出警訊：「當學生想要禁止任何會挑戰他們的事，他們是在質疑高等教育背後的核心概念。他們要求活在受到保護、有如童年期的夢幻世界。」

愛的風險

隨著人們對於未來的不確定性、經濟的衝擊與害怕失敗的恐懼，在在都讓戀愛與結婚的冒險本質出現變化。[10]相較於嬰兒潮世代與再早的世代，美國的千禧世代是晚婚一族。

2017年時，女性的平均結婚年齡是27.4歲，男性是29.5歲，創史上新高。[11]相較之下，1950年代的女性平均20歲就結婚。這是世界趨勢。日本在2015年時，有七分之一的女性在50歲左右依舊未婚，1990年代僅有二十分之一。[12]北歐國家的平均結婚年齡則遠超過30歲。[13]

有的研究人員把年輕世代對關係止步的現象解釋為風險趨避，但千禧世代的情感態度僅僅反映出大幅度的社會變遷。就在不久前，不結婚被視為重大的社會風險，但許多年輕世代從小看到自家或朋友的父母婚姻不幸福，也因此希望自己先找對人再結婚。

千禧世代與部分 X 世代（緊接在千禧世代之前）的結婚年

齡晚於前面的嬰兒潮世代，整體而言也更不可能結婚。[14]他們
傾向於等到事業和財務有了基礎，有了成人的自我認同，此時
找到能持久的婚配對象機率上升，以降低失敗的風險。那樣
的做法的確有用。馬里蘭大學菲力普・柯恩（Philip N. Cohen）
的研究指出，美國的離婚率自1992年的每1,000對婚姻有4.8
對離婚，2016年下降至僅3.2對。2008年至2016年間，離婚率
下降18％。[15]有分析者認為，原因出在行為產生變化，但柯恩
認為離婚率下降，可能與整體的結婚率下降密切相關。大家愈
來愈精挑細選才結婚，經濟沒穩定到一定程度的人，更是根本
不去冒險。

　　婚姻與戀愛關係會改變你的風險方程式，可以提供你安
全網，但是你的選擇也會因此變得複雜，特別是當風險也會影
響到你身邊的人，甚至有可能因而失去兩人之間的關係。你不
再只想著自己將遇到的風險，還會考量到伴侶或配偶以及孩子
（如果有的話）。

　　你的選擇會影響著周遭的人，相反的，周遭的人也影響著
你的選擇。良好的人際關係，不論是你的配偶或朋友，都能在
你做決定時替你出謀劃策，協助你避開考慮欠周的風險，鼓勵
你追求遠大的目標。此外，親友能讓你冒更多正面的風險，因
為你有靠山，你永遠知道，就算失敗，也有人可以依靠；你也
有聽眾，當你做出正確賭注，有人會為你歡呼。

　　不過人際關係天生有風險，錯誤的關係反而會扯自己後
腿。[16]如果你又離不開糟糕的關係，身上便會多出千斤萬擔。

相反的，好的人際關係會成為你不想大膽冒險的原因。正如歌手奈德・蘇萊特（Ned Sublette）以他著稱的「牛仔倫巴」風格唱的那首歌：「我以前不曾恐懼或害羞，要打架我絕對奉陪。以前我所有的家當用一個皮箱就裝得下，但我現在不會輕裝簡從。現在有你愛我，現在我有東西可以失去。」

你有多少東西可以失去

你如何看待風險，要看你有多少東西可以失去，以及你在乎失去什麼。沒有東西可失去的人，有可能做出其他人眼中冒險的事。他們會去做那件事，原因是盤算過不論發生什麼事，都不會比現在來得糟糕。因此，關鍵問題在於「和什麼比有風險」？

你擁有多少，影響著你承擔得起多少風險。[17]對開發中國家自給自足的農人來講，這句話實在太貼切了。國際食物政策研究所（International Food Policy Research Institute）的魯斯・席爾（Ruth Vargas Hill）研究烏干達貧農願意花多少勞動時間在高風險、高報酬的作物。貧農與他們的家人同時是消費者與生產者。他們身為消費者時（尤其是食物消費者），需要確保萬一收成不佳，也有足夠的收入或積蓄能撐下去。席爾寫道：「窮人的特徵是他們有多容易被風險影響。開發中國家的窮困農村家庭，不太有接觸正式的借貸或保險市場的管道，無從完整保障自己的消費。」貧農缺乏後援時，他們決定要栽種何種作物時，第一要務是避險，而且通常因此付出極高的代價。他們考慮要不要種咖啡時通常會三思而後行，因為咖啡需要3年

才能收成，即便日後就會持續有數十年的收成，而且出售的價格高於蕃薯等「安全」的農作物。

如此一來，便會造成惡性循環：農人愈沒有安全網，就愈可能不去投資咖啡等高風險、高收益的作物，進一步陷入貧窮陷阱，不僅無法容忍風險，也沒辦法承擔「好」的風險，因而無法讓自己脫貧。相反的，愈有錢的農夫，愈不可能做出這樣不合理的選擇。

人具有安全網時，不論是投資自己的事業或投資組合，他們能忍受更多的財務風險。無法否認的是人們能致富，八成與他們盡心盡力分析與管理脫不了關係，但更可能發生的情形則是如果一開始的時候缺乏安全網，他們連起步都沒辦法。

從統計上來看，相較於其他的人口族群，白人男性一般較為富裕，也更可能擔任執行長等領導職位。[18] 也就是說，白人男性擁有遠遠較大的風險安全網，也更能掌控情勢，進而讓冒險對他們來講相對安全。社會科學家甚至特別以「白人男性效應」（white male effect）一詞來描述這種情形。

這點可以解釋為什麼研究顯示，相較於白人男性，女性與非白人男性對許多風險遠遠更為敏感。舉例來說，某項研究請 1,500 多名美國人替社會風險評分，程度分為「少有風險或無風險」、「輕微風險」、「中度風險」或「高風險」。相較於男性與所有的白人群組，在眾多項目上，女性與非白人眼中的風險高出兩成。評分差異最大的項目包括二手菸、核廢料、意外、曬傷、化學物質與殺蟲劑。

　　然而，進一步檢視後發現，女性、非白人男性與白人男性間的差異，主要來自大約三成的白人男性受訪者，也因此不只是「白人男性效應」，而是「富裕、教育程度高、政治保守的男性效應」。[19]社會心理學家斯洛維克寫道：「整體而言，這個認為風險相當低的白人男性子群組，他們的特徵是相信體制與權威，反對平等主義，包括在風險管理的領域，不願意把決定權交給民眾。」斯洛維克提出的理論認為，這點可以解釋為何高比例的白人男性以不同的方式看世界：「或許白人男性認為這個世界的風險沒那麼大，在於大部分技術與活動主要都是由他們創造、管理、掌控與獲利。或許女性與非白人男性眼中的世界比較危險，原因是他們在許多方面比較容易成為受害者，受益於眾多技術與制度的程度也比較低。此外，他們對社群與自己人生中發生的事擁有較低的掌控力，甚至是無能為力。」

重新繪製風險地圖

　　群體的行為與態度與更全面的文化、社會與經濟環境密不可分。我們需要認識不同的文化、人口族群與職業類別的不同風險態度，才比較不會被族群的刻板印象矇住雙眼，進而能在談判、商業、家庭與友誼等各方面無往不利。群體通常擁有共通的經歷或特質，進而對某些風險抱持類似的觀點或回應。不過，群體中的個體依舊會有很大的差異，不能不考慮脈絡。

　　你可能會說：「等一下！你怎麼一下子說這樣，一下子又說那樣？一下要我們留意風險文化與風險性格，但又說不能預

做假設？」沒錯。舉例來說，同儕對於風險的看法自然有可能
與你不同，但不要驟下結論，認為他們一定是怎麼想的，也不
要認定他們會那樣想，一定是因為怎樣怎樣，以免陷入你不想
陷入的情境。

　　試想眼前有兩個人，一個瘦瘦小小，一個高高壯壯，你可
能會認為高大的人比較有可能冒更大的險。[20]然而事實上，你
無法確認實情是什麼。小個子有可能接受過武術訓練，高個子
有可能心不在焉或身體不舒服。兩人的技能與經驗是不一樣的。

　　可是，如果群體間有很大的差異，我們還應該試著花力氣
理解他們嗎？答案是絕對必要。如果有夠多的人真的相信「千
禧世代與 Z 世代理論上會迴避風險」的研究，這個刻板印象就
會影響相關世代本身所做的決定，以及人們是否願意交付他們
責任與選擇。你不妨找機會測試一下自己與他人「理論上」會
如何看待風險，你就會更加了解自己、也了解他人加在你和你
身邊同儕身上的刻板印象。你也會從挑戰自己與他人的風險態
度中，了解人為何會做出錯誤的判斷，如此一來就能避免危及
公私領域的人際關係與目標。

　　很重要的一點是，要留意別人是否把刻板印象套用在你
身上，尤其是當你發現，風險刻板印象的確影響你所做出的選
擇。萬一發生這種事，你要想辦法推翻別人認為你理應怎麼
想、怎麼做，學習為自己的行為負責。雖然我們所在的群體會
產生影響，但每個人受到團體動力影響的程度不一樣。不同群
體的不同經驗顯示出風險生態系統（支持系統、定義時代的事

件、其他人對我們的偏見）如何影響我們的風險指紋。當我們意識到那些影響力之後，就更能通盤的考量風險，並且更加了解為什麼朋友、親戚、同事會做出那樣的風險決策。

好消息是，大多數人進步的能力都超乎想像。訓練自己找出偏見的人，將得以克服偏見。了解我們自身的過去將影響我們看待風險的方式與回應，我們也會對擁有不同故事的人發揮同理心。這是一種非常強大的「軟技能」（soft skill），本書在第12章會進一步探索這個主題。

試著了解

既要留意群體之間的差異，又要同時避免刻板印象，要能做到兩者並不容易。不過，只要想著許多群體都有著共同的經歷，還是有可能在兩者之間找到平衡，因為我們要謹記一件事：雖然群體之中不是每個人都會有完全一樣的經歷，但那些共同的經歷還是多到足以產生共鳴。因此，當你和團隊成員或客戶合作時，想一想他們的經歷可能影響著他們對於不同風險的思考、感受與行為，而不要只是假設他們大概是怎樣。試著用心了解屬於他們的故事。

此外，也要考量你在團體中扮演的角色。你是紀念蠟燭，還是開拓者？你符合一般人對你的刻板印象？還是其實不一樣？你會如何配合在場的其他人調整自身的行為？你是否有勇氣跳脫最熟悉的風險角色，試著扮演不一樣的人？如果沒有，那就趕緊催促自己為你的團隊成員設身著想吧！

第 6 章
性別、風險與刻板印象

　　吉娜維芙・柴爾絲（Genevieve Thiers）是零工經濟照護網平台先驅sittercity.com的共同創辦人。她回憶幾年前在芝加哥的一場會議上，見到十位頂尖的女性執行長。她說：「那十位女性執行長在募資時，全都找了男性幫手助陣。當時我身邊也有丹，所以我完全沒多想。」柴爾絲說的人是她的丈夫丹・賴特納（Dan Ratner），他本身也是成功的科技創業家與投資人。當初SitterCity在募資時，丹擔任共同創辦人與科技長。柴爾絲告訴我：「我們這些女執行長必須帶著男性去募資，因為一般來說，男性的風險取向將提高創投人士對你這個女人的評價。」

　　我們談話時，柴爾絲剛宣布把SitterCity賣給日托連鎖企業「明亮地平線」（Bright Horizons）。不久前，《創業家》雜誌報導柴爾絲是全伊利諾州募到最多資本的女性創業家，金額超過4,800萬美元。此外，柴爾絲也是活躍的投資人，共投資15家由女性經營的科技新創公司。對此她表示：「我知道自己的風險取向，也知道什麼樣的公司會成功。」

　　柴爾絲表示，女性平時就有很多和風險打交道的經驗，首當其衝的就是，當伴侶知道自己懷孕了會怎麼想：「你得趕緊打包票表示自己沒問題的，要對方安心，告訴他：『沒錯，我懷孕了，但我有計畫了。』」

　　柴爾絲認為女性對待各種風險的態度會隨著時間改變。她剛創立SitterCity時，感覺沒什麼是可以失去的。她和兩個妹妹睡在同一個房間，吃披薩就已經是大餐，Lotus Notes是她唯一的工作經驗。此外，柴爾絲沒被MBA風格的思考模式局限住。她說：「我培育這間公司，就像在花園種東西一樣。」在完成第一個網站原型後沒多久，柴爾絲認識了賴特納。「如果你問我現在還會做這種事嗎？絕對不會！」她對我說。

　　我們對談時，疫情已經讓這位照護公司的創辦人焦頭爛額，因為她完全找不到保母來照顧自己有特殊需求的8歲雙胞胎。必須同時兼顧公民參與、新媒體事業、支持科技業，還得照顧自己的柴爾絲說：「身為母親，你必須學著在不多不少、就只有44分鐘的情況下搞定事情，你做事的速度必須是別人的10倍。」我們在談風險管理時，一般不會當成時間管理，但對柴爾絲而言的確是如此：你所做的每一個選擇，都可能在冒選錯的風險。「每個媽媽都是做事的狠角色！什麼拖延症，根本沒這回事。」柴爾絲說完後大笑。

　　在柴爾絲眼中，為人母所面臨的各種挑戰，讓許多女性變得更能承擔風險賭注，功力也比她們20多歲時更上一層樓。然而，女性創業者一進入40歲後，大多數的男性（以及女性

經常也一樣）就會忽視她們的資歷，不把她們當一回事。柴爾絲感嘆：「女性的經驗會隨年齡增長，女性的價值卻不被接受，人們認為女人愈老愈沒價值。」

事實上，女性的風險管理技巧延伸到管理的所有面向。柴爾絲和許多公司董事會合作過，她發現從事業策略一直到人事布局，女性比較能居安思危，並採取行動。她說：「很多男性超級不願意面對現實。女性則傾向擔任培育花園的園丁。」

錯過投資機會

如同柴爾絲的經驗，許多投資人也常因為自身的性別風險刻板印象，不願意提供女性創業一臂之力。然而，被性別風險刻板印象所圍限的企業，勢必將錯過最優秀的人力資本與創新人才。

2017 年，一份針對男性及女性創業者的研究結果，挑戰了許多創投人士的刻板印象。[1]創投人士普遍認為女性應該會迴避風險，不願意承擔重大的財務責任。該研究考察企業的財務風險指標，例如：銀行透支額度的使用、風險緩衝、抵押品、負債權益比，以及貸款與長期借貸率。後來研究者投稿到《哈佛商業評論》指出：「依據這些指標來看，我們的研究結果顯示，由女性與男性管理的事業，其申請金融服務的統計數據並無差異。」這項研究推翻投資人所謂的「女性創業者不願意全心投入事業開發」，指出這種看法是錯誤的，許多投資人因為受刻板印象與偏見引導，錯過了大好機會。

　　此外，許多投資人無視於女性創業者同樣也是在冒不明智的風險。2010年一項研究分析奧地利近3萬間新創公司，發現由女性創辦人帶領的企業，存活率高過由男性創辦的企業。[2]勞動經濟學者安德魯‧韋伯（Andrea Weber）與克里斯汀‧祖蘭納（Christine Zulehner）曾寫道：「新創公司小小的，充滿活力，屬於冒險的事業，對商業決策特別敏感。一個錯誤的決定，就可能全盤皆輸。」兩位學者發現，女性創辦人的早期失敗率下降19％。這項研究進一步證實，受性別刻板印象影響的創投人士是拿自己的錢犯下重大錯誤。

　　創投人士絕不是唯一的歧視者，很多人下判斷的依據也來自錯誤的性別刻板印象。其他學者也找到證據，證實對於女性風險態度的錯誤假設，導致女性無法獲得升遷。[3]當人們依據刻板印象與被誤導的觀念行事，不只是首當其衝的女性會付出代價，投資人與法人機構也因此錯失良機。如今，有愈來愈多明確的證據顯示女性擅長管理風險。我們應該留意這點。

非典型性別風險行為

　　風險刻板印象會同時影響男女雙方對自己的舉止期待，也因此，當成員出現非典型的行為時就容易產生衝突。換句話說，受害者不只是女性，男性也是。在美國執業的數據科學顧問麥考藍（Q McCallum）是我見過最深思熟慮的人；他充滿自信，工作能力強，認為人不需要靠虛張聲勢來證明自己，但他相當憂慮太多男性過於堅守性別觀念，認為男人不該「婆婆

媽媽」，擔心東擔心西。

　　男人經常被期待裝作有自信的樣子，口頭上保證一切沒問題。麥考藍告訴我：「我自己是男性，我曾經率先指出明顯的問題，結果被其他男性取笑沒那回事，接著我就倒霉了，大家對我失去信心，理由是我缺乏『團隊精神』。」麥考藍說：「如果這就是男性會對待指出風險者的態度，不難想像如果提出的人是**女性**，男性更會如何嗤之以鼻。」

　　麥考藍回想一次會議上，有個傲慢自大、總是要大家聽他的就對了的團隊成員。某次，當這位老兄提出自己的點子後，順口問道：「你們覺得怎麼樣？」我給了誠實的答案，我說：「整體聽起來不錯，但你有沒有想到這可能會有風險？」結果他整個人失去理智，好像全家人被攻擊似的，開始大聲咆哮：「當然我有想到。我不認為那是問題。你為什麼會想到那件事？你把我當白痴嗎？」

　　如同在GPS尚未發明的年代，男性即使迷路了依舊不肯問路，許多男性通常不願意靠求助來降低風險；由於性別刻板印象的緣故，男性不被獎勵這麼做。麥考藍發現相較之下，女性碰上超出自身專長的時刻，比男性更可能尋求外部專家的建議，採取降低風險的聰明策略，同時減少已知與未知的危險。「就好像她們對於自己的能力、對自己掌握的專業知識具有足夠的自信。即使有人提供引導，也不會感到面子掛不住。」麥考藍建議：「理想的降低風險之道始於風險評估，也就是去找出我們可能以哪些方式偏離想要的結果。如果你拒絕承認犯下

錯誤，不願意傾聽別人的看法，那麼依據定義來看，你已經讓自己暴露於更大的風險中。我認為風險在性別上的最大差異是，男性更可能假裝根本不曾發生問題。」

麥考藍也補充說明，這樣的情形還要看地域與產業。舉例來說，相較於美國男性，有人提出風險疑慮時，歐洲男性更不可能吹噓男子氣概。如果產業性質與風險有關，例如保險與貿易，從業人員也會更願意辨識與討論風險。

錯誤的刻板印象

許多人長久以來假設男性更能「容忍風險」，女性則「迴避風險」，我已經對這種「風險趨避」的錯誤標籤表達個人看法。不過在風險活動方面，的確存在明顯的性別差異，部分原因與神經生物學有關，本書第10章會介紹這方面的內容。不過大致來講，男性的睪酮濃度要比女性高出許多，而睪酮又與攻擊性和自我中心主義相關，因而影響著男性的風險行為。

各式各樣的證據都顯示，男性遠比女性更可能參與大量的冒險行為，例如：抽菸喝酒、選擇冒險性的工作、參與極限運動、危險性行為等。此外，男性更容易發生車禍、超速，或是喝酒或嗑藥後開車；女性則較會謹守開車或搭車時繫好安全帶。男性（至少英國如此）碰上行人交通意外的機率較高。此外，整體而言西方男性比女性更可能溺斃或中毒身亡。[4]

不過，這類例子有可能引發誤導，因為風險與性別的關係其實沒那麼簡單。近日的研究顯示，許多與男女有關的刻板印

象與風險，經常實際上不是那麼一回事。備受崇敬的學者已經成功的挑戰女性比男性更迴避風險的說法。

此外，脈絡很重要。社會心理學家艾爾克・韋伯（Elke Weber）、安・芮尼・布萊茲（Ann-Renée Blais）與南西・貝茲（Nancy Betz）計算男女眼中的財務、健康／安全、娛樂、倫理與社交決定的風險時發現，在這五種領域中的四個，男性比女性更可能感到風險較低，更可能出現相關行為，社交決定則是例外，例如：和父母或朋友抱持不同意見、在班上舉手發言等等。[5]

留意研究者的確認偏誤

1999年，一項綜合分析150份探討性別與風險的後設研究被廣泛引用，研究中具有許多男性與女性的概括性講法。[6]這些引用的論文結論中，有六成都表示男性承擔的風險較多，只有四成論文表示女性承擔風險較多，或是兩者差不多。然而，麻州大學波士頓分校的經濟學家茱莉・尼爾森（Julie Nelson）指出，1999年那份報告詮釋數據與研究推論有問題。尼爾森分析那篇研究以及其他的性別與風險研究，特別指出〈女人就是女人嗎？〉（"Will Women Be Women?", Beckmann and Menkhoff, 2008）與〈女孩就是女孩〉（"Girls Will Be Girls", Lindquist and Säve-Söderbergh, 2011）這兩篇論文，標題與內容都在延續性別刻板印象。[7]尼爾森在2018年的著作《性別與冒險：經濟學、證據與答案為何很重要》（*Gender and Risk-*

Taking: Economics, Evidence, and Why the Answer Matters）中寫道：「這類論文標題顯然是在假設，有一群女人或女孩相對而言沒那麼迴避風險，她們有幾分異於正常女性，違反女性本質。」尼爾森批評，許多論文標題假設女性應該要是「風險趨避」的類型才對，即便統計數據僅微幅顯著呈現這種現象，甚至是完全不顯著。

尼爾森以令人信服的論證指出，許多學術研究者在評估男女的風險態度時出現「確認偏誤」（confirmation bias）[*]。此外，尼爾森指出多數學術研究看的是男女平均風險態度，而忽視同性別的人也具有差異。尼爾森用更全面的新型統計方法重跑數據後，呈現出相當不同的結果。她的研究顯示，人們宣稱男女大不同，但男性與女性卻有95％的風險偏好彼此重疊。尼爾森說：「事實上，女性和女性之間的差異以及男性和男性之間的差異，大過女性和男性之間的平均差異。」[8]

在我為書寫本章而閱讀許多研究時，尼爾森的看法給予我許多啟發。舉例來說，哈根斯（Gerald Hudgens）與法金（Linda Fatkin）1985年的研究發現，成功率低的時候，即便女性會花較長的時間才下定決心，她們會做出比男性還冒險的決定；成功率高的時候則相反，男性比女性更容易冒險。[9]然而，兩位學者的論文摘要內容卻前後自相矛盾：「受試者評估

---

[*] 編注：指人具有一種思考傾向，會尋找和留意對自己信念有利的資訊，並漠視可能會否定自己信念的相關資訊。

可能性的能力或他們的風險任務決策總分上，沒有發現顯著
的性別差異……各種研究證據發現，在各種不同的情境下，
男性比女性更容易冒險。」這正是尼爾森提醒我們該注意的地
方。

刻板印象的代價

　　認知心理學家泰瑞絲・哈士敦（Therese Huston）在 2016
年的著作《女性如何做決定》（*How Women Decide: What's True,
What's Not, and Why It Matters*）中提到一個重要觀點：即便男
性和女性做出相同的行為，他們面對的風險仍是不一樣。[10]

　　在男性主導的職業中，男性經常會嘲弄或貶低女性的發
言，接著又把女性的功勞據為己有。英文近日出現一個很妙的
新詞彙「he-peating」（他—重複），就是在講這種現象：女性
在發言時不被看重，但男性講出一模一樣的意見時，卻被當成
真知灼見；女性在開會時會碰上這種社交風險，男性則不會。
哈士敦指出：「男性要在會議上冒險的話，他必須說出冒險的
話。女性則只要開口，就是在冒險。」

　　這種現象讓我們更難評估男女之間的差異，因為對女性而
言，冒險行為本身的風險就已經大過男性。即便男女在面對特
定的風險時出現相同的行為，他們的風險容忍度也不一樣，因
為這個行為會為她帶來的風險高過男性。這點又呼應第 2 章提
過的重點：我們的風險態度取決於我們對風險的認知程度，以
及我們整體而言的風險容忍度。即便是相同的情境，危險程度

卻通常會不一樣。還記得之前提過的例子嗎？一個是身高190公分的男性，一個是身高157公分的女性，在凌晨三點獨自走在暗巷，兩人承受的風險鐵定大不相同。把場景換到職場中也是同樣的道理。

當女性冒險被視為非典型性別時，她們會受到更嚴厲的批評。耶魯心理學家維多利亞・卜蕾寇（Victoria Brescoll）與研究人員發現，當男性與女性沒做好傳統上認為該做的事時，他們會收到不同的評價。[11]卜蕾寇等人先讓受試者看一些性別刻版印象中的案例，例如：男警長與女子大學的女校長。接著，讓受試者看非典型性別的案例，例如：女警長和女子大學的男校長。然後告訴受試者，有些案例有做好自己的工作，有些則沒能做好份內之事，例如：沒派足夠的警力到抗議活動上維持秩序。結果發現，如果該案例被受試者強烈視為理應是異性在做的職業（女警長），則一旦犯錯時，會被評價為該得到較重的處罰（例如要讓女警長接受降級處分），但相同的情況，受試者卻不認為有必要讓同樣犯錯的男警長降級。卜蕾寇等人寫道：「相較於從事與性別相符的工作，受試者會認為犯錯的女警長和女子學校的男校長的能力較差，不該讓他們留在現職。」

同樣的，男性與女性的關係也會帶來非常不同的風險。[12]心理學家琳達・奧斯汀（Linda S. Austin）寫道：「從歷史來看，女性似乎永遠是透過另一個人也就是她們的丈夫進行冒險。我們冒著巨大的風險，把自己的人生和先生綁在一起，隨

著先生在世上闖蕩時冒險。」在過去，婚姻讓女性必須把自己的財務、個人安全與情緒穩定性，交在另一個人手中。當然，近幾十年來那種現象已經產生變化，夫妻分擔責任的方式已經發生轉變（不過我猜，差別沒大到符合女性的期望）。

其他的經濟與社會因子也產生變化。有鑑於女性在不同情境下承受的客觀風險，甚至可以說在許多時候，女性的風險容忍度高過男性，即便乍看之下兩者做出類似的決定。[13]世界銀行（World Bank）2017 年一項針對祕魯小型企業進行的研究報告寫道：「女性的風險容忍度門檻高過男性時，她們才會願意創業。對女性來講，家庭收入的變數較大。她們需要更有冒險精神，才會願意創業。」

模糊： 缺乏知識或資訊不完全時所產生的不確定性。

「模糊」（Ambiguity）是指源自知識不足的不確定性。其他的研究也顯示，情境帶有模糊性的時候（例如：實驗在未告知每個顏色的球有多少顆的情況下，請受試者猜測會抽到黃球或藍球），女性在判斷風險時，將更多的變數納入考量。[14]舉例來說，有一派學者得出的結論是投資時，女性比男性更迴避模糊情形，但在做保險決定時不會有這種現象。

風險態度與行為的世代變化，也在改變男女面對的相對風

險。女性的社會角色已然改變，女性的冒險本質也跟著改變。

不受重視的特質

　　網路股市泡沫化後，莎莉‧寇雀爾（Sallie Krawcheck）被《財星》（*Fortune*）雜誌譽為「最後一位誠實的分析師」。[15]她當時領導伯恩斯坦投顧公司（Sanford C. Bernstein），獨立於帶給其他眾多分析師嚴重利益衝突的保險事業。接著，又擔任花旗集團（Citigroup）的財務長，在次貸危機的前夕，由於花旗集團無視於明確的警訊，寇雀爾毫不猶豫的勇敢發聲，堅持應該把錢還給客戶。

　　華爾街主要依舊是男性的天下，寇雀爾最終因為威脅到團體迷思而付出代價。她在2017年的著作《勇氣》（*Own It*）中提到：「我被解雇了，因為我敢於與眾不同，敢於挑戰主流意見，敢於格格不入。」她在書中講述當時的情形，反省與冒險有關的議題：「我大喊有風險，看重長期，把客戶關係擺在短期利潤之前，但最終我被開除了。」

　　人生的轉折讓寇雀爾靈機一動。她因為不受重視的人格特質而被開除，而那些特質正好就是女性能帶給職場的力量與競爭優勢。「我開始意識到，相較於把每個人都訓練成以相同的方法做事，說不定更成功的個人策略是：認可每個人貢獻的長處，並且允許個人發揮那些長處……允許女性在職場上做自己，發揮女性的長處，而不是一味看輕，可能會是更有效的策略。」寇雀爾說。

　　後來寇雀爾創辦數位投資平台 Ellevest 與 Ellevate。這兩個事業借重寇雀爾的洞見與經驗，解決女性通常不符合風險刻板印象的問題：女性以及她們任職的機構與整體經濟，全都因為刻板印象付出代價。所謂的「性別中立」平台，根本談不上中立，一般是配合男性的預期壽命、職涯道路、決策風格、資訊需求、時間表與優先順序。

　　寇雀爾認為，女性有必要將 6 個關鍵長處帶進我們與風險的關係：健康的風險意識、從全面的角度看事情（進而處理複雜事務）、注重關係、長期觀點、熱愛學習、追求影響力與意義。寇雀爾說得沒錯。我們的挑戰在於讓人們不再抱持性別的風險刻板印象，看見並協助女性釋放潛能。

性別與財務

　　性別與風險的討論太常參雜著價值判斷：實際上，女性太少冒險，男性太常冒險。[16] 有的研究顯示在投資這方面，刻板印象確實有幾分事實。男性冒更多險，其中包括更危險的風險。然而，仔細看那些研究，將再次發現，事情沒那麼簡單。研究結果有可能自相矛盾，修正年齡、教育程度、婚姻狀態與經驗後，才比較說得通。

　　女性的部分財務風險決策，與財務顧問如何向她們行銷有關，而這帶來了風險刻板印象會自我增強的例子。有的研究的確發現，相較於男性客戶，財務顧問一般會提供風險較低的投資選項給女性。隨著 Ellevest 等公司與愈來愈多的銀行向女性

行銷後，情況或許會有所轉變。

2003 年的研究則發現，由男性與女性管理的基金，在績效、風險與其他的基金特色等方面，兩者少有差異。[17] 研究論文的作者指出，基於該研究中的基金經理教育程度相仿，他們因此提出理論，通常被視為性別所造成的投資行為差異，有可能是財務知識不同與財力限制所帶來的結果。

德懷爾（Peggy Dwyer）、吉克森（James Gilkeson）、李斯特（John List）等學者在 2002 年研究近 2,000 名共同基金的投資人，發現在任何的投資選擇性別差異中，金融市場與投資知識是關鍵因素。[18] 換句話說，研究人員一旦控制教育與知識因子後，任何明顯的風險迴避都會消失。

事實上，較為缺乏經驗的男性與女性，教育與知識會以另一種引人注目的方式帶來性別差異。同樣是投資新手時，男性比女性更容易做出冒險的選擇。然而，男性與女性都是專家時，就不再有這樣的差異。換句話說，男性更容易「假裝自己會」。真的會的人，反而不會虛張聲勢。

在一份 2007 年至 2010 年近 7,000 間美國商業銀行的研究，美國貨幣監理局（Comptroller of the Currency）的艾傑・帕維亞（Ajay Palvia）與芬蘭的金融學者艾蜜莉・馬哈馬（Emilia Vähämaa）、山米・馬哈馬（Sami Vähämaa），測試由女性主持的銀行權益資本高、違約率低的假設。[19] 控制銀行的資產品質狀況、成長率、規模、地方經濟狀況與其他變因後，三人發現由女性帶領的銀行，的確採取較為「保守」的態度。「此

外，執行長與董事長的性別，整體而言與銀行破產不相關，但我們發現證據強烈顯示，由女性擔任執行長與董事長的小型銀行，更不可能在金融危機中破產。」三人寫道：「這顯示保守主義對小型銀行的存活來講尤其重要。小型銀行比較無力吸收外在的衝擊，而且通常面臨較為鬆散的市場與監理。」

三人也提出，研究發現有可能受自我選擇偏誤影響：如果女性有可能自行選擇資本率較保守、風險較低的銀行的話。這有可能再次是刻板印象的自我增強例子。此外，他們提醒相關決定有可能受景氣循環影響，而研究期間的危機文化可能沒呈現相關因子。儘管如此，這個分析仍舊提供值得思考的觀點。有太多談低風險選擇的討論，通常帶有未明說的假設：認為風險小等同「趨避」，但言下之意不是在讚美。然而，在某些情況下，冒比較少的險是正確的事。以該研究分析的實例來講，保守的決定反映出恰當的風險判斷，不一定代表偏向於風險趨避。

事實上，全球金融危機顯示，由於怕犯錯而過度謹慎，有時其實是好事。那不是風險「趨避」，而是智慧與該有的行為。2009年時，《時代》（*Time*）雜誌的寇威爾（Christopher Caldwell）在金融危機中寫道：「男性成為輕視風險的同義詞。」[20]寇威爾的這項價值判斷是否持續為真，也或者他說的現象已經消失，還有待時間驗證，不過金融危機過後，在空前的多頭市場之中，寬鬆的貨幣政策再度把謹慎拋在腦後。

行為與判斷的對比顯示，碰上壓力大的情境時，男性與女

性會出現不同反應。認知心理學家瑪拉‧馬瑟（Mara Mather）與尼可‧賴霍爾（Nichole Lighthall）所引用的實驗，讓受試者挑選安全的選項（潛在的獲益與損失較小）與冒險的選項（潛在的獲益與損失較大）。[21] 兩人的結論是：「多多冒險有益處時，壓力會提升男性的表現，但冒險有害時則會傷害男性的表現。女性則反過來。」

其中一項實驗是受試者幫電腦螢幕上的氣球「打氣」。每按壓一次都會增加得分，但氣球爆掉的機率跟著增加，得分也將因此消失。一半的受試者在玩這個遊戲前，必須先將手浸在冰桶裡20分鐘。忍受過冰桶的男性，他們幫氣球打氣的時間較長，得分也較高。先前承受過壓力的女性則較早就停下打氣。

另一個類似的實驗是賭博情境。從「風險高」的牌堆裡抽比較多張牌的男性，整體拿到的賭金較少。在另一個研究中，相較於沒壓力的狀況，曾經海洛因成癮的男性承受壓力時，比較會做出「不佳」的風險決定。

過度自信

管理學者米席拉（K. C. Mishra）與瑪莉‧梅蒂達（Mary J. Metilda）透過對300多位共同基金投資人的研究，探討人們在「過度自信效應」（overconfidence effect）* 與「自我歸因偏

---

* 編注：指個人無緣由的深信自己的判斷，進而導致缺乏根據的風險認知。

誤」（self-attribution bias）[*]的表現上是否具有性別差異。他們發現男性過度自信的程度高過女性，而且隨著教育程度愈高，不論男女都愈容易出現自我歸因偏誤。研究結果證實，自我歸因偏誤與過度自信密切相關。[22]

　　其他研究顯示，男性一般比女性更可能顯得過度自信。[23]不過，社會語言學家狄波拉‧坦南（Deborah Tannen）也提醒：「女性更可能輕描淡寫自己確定的程度，男性則更可能盡量不去表達自己的疑慮。」那就是為什麼很難依據男性與女性說的話來進行比較。根據1994年一項研究指出，男性與女性都出現過度自信的情形，但男性的程度通常勝過女性。[24]

　　過度自信會導致有風險的決策，進而損及財務、健康等各面向。戴維斯加州大學（University of California-Davis）的布列德‧鮑伯（Brad Barber）與泰倫司‧奧登（Terrance Odean）在1990年代的7年時間裡，透過某大型折扣券商分析3.5萬家庭的交易行為。[25]他們發現男性的交易次數比女性多45％，男性的年報酬因為交易頻繁減少2.65個百分點，女性則是少1.72個百分點。

　　此外，兩人也發現女性每年大約替換53％的投資組合內容，男性則每年達77％。兩人認為造成這種差異的原因出在過度自信。相較於女性，男性一般在財務上尤其會過度自信

---

[*]　編注：指個人傾向將成功歸因為自己的能力與特質，將失敗歸因於環境因素影響。

（其他研究也得出類似的結果）。兩人也發現，單身男女的差異會大過已婚男女，原因或許是有些已婚人士會向另一半討論部分的財務決定。

鮑伯與奧登主張，過度自信的投資人（自認準確掌握證券的價值，實則不然）的交易次數，多過自信程度較為符合現實情形的投資人；發現碰上困難事務時，人們過度自信的程度最高，因為困難事務牽涉高度不確定的預測。此外，無法快速取得明確回饋的決定時，人們也最容易過度自信。[26]

值得留意的是，研究顯示，自信的性別差異取決於手上的任務類型，既要看是否被視為典型的性別任務，以及能否取得明確與立即的回饋；如果是屬於「男性的天下」領域，例如金融業，或是股市等提供模糊回饋的領域，女性通常會低估自身能力。[27]不過，鮑伯與奧登的研究已經是20多年前的事，或許新近的研究會得出不同的結果。

隨著更多女性在一度被視為較適合男性的領域綻放光芒，一些領域的性別差異已經慢慢縮小。這樣的趨勢若能持續下去，人們眼中的性別風險差異也會減少。賓州大學的英格麗‧沃德倫（Ingrid Waldron）與研究同仁證實，與事故相關的意外死亡率性別差異已經下降，例如因女性的開車時間增多而造成的機動車輛與職業意外事故。[28]但還是有一些案例的性別差異是增加的，以1980年代的非法藥物使用為例，男性更可能持續使用非法藥物，取得非法藥物的程度也上升。至於在醫療照護技術的進步上則讓女性尤其受惠，部分領域的死亡率

因而下降，例如年長女性跌倒後仍得以康復。

刻板印象可能造成的傷害

德州農工大學（Texas A&M University）的經濟學家凱瑟琳‧艾克爾（Catherine C. Eckel）與澳洲蒙納許大學（Monash University）的菲力普‧葛羅曼（Philip Grossman）發現，男性與女性都高估兩性風險趨避的程度，男性比女性更無法預測女性的風險偏好。此外，男性與女性都不擅長預測同性的偏好，也弄不清楚兩種性別的各式風險偏好。

兩人的研究進一步顯示，在風險決策的情境下，女性遠比男性敏感。[29]這點解釋為什麼性別與風險的研究會有那麼大的差異。他們主張：「風險偏好以及他人對於相關偏好的假設，有可能帶來非常大的潛在經濟衝擊。進一步了解不同性別真正的風險態度差異後，女性與男性都可能做出更理想的決策。」許多宣稱證實性別風險態度差異的研究，未能控制知識、財富、婚姻狀態，以及其他會造成研究結果偏誤的人口因子。他們認為：「雖然還需要做進一步的研究，不過到目前為止，研究結果令人嚴重懷疑，既有的風險態度是否真的可以做為可測量的穩定人格特質，也或者是財富或收入等效用函數的一般領域特性。」[30]

艾克爾與葛羅曼還認為，相關的刻板印象正在帶來實質的傷害：「女性與男性都可能依據自己眼中（相當準確）的性別平均差異，調整自己對待女性與男性的方式。同性群組內相當

大的異質性則大都未被察覺或納入考量。」令人不安的是，醫師有可能因為出於對女性風險偏好的假設，開給女性的療法並不如男性的療法積極。[31]換言之，醫師的假設很有可能不符合女性病患真正想要的療法。

我們如何看待別人對風險的看法

有的人或許從來沒意識到，真正的自己以及別人對他們的錯誤印象之間的落差。刻板印象有可能為他們貼上標籤，讓他們終其一生受到被別人眼中的形象而影響。心理學家甚至用「刻板印象威脅」（stereotype threat）這個專有名詞來形容「一種情境威脅，使個體認同對自身群體的自我負面刻板印象」。

有的研究甚至指出，與風險趨避相關的性別刻板印象有可能導致部分女性更加迴避風險。史丹佛大學的普彥卡・凱爾（Priyanka B. Carr）與哥倫比亞大學的克勞德・史提爾（Claude M. Steele）研究發現，刻板印象會影響行為。[32]兩人的實驗設計出引發負面刻板印象反應的線索，例如：告訴部分女性受試者即將接受測驗，測驗內容是被視為男性較為擅長的數學與邏輯能力。其他的受試者則被告知刻板印象中立的線索，例如測驗內容將是解題。團隊接著測試受試者的風險偏好，結果發現暴露於刻板印象線索的女性受試者，比較會迴避風險與損失。兩位學者提出理論，刻板印象線索會降低自我防衛（ego defense），造成受試者更仰賴直覺。這個結論顯示，刻板印象對受試者決策過程的影響，而且很可能不是正面的影響。

不只是女性會受性別刻版印象所影響，在感到男子氣概被威脅的情境下，男性也會冒不明智的風險。心理學家哈士敦有一項研究是把男性受試者分組，一組被要求拿著電鑽，一組被擦上有香味的護手霜。接下來，兩組人有機會擲骰子賭博。結果，聞起來有擦護手霜的那組男性冒的險比電鑽組還要高。[33]

幸好，在其他的情境下，身邊有女性可能會讓男性壓抑自己的冒險行為。研究人員發現車上有女性時，男性會放慢車速，以謹慎一點的方式開車，例如：與前車保持更長的車距。[34]

不同文化之間的性別差異

南韓亞洲大學的管理學者金都泳（Do-Yeong Kim）與朴俊秀（Junsu Park）針對人們的風險觀念與回應風險的方式，研究南韓人與澳洲人的不同之處。[35] 兩位學者請受訪者評估他們眼中各種行為的危險性，包括：極限運動、服用非法藥物、順手牽羊、賭博、酒駕等等。此外，他們也請受訪者評估各種商業、個人職涯與人際關係情境。

研究結果不出意料，受訪者考量到「鱷魚先生」（Crocodile Dundee）帶來的澳洲刻板印象與較為保守的韓國文化，認為澳洲男性與澳洲女性整體而言比韓國人更能接受高風險。然而，當研究人員比較「個人單獨做的決定」與「個人在群體中做的決定」時，結果就不一樣了。相較於獨自一人時，韓國人身處團體時的冒險意願會增加，不論團體的成員全為男性、全為女性，或男女皆有都呈現一樣的結果。相較之下，澳洲人只有男

性在團體中會比獨自一人時，風險偏好增加；澳洲女性不論身處團體或獨自一人都沒有區別。

為什麼澳洲的男性與女性會如此不同，韓國人卻沒差？以這個研究來講，影響著風險認知的社會規範，同樣也強化了差異。舉例來說，相較於韓國人，澳洲允許年紀較輕的人參與帶有風險的活動，例如：澳洲16歲就能拿駕照，18歲就能抽菸喝酒。南韓則要到20歲。

金都泳與朴俊秀認為兩國的差異，源於「西方的個人主義態度」與「東方的集體主義價值觀」的差別。西方的人際關係風格是自立自強，亞洲文化則強調相互依賴的關係。個人主義文化認為，表達意見是建立與展現個人認同的重要途徑。集體主義文化則認為留意他人的看法比較重要，個人應該服從與維持團體的凝聚力。[36]

此外，相較於個人主義文化，集體主義文化更可能相信團體會做出更好的決策。韓國人因此不論男女都一樣，他們在做決定時，更看重的是集體主義的規範與相互依賴的人際關係，性別差異則相對而言沒那麼重要。（下一章會進一步探索個人主義與集體主義。）

相較之下，在個人主義的文化刻板印象中的男性，在團體中會獲得歸屬感與尊重，也因此對於來自個人主義文化的男性來講，信心的增強導致他們在團體情境中，會比獨自一人時冒更多險。相較之下，刻板印象中的「女性」態度則貶低冒險，而團體又會增強這種態度。換句話說，在個人主義文化，身處

於團體會讓男性更容易出現刻板印象中的男性行為，女性也會更像刻板印象中的女性。

沒有性別風險刻板印象的世界？

試想，如果我們更加關注性別與風險的刻板印象造成的影響，就此能拋開那樣的刻板印象，這個世界會是什麼樣子？

先前我們看過女性創業者柴爾絲的故事。諷刺的是，即便是在照護產業，也就是一般被視為女性從事的產業，企業創辦者依舊需要靠男性，才能順利爭取到初期資金。事實上，當你想到時尚與美髮企業等世人眼中的女性產業，領軍的都是男性，例如：凱文・克萊（Calvin Klein）、喬治・亞曼尼（Giorgio Armani）、保羅・米契爾（Paul Mitchell）、維達・沙宣（Vidal Sassoon）。我猜這與這些男性創業者本身的冒險能力較為無關，而是看投資人願不願意在他們身上賭一把。這種情形再度強化風險與男性優勢之間的密切關係。

玻璃懸崖：組織陷入危機時，公司推女性出來當執行長的趨勢。

在其他時候，唯有在男性不敢親身冒險的情境下，董事會與投資人才會傾向於讓女性上陣。[37] 儘管社會大眾對於女性迴避風險的刻板印象根深蒂固，但有趣的是，當企業需要找人

帶領公司度過危機時，卻經常是由女性出任挑戰性大、有可能是職涯自殺的執行長職位。英國艾克塞特大學（University of Exeter）的組織心理學家麥可‧雷恩（Michelle K. Ryan）與亞歷山大‧哈斯藍（Alexander Haslam）就提出「玻璃懸崖」（Glass Cliff）一詞，用以形容這種提供給女性、而且經常是少數民族的毒蘋果型危險工作。

IBM的吉妮‧羅睿蘭（Ginny Rometty）、通用汽車（GM）的瑪麗‧芭拉（Mary Barra）、惠普（HP）的卡莉‧菲奧莉娜（Carly Fiorina）與後來的梅格‧惠特曼（Meg Whitman）、Yahoo的梅麗莎‧梅爾（Marissa Mayer）。她們全是臨危受命，負責拯救岌岌可危、甚至是死馬當活馬醫的公司。此外，女性也經常在獨裁政權的陰影下，被推選出來帶領國家，例如：菲律賓的柯拉蓉‧艾奎諾夫人（Corazon Aquino）、尼加拉瓜的比奧萊塔‧查莫羅（Violeta Chamorro）、智利的蜜雪兒‧巴舍萊（Michelle Bachelet）。英國脫歐時，也派德瑞莎‧梅伊（Theresa May）出來帶領國家，這是一項吃力不討好的政治任命，不論怎麼做都不會有好結果，容易落入兩面不是人的窘境。剛才提過，學者卜蕾寇的研究顯示，如果擔任不符合性別印象的職位且做不好時，女性遭受的懲罰比男性嚴厲。那些被推上台的女性，因此承擔的風險又更高了。

風險智慧是重要公民素養

那麼該怎麼辦？首先，現在該是時候打破性別刻板印象，

讓人們更習慣見到女性擔任領導職。這麼做的附帶好處，是把女性的獨特力量帶進更多的企業與政策領導職中，或許還能順便讓部分企業與國家，遠離造成玻璃懸崖現象的災難狀況。正如尼爾森寫道：「當董事會、研討會與談判桌上有女性出席，與男性平起平坐，這將帶來十分不一樣的氣象。如果金融、經濟與政策制定不再是刻板印象中的男性領域，人們將不再清一色假設陽剛標準與行為才是最優秀的。或許到了那個時候，每個人都會更願意面對真正的議題，並真正開始解決問題。」

講到這裡，我們也可以順便拋開「風險趨避」一詞，改談「風險智慧」（Risk Savvy），指的是個人有能力平衡理性與感性，以合理且準確的方式來辨識與評估危險與機會；既能未雨綢繆，不會有勇無謀，也不會過度小心。

本章帶大家看到對於女性與風險的誤解，有可能導致投資人錯過機會，為人們提供錯誤的資訊與建議，以及阻撓女性的升遷機會。試想，當我們開始把關於風險刻板印象的洞見，應用在其他同樣被刻板印象看待、甚至是視若無睹的族群身上，那會發生什麼事？

顯而易見，從風險刻板印象走向風險同理心，可以讓我們更加清楚的看見事實，避免誤解的產生，解決紛爭。此外，我們將有機會向其他觀點學習，協助自己做出更明智的判斷。為了朝著這個方向努力，讓我們來看看全球各地的社會如何以各自的方式，看待與回應風險與機會。

第 7 章
風險的地域性

　　在新冠肺炎疫情期間，各國的風險應對措施呈現極為明顯的差異性，包括事前的準備工夫，以及潛在危機一旦真的出現，各國認真看待與拿出鐵腕的程度。不過，為什麼會這樣？歷史與文化背景、政治制度、人口與地理現實迥異的各個國家，回應疫情的速度與態度南轅北轍的根本原因究竟為何？

　　要將感染率、死亡率以及防疫措施的嚴格程度關聯起來以找出確切答案並不容易，因為每個國家的情況都不一樣。不過，我們可以從各國的風險指紋來觀察，這涉及該國公民與政策制定者受文化影響而形成的風險敏銳度，也跟各國特定情境的風險因子，包括：人口的組成、密度、健康，以及國內醫療體系的健全程度、出入境的頻繁度，以及先前的經驗有關。這些風險因子又涉及層面更廣泛的文化影響因素，例如：公民對自身行為的負責程度，以及有多關切自己對他人造成的風險，而不只是在意自身風險而已；此外，也要看公民感到自己能盡多少心力。各國的風險文化也是因素之一，不過即使是同一個國家，風險文化也存在著差異性，例如鄉村與都市尤其不同。

許多疫情觀察人士都提到，在美國與全球各地，許多最有效的應對方式皆是由女性領導者提出。[1]前一章提過，女性通常更能意識到風險，也往往能在危機中做出理想的決策。不過這可能是「雞生蛋、蛋生雞」的現象：或許會挑選女性領導者的國家，原本的風險意識就比較強，願意採取不一樣的做法。

女力的力量

尚普－派列（Louise Champoux-Paillé）與安·瑪莉·克羅圖（Anne-Marie Croteau）在《對話》（*The Conversation*）新聞網的文章中指出：「如果由女性擔任領導者並非是國家有效控制疫情的原因，而是反映出該國在各行各業中位居高位的女性較多，那象徵什麼含意？相較於同質性高的團體，女性參與度高的團體更能為處在危機中的我們帶來更寬闊的視野，提出更全面且完整的解決方案。」[2]

芬蘭總理桑娜·馬林（Sanna Marin）以及4位黨魁所組成的聯合內閣清一色是女性主政。相較於政府由男性領軍的鄰居瑞典，芬蘭每百萬人口的死亡率不到瑞典的一成。至於第一個冠狀病毒「清零」的紐西蘭，各界認為這要歸功於年輕領導者潔辛達·阿爾登（Jacinda Ardern）迅速回應疫情的作為：先是規定3月14日起，所有入境紐西蘭的外國人都必須隔離兩星期，接著又在感染人數甚至還不到150人、無人死亡時，就下令進行嚴格封城。根據統計，超過八成的紐西蘭民眾信任阿爾登帶領的政府，這種支持率在美國前所未聞。

　　信任是一把雙面刃。民眾若是信任政府，政府就更能有效宣導風險訊息。有趣的是，民眾如果過度信任政府，把一切責任都丟給政府解決，有可能造成人民輕忽威脅，未能盡好本分以有效控制風險。這個雙面刃現象是由新加坡國立大學公共風險研究所的王美玲（Catherine Mei Ling Wong）與奧利維亞·簡森（Olivia Jensen），在2020年初新冠肺炎疫情在全球各地加速期間所提出[3]。兩人根據2014年的「世界價值觀調查」（World Values Survey Wave）指出，有24%的新加坡人民對政府抱持「強烈的信心」，這個數字遠超出其他高所得國家：南韓人是5.8%，德國人是5.5%，美國人則是極低的3.7%。至今，我們仍對2003年新加坡爆發SARS疫情記憶猶深，因此，新加坡政府在面對新疫情威脅時，便以「防禦性悲觀主義」（defensive pessimism）迅速做出回應。

　　王美玲與簡森認為：「新加坡政府對外一直強調風險的重要性，對於疫情不輕描淡寫，期盼民眾投入抗疫行動。然而，民眾不盡然願意配合政府的宣導，使得政府加強控管人民的行動。」在宣布遏阻病毒的「熔斷」政策後，新加坡政府針對保持社交距離的違規情形，不得不在3天內發出1萬次公告、3,100次警報與開罰40次。部分的違規原因出在民眾不清楚多遠才是合適的社交距離；公共空間不夠大，也使得民眾無法保持安全的社交距離。然而，兩位學者也發現，許多民眾認為一切有政府控管著，個人實際承擔的責任與風險沒那麼大。

　　政府對人民的信任也可能出現反效果。以瑞典政府為例，

他們在不算是完全誤判的情況下，相信民眾會遵守各項防疫規定，因而採取相對自由放任的防疫政策。亞洲國家大多民眾也認為為了保護彼此的安全，戴上口罩很重要。背後的原因除了與亞洲集體主義的文化價值觀有關，也與SARS殷鑑不遠，人民戴口罩已是司空見慣。至於美國，則有太多民眾損人不利己，把戴口罩當成違逆人權的象徵；亞洲民眾則知道口罩可以對抗霧霾、空汙與過敏等問題。我個人是在十多年前得知口罩的好處。當時我到日本進行研究，正好碰上櫻花季，事先沒想到自己的鼻竇會對花粉過敏。口罩幫了我大忙。

　　懂得留意警訊的國家通常抗疫表現較佳。紐西蘭之所以在新冠肺炎疫情期間能高度留意警訊並果斷行事，部分原因出在爆發疫情的幾個月前，紐西蘭在全球安全衛生指數（Global Health Security Index）的「疫情防範」這個項目僅拿到54分（滿分100），在全球排行榜上排行在第35名。[4]

　　其他國家也出現類似的情形。流行病與傳染病醫師藍曼（Keren Landman）在《元素》（Elemental）上寫道：「有人認為，南韓相對而言能成功回應冠狀病毒，以運氣成分居多，因為距離韓國出現第一起新冠肺炎案例還不到1個月前，他們才剛做完一項針對病毒性肺炎的緊急模擬演習，而且他們的首批群聚感染案例是來自同一個教堂、抵抗力相對較強的年輕教徒。然而，要是把南韓的成功歸功給運氣，也是因為天助自助。」由此可見，各國對於疫情做好準備的程度，以及是否將疫情視為威脅的積極關注程度都不相同，有的國家嚴陣以待，

有的國家則以消極心態對待。

如同個人的風險指紋，我們看待國家的風險指紋時，可以從文化、經濟、社會等角度出發，探討政府的風險敏感度、態度與行為。此外，也要考量歷史與過往經驗的影響。國家的風險指紋影響著公民的個人風險指紋，而公民的個人風險指紋加總在一起，同樣也影響著國家的風險指紋。此外，個人與國家的風險指紋都會隨時間改變。不論是從颶風、地震等天災中的恢復速度、面對疫情時的應變能力、國內的風險生態系統支持企業與創新的程度，一直到遇上金融危機和其他經濟風險時的承受能力，各國面臨的經濟後果差異極大。

了解自身國家的風險指紋，對於每日生活都會受其影響的居民來說很重要，對各國的政策制定者、對外交涉的外交人員、企業人員來說也同樣重要。認識不同國家的風險指紋差異是一項關鍵的資訊，卻經常被人忽視。認識一個國家或一個文化就像認識一個人，必須先知己才能知彼，有了認識做為基礎，就能避免或解決歧異帶來的潛在紛爭。

益普索－莫里的「無知指數」

不論各國的風險習慣或過去經歷的風險類型，全都會影響該國的判斷。根據一份全球性調查顯示，世界各國看待「最大的風險是什麼」差異甚鉅。此外，各國人民有多了解相關風險、其看法有多符合實情，以及公民與政府能處理已知危險的程度、認為自己和國家領導者掌控眼前危機的程度，也都出現

極大的差異。我們會在第9章進一步探索相關因子。現在，讓我們先來看看各國評估與回應風險的能力。

根據國際市調公司進行的「益普索－莫里風險認知研究」（Ipsos MORI Perils of Perception）全球性調查，每年針對超過30個國家與地區、數千名受訪者，調查人們如何看待犯罪與暴力、性愛、氣候變遷、經濟、健康、暴力、移民、監獄超額收容、人口成長與環境等議題。[5]該調查在了解受訪者對每個特定議題的感覺（猜測）和現實中的差距，來計算各國的「無知指數」（Ignorance Index），不過，「益普索－莫里」不希望這個名詞聽起來像是在批評任何國家，因此改稱為「誤解」（Misperceptions）。

其中，大部分國家的受訪者通常會將移民人數高估兩倍以上，例如猜測自己的國家有28%的人口是移民，但實際的平均數字僅12%[6]；根據研究指出，受訪者猜測移民人數高過實際數量的國家，通常也是最恐懼新移民的國家。此外，2017年接受調查的所有國家受訪者，全都低估過去18年測出史上最高溫紀錄的次數。實際數字是18年中有17年都破紀錄，但受訪者猜測的次數多為7至13年。

英國有71%的民眾認為刀械造成最多的凶殺死亡人數，但實際上刀械僅占謀殺案的25%。諷刺的是，刀械在南非**的確**是高過其他武器的致死凶器，但南非民眾卻認為罪魁禍首是槍枝。事實上，在美國與哥倫比亞，槍枝才是絕大多數凶殺案的致死凶器，但兩國人民卻低估槍枝所占的比例。民眾的認知

或許也能部分解釋為何這些國家無法降低槍枝死亡率。

　　受訪者在評估各類議題的嚴重性時，香港、紐西蘭、瑞典的民眾猜得最準，泰國、墨西哥、土耳其猜得最不準。有些評估失誤是跨越國界的，例如 2020 年的報告共訪問 32 國民眾，結果所有國家都低估癌症與心臟病的死亡率。「益普—索莫里」政治研究所長史基納（Gideon Skinner）在發表報告結果時表示：「不過，許多國家的民眾同時也高估其他死因帶來的死亡規模，例如凶殺案、交通事故、自殺或藥物濫用。」

　　至於媒體上高度關注的犯罪與意外，以及青少年性行為等腥羶色相關報導，自然也強烈引發大眾關注，導致民眾估計的數字比官方的統計數據還高出許多。不過，並非所有頭條新聞都是如此，例如人們依舊低估女性碰上性騷擾的機率。此外，自 2008 年金融危機以來，民眾就一直高估失業率，低估本國相較於他國的經濟規模。在氣候變遷與再生能源方面，民眾的樂觀程度勝過現實情形。此外，新冠肺炎疫情無疑會改變許多人對健康領域的觀感。

全球態度調查

　　同樣的現象也呈現在其他的調查報告中。2017 年的「皮尤全球態度調查」[7]（Pew Global Attitudes Survey）顯示，89%的西班牙人認為氣候變遷是重大威脅，而以色列僅有 38%的人如此認為。全球經濟情勢是 88%的希臘人與 77%的南韓人最關切的事，但同樣的議題美國人僅有 37%，瑞典更是僅兩成

民眾最重視此事。

2019年的「PwC執行長調查」（PwC CEO Survey）顯示，各地執行長的風險態度極為不同，特別是在「人工智慧等新技術對工作造成的影響」這項看法上。[8]其他差異很大的事項還包括：憂心哪些類型的其他威脅，以及全球經濟成長的走向。2018年的調查則顯示，亞洲執行長的風險敏感度普遍高過西方。PwC的研究結果符合2017年另一項調查的結果，研究人員詢問300多位人工智慧專家，預期高階機器智慧會多快問世；換言之，就是詢問他們機器何時能把所有工作都做得比人類還要好。[9]結果顯示，亞洲專家平均預測還要再過31年（2048年），北美專家則認為還要74年（2091年）。

民眾關心的大小事顯然都與當代新聞報導密切相關。這樣的現象理所當然，尤其是這個時代的媒體力量更是無遠弗屆。然而，不同文化與地區的民眾會如何回應特定的風險，以及他們整體而言會如何回應風險，媒體只是眾多的影響因子之一。舉例來說，根據研究顯示，亞洲人一般比西方人的風險敏感度高。當然，亞洲文化與西方文化並非一成不變的，他們看待風險的方式以及各地因應風險的架構與制度也各不相同。

2012年一項對東京、北京與首爾市民的調查顯示，不同城市的受訪者對於發生災難的可能性與規模看法不一[10]。該問卷以1分到5分來評分，平均答案超過2.5分，顯示這三個城市的受訪者整體而言相當關切風險：首爾最高，東京次之，再來是北京。2011年的福島地震引發海嘯與核能危機震撼日本社

會，也難怪東京市民最擔心地震與核子輻射會導致環境汙染與成人疾病。主持該民調的韓國社會學家韓相震（Sang-jin Han）表示：「早在那三場重大災害發生之前，日本就已經高度關切環境風險與自然災害。」北京的受訪者則最擔心食安、環境汙染、經濟不平等與健康風險。相較之下，首爾民眾較為關注貪汙、經濟、收入兩極化、汙染與暴力議題。

在其他議題上，過去發生的事件與原始的經濟利益或許可以解釋其中差異。舉例來說，美國大約栽種全球四分之三的基因改造（GMO）作物。科學家植入基因使作物能抗旱、防蟲或增加營養。GMO作物在1990年代研發出來時，食品安全管理單位大都採取不干涉的態度。相較之下，歐洲對GMO食品抱持較懷疑的態度，不過懷疑程度似乎正在下降[11]。

換言之，這是時機的問題。歐洲科學家研發GMO初期，英國狂牛症令人餘悸猶存，車諾比事件帶來的輻射汙染食物也依舊是威脅。此外，政治與經濟利益也多少造成影響。歐盟整合讓貿易壁壘消失，農人如今必須直接與他國食品競爭。政策制定者在擬定GMO管理辦法時，密切關注相關動態。歐盟自1997年起，便要求企業必須標示GMO食品，2002年又進一步嚴格規定標示辦法，連GMO作物製成的動物飼料也必須完整列出。

其他觀察人士主張各地看法不一，食品在文化與科學態度中扮演的角色是重要原因。[12]福特・朗吉（C. Ford Runge）、盧卡・巴那拉（Gian-Luca Bagnara）與李安・傑克森（Lee

Ann Jackson）在《艾斯地中心國際法與貿易政策期刊》（*The Estey Centre Journal of International Law and Trade Policy*）　中寫道：「一般而言，相較於歐洲人偏向人文主義或美學角度做思考，美國人對於食物的看法更注重實用性。美國人傾向從科學與維持生命的營養學角度來思考食物。他們重視『量』勝於『質』。」可以想見，食安問題更容易引發歐洲人的情緒共鳴。

　　雖然近日的歐洲態度調查數據不多，但有跡象顯示歐洲與美國對於GMO的看法正在匯流。歐洲食品安全局（European Food Safety Authority）2019年的報告顯示，受訪的歐洲人最關切的食安問題中，GMO自第四降至第八。[13]2018年受訪的美國人中則近五成認為GMO有害健康，與短短兩年前的39％相較足足高出近10個百分點。[14]如同其他的公共政策議題，新聞頭條無疑改變大西洋兩岸的風險觀點。美國對於科學的看法正在改變，這點應是大勢所趨。

不同取向的風險差異解釋

　　為什麼各國的風險認知與準確程度如此不同？為什麼在氣候變遷的領域，歐洲人比美國人更重視科學家？為什麼亞洲國家比西方國家更關切技術變遷？如同性格特質與身處的團體會影響個人的風險態度，更廣泛的因素也無不影響著具有相同國籍與文化者的態度，往往涉及人力資源到全球與地方策略、產品設計與行銷、合夥與併購、再到政策與政府關係等。國家是否平均分散風險；公民有多少降低風險的選擇與掌控權；

民眾有多了解各種風險的發生機率與潛在影響（這部分要仰賴國民的整體風險素養）；以及對於風險的情緒共鳴或「恐懼因素」，也影響著各國國民如何看待風險。第9章會再詳談這些因子。

　　媒體、公共辯論、社會運動、政治，以及居民是否親身經歷過各種風險，全都影響著態度。韓國社會學家韓相震寫道：「風險的定義取決於知識。知識增多後，人們將意識到暗藏的風險，觀點產生變化。文化出現的變化，使人注意到迄今未意識到的風險。」

　　學者所做的研究證實，文化深深影響著人們的風險認知與決策。由社會學與組織學學者組成的團隊，在1997年進行跨文化的風險認知差異研究，讓來自美國、荷蘭、香港與台灣的學生與證券分析師評估不同風險層級的金融賭注。結果發現，參與者的文化背景會影響風險認知的程度，高過職業或收入。[15]

　　文化會藉由共同的價值觀、假設以及背後所引導的選擇判準，影響人們的風險敏感度與風險態度。例如，文化會影響政府與社群機構的決策，決定人們願意冒多少風險，進而形成自我增強的風險行為循環，影響一個國家或企業的成敗。文化也反映出不同社會共同關心的特定問題，讓他們積極保護認為最重要的事物，具有實務上的影響，也發揮人生觀的引導作用，而且相關影響會隨著時間變化。

　　地理位置決定一個國家必須面對的風險，例如：是否容易遭受攻擊或是被切斷資源、從事貿易或自給自足的必要性，甚

至連氣溫都受其影響。一個內陸國家與臨海國家所做的決定，將十分不同於以山脈為國界或地勢平坦的國家。

　　揮之不去的歷史陰影，也會影響各國回應全球事件的方式，型塑國家的經濟與關鍵產業。德國的政策分析師簡・伽蕭（Jan Techau）指出：「二戰曾讓德國感到自己不可能在歷史上洗白，但如果你相信自己站在歷史正確的那一方，你就比較不會害怕失敗。最重要的問題永遠是：德國會不會再度失敗？為了避開所有失敗的可能，德國會不惜一切代價，甚至冒道德上的風險。」伽蕭認為，那就是為什麼2011年德國不參加利比亞的軍事介入的原因。他說：「由於德國人對當好人沒自信，我們永遠希望能先弄清楚是非對錯再說，但外交政策很難黑白分明，因此在外交政策方面，德國大多採取被動的態度。缺乏自信助長了風險迴避。」

　　抱持這樣的風險態度影響德國許多層面，經濟也因此受到影響。伽蕭說：「由於風險深深威脅著德國脆弱的自信心，因此你不會選擇冒險。那就是為什麼德國的工程與建設高度可靠，高度注重產品品質能導向確定性。這也是為什麼德國的一間小公司，就能成為全球注射器市場的龍頭，全球市占率就達八成。德國人在設計產品時，排除了注射器這個簡單但關鍵的產品有可能出現的一切缺點。換句話說，德國耗費大量心力，努力打造出一切皆可預測、盡量不會有風險的世界。」

　　中東人的投資與風險決策則受到世事難料的人生觀所影響。黎巴嫩裔的美國投資管理者薩米・卡蘭（Sami J. Karam）

從眾多客戶的投資決定中，看出政治等不穩定因素帶來的影響。卡蘭告訴我：「黎巴嫩的中上階級不喜歡投資股票，認為風險較高。他們偏好投資確定性高的不動產或黃金。」至於避險基金（hedge fund）就更別提了。雖然「避險」這個名字來自可降低風險的「對沖」，但在人們心中仍是高風險投資工具。卡蘭發現投資偏好也呈現在不同國家上：法國人和中東人比較像，偏好保守的不動產或債券投資，而且通常對「誇大的樂觀主義」抱持著極大的懷疑。此外，卡蘭也提到市場上著名的「多頭人士」或高度樂觀者幾乎全是美國人或北歐人；「空頭人士」或悲觀人士則幾乎全在外國出生。

卡蘭說：「人們的市場風險容忍度在一定程度上與他們本人和父母的人生經歷有關。以我的世代成長背景來講，當時的黎巴嫩走過1960到1970年代初的特殊時期，簡直像點石成金一樣，我們過著貨真價實的中產階級或中上階層生活。當時經濟蓬勃發展，人們在工作之餘盡情享受休閒生活。然而，一夕之間豬羊變色。黎巴嫩在1975年爆發內戰，許多人流離失所、失去親友。有的家庭逃離家園，有的選擇留下。這個一度有「中東巴黎」美譽的地方，十多年間滿目瘡痍，屍橫遍野。這種事會讓你明白，即便一切看起來很安全，明天會很美好，依舊可能瞬間就變了樣。」

卡蘭表示：「美國人是天生的冒險家。人民的座右銘是『最大的風險，就是不去冒險』與『去做就成功了一半』。這是非常積極向上的精神，重視參與，堅持到底。」卡蘭後來從

歐洲搬到美國讀大學，後來又留在美國念MBA，打造工程師職涯，日後轉到金融業。他發現隨著自己適應新文化、取得工作經驗後，他的風險偏好明顯發生變化：「從前的我非常謹慎的迴避風險。我的同儕全是美國人，一輩子從沒經歷過政治動盪。」但正是這種謹慎的心態，讓他度過1998年金融危機期間長期資本管理公司（Long-Term Capital Management，縮寫為LTCM）的危機。

卡蘭說：「在LTCM出事的那段期間，我是公司裡唯一沒賠錢的投資組合經理人。其他那些經驗極度豐富、負責好幾億美元投資基金的優秀資金管理者突然間手足無措。他們的人生沒碰過這種事。他們在市場修正期間慘敗，但拚命想要挽回頹勢，發揮貨真價實的樂觀主義精神。」不過，隨著時間過去，卡蘭對於風險的容忍度也漸漸變大了，他不再那麼擔心天上會突然掉下災禍，現在的他更關心的是已知的風險。

不同國家的風險認知

每個國家擁有不同的經歷，因此當面對潛在的危險時會引發不同的情緒衝擊。客觀上來講，各國碰上的風險有時確實不一樣。例如：有的國家更容易／不容易發生地震、海嘯、水旱災，或是握有更多／較少的財政資源。因此較容易發生災害的國家若有多餘資源的話，會投資抗震或防洪等基礎設施。

有的國家則不投資防災建設，不過缺乏資源不是唯一的原因。蘇格蘭聖安德魯斯大學的歷史教授阿里‧安薩里（Ali

Ansari）是伊朗裔歐洲人，他看出複雜的回饋迴圈：局勢不穩讓人們不願從長期的角度想事情，連帶更不可能留意需要留意、隨時間累積的風險。安薩里的父親是伊朗人，在伊朗發生革命的期間，僅僅6個月就失去一切，帶著全家到英國重新開始。中東的日常生活高度不穩定，每一件事都有可能到明天就人事全非，這助長人們抱持「活在今天」的心態，宿命論盛行，不利於長期思考與規劃。安薩里表示：「這和社會因素無關，而是直接源自於政治現實，領導者朝令夕改。在西方的我們很幸運的擁有相對穩定的生活。」

　　或許是因為缺乏能保護他們抗旱耐洪的基礎建設，許多開發中國家一般比已開發國家更關切氣候變遷。[16]這件事並不奇怪，因為雖然窮國帶來的全球溫室氣體比已開發國家少，從地理位置上看，窮國更可能成為極端氣候最大的受害者。此外，窮國能自保與重建的資源也少，也難怪斯德哥爾摩的「全球挑戰基金會」（Global Challenges Foundation）贊助的2018年調查顯示，57％的開發中國家受訪者認為氣候變遷是全球性威脅，而已開發國家的受訪者則僅48％這麼認為。[17]

　　同理，那些認為工作機會最可能被科技取代的國家，也更敏感於自動化與人工智慧帶來的風險。根據世界銀行的估算，2016年時開發中國家三分之二的工作面臨自動化風險，高過自動化的已開發國家：中國有77％的工作面臨自動化威脅，印度是69％，衣索比亞則是85％。

　　每個國家都因為自身的歷史、地理、文化、政府與當下

的挑戰，面臨高風險而大起大落的時刻。[18]然而，儘管國家與風險的關係在某些面向有可能十分不同，但依舊通常有著共通的特性與模式，雖然不一定總是如此。蓋洛普與勞氏基金會（Lloyd's Register Foundation）在2019年新冠肺炎疫情前夕進行首度「世界風險民意調查」（World Risk Poll），比較15萬多名受訪者關切的7種日常危害（即「世界憂心指數」〔World Worry Index〕），以及不同類型的風險在142國成真的頻率（即「傷害體驗指數」〔Experience of Harm Index〕）。

莫三比克、幾內亞、馬拉威名列最憂心忡忡的榜首，其他數個非洲國家與開發中國家的排名也緊跟在後。憂心榜單與經歷過最多苦難的國家自然有很大的重疊之處，前幾名是賴比瑞亞、辛巴威、莫三比克。至於最無憂無慮的國家，包括瑞典、新加坡與烏茲別克，不論是從地域或政體來看，比較難判斷幾國之間的關聯。不過，無憂無慮組與最不常經歷破壞的國家榜單也有部分的重疊之處，包括土庫曼、新加坡與烏茲別克。

調查結果發現，人們擔心的程度通常超過實際發生的傷害，不過差距究竟有多大，全球各地則很不一樣。認知與經歷差距最大的國家（「杞人憂天組」），包括蒙古、緬甸、塞普勒斯、智利與南韓。差距最小的則有瑞典，以及其他有著最強大社會安全網的北歐國家。調查報告寫道：「知道有這樣的差距，也知道各國與各地區的差異之處，這對設計有效的風險溝通方式來講很重要。此外，個人與社群也因此得以致力於採取最可能降低傷害的行動。」

　　在整體的全球煩惱榜單上，「氣候變遷劇烈」名列前茅，34%的受訪者非常擔心極端氣候帶來重大的損失。此外，或許不是巧合，「極端氣候」也是大部分受訪者親身經歷過的風險，尤其是非洲國家。其他32%的人將「暴力犯罪」列為最擔心的事項。此外，「電力問題」、「食物與水安全」也受到高度重視。

　　民眾擔心的事多與他們的經驗和文化因素有關，不過也要看他們的「風險保護傘」（risk umbrella）有多堅固。風險保護傘是指政府、企業與個人採取各種措施，以預防人們受到傷害。世界風險民意調查曾詢問受訪者，認為政府在多大的程度

各地區的風險認知差距

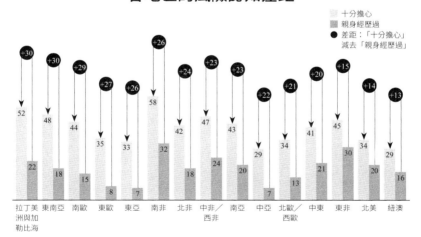

各地區的憂心指數與體驗指數。計算7大日常危險的憂心與體驗程度。（滿分為100的區域指數分數）

資料來源：2019年勞氏基金會世界風險民意調查（lrfworldriskpoll.com）

上讓他們免於食安、水汙染與電力帶來的傷害。調查結果在
「政府安全表現指數」（Government Safety Performance Index）
中顯示，全球四分之一的民眾不信任政府，不認為政府有能力
在這三大關鍵的基礎設施領域上保障他們的安全。最受信任的
政府是新加坡、阿拉伯聯合大公國、巴林、菲律賓；信任度最
低的政府是葉門、阿富汗、黎巴嫩與伊拉克。

風險保護傘： 政府、企業與個人採取各種
措施，防止人們受到傷害。

　　調查結果不出意料，高收入國家的居民一般最相信政府
能保障自己的安全。人民關切的風險類別則要看各國的富裕
程度。「相較於低收入國，高收入的國家與地區，更可能把道
路風險視為對自身安全的頭兩大威脅。」報告作者寫道：「然
而，官方的統計數據顯示，高收入國家整體而言交通死亡率較
低。低收入國家的人民同樣也擔心交通風險，但他們通常認為
其他的風險更為重大，例如：暴力、犯罪與健康。」同樣的，
由於開發中國家與已開發國家的人民從事的職業不一樣，富裕
經濟體居民關切職場騷擾問題的程度，一般高過擔心工作時身
體可能受傷。
　　國家的經濟、社會、文化與政治氛圍，全都影響著人民
信賴國家的程度，不過也要看人民的教育程度、性別與家庭收

入。這些因素全都會強化主客觀風險之間的差距以及認知扮演的角色，包括：認知如何影響人們回應周遭危險的方式，各國之間又有著什麼樣的差異。我們剛才看的是整體而言的風險經歷與風險保護，至於政府提供的保護則部分解釋「經歷」與「憂心事項」的差距，不過文化因素也會產生影響。

國家文化

　　荷蘭組織心理學家吉爾特・霍夫斯塔德（Geert Hofstede）在1970年代進行一項大型文化態度研究。他以IBM在50多國的子公司員工為研究對象，了解單一組織下各國員工的態度差異。[19]霍夫斯塔德並未刻意探討風險，但他開發出一個衡量不同國家的文化維度理論（Cultural Dimensions Theory），其中有四項維度與我們如何理解風險密切相關：

1. 「**權力距離**」（**Power Distance**）：指社會中較為弱勢的成員對於權力分配不公平的接受程度。

2. 「**不確定性規避**」（**Uncertainty Avoidance**）：指社會成員感受到情勢不明帶來的威脅程度，以及他們運用哪些策略來減少對於未知事物的焦慮；換句話說，也就是找出社會成員感到有多需要可預測性與規則。

3. 「**個人主義／集體主義**」（**Individualism／Collectivism**）：指個人與其團體之間的關係。

4. 「**男性化／女性化**」（**Masculinity／Femininity**）：指性別與工作角色之間的關係。例如在男性化的社會中，男

性被期待扮演的角色為「強勢」與「競爭」，女性則是「公平」或「謙虛」。

這四個維度會同時影響風險認知與行為，尤其是不確定性規避與個人主義／集體主義的價值觀。我們在前文看過，個人主義／集體主義的影響力有可能高過性別等因子，這樣的影響又會帶來風險態度的回饋迴圈。霍夫斯塔德發現，抱持開創心態的年輕西方文化（例如：美國），國家的個人主義這一項得分極高；德國與波蘭等古老的歐洲文化則得分較低。亞洲文化的個人主義得分更低，集體主義分數高。[20]

個人主義／集體主義文化以不同方式看待風險，不過兩者八成也會帶來不同的家庭、社會與政府架構及安全網，大幅改變國民受特定風險因子影響的可能性，以及相關威脅帶來多大的破壞。有的社會（尤其是受災難衝擊的社會）關注短期風險，其他社會則放眼未來，預防較不緊急但潛在影響力較大的危機。

差異最大的地方在於人們獨立下判斷時，以及他們身處團體時做出的決策會不一樣。第5章已經談過「風險偏移」的概念，也就是相較於團體成員各自做出決定，團體所做的決定要不遠遠更為保守，要不風險容忍度遠遠更高。

韓國亞洲大學的研究團隊，在第5章提及的澳韓比較研究的基礎上，再加上華人做為對照，測試風險態度的差異。[21]韓國的「動態集體主義」與行動導向價值，以及韓國的「察言觀色」概念（nunchi，聆聽與解讀他人心情的能力），不同於

中國的傳統儒家中庸理想。中庸強調要廣聽所有意見，接著折衷。〔日本的「和」（wa），一般翻譯成「和諧」，又是另一種有著細微但重要差異的概念。〕亞洲大學團隊希望找出雖然中韓都屬於集體主義文化，受到中庸的文化影響，是否讓華人受訪者比韓國人更不可能出現「風險偏移」的現象，而研究結果也確實如此。

　　為什麼會這樣？一種可能的解釋是在集體主義文化，社會網絡是雙面刃。一方面，人們期待他人會替可能的損失分攤責任。另一方面，萬一高風險決定傷害到每一個人，人們也接受這樣的財務負擔。研究人員提出的理論指出，或許其中的差異與社會網絡的品質有關；也或者是相較於韓國受訪者，集體主義在華人受訪者身上又更為明顯。研究人員推測，韓國的行動導向文化規範，讓受訪者擔心被拋下。

　　研究人員推論個人主義文化較少限制個人行動，「這點讓來自個人主義文化的人們，在提出自身的看法、感受與決定時充滿自信，由自己做主。他們被鼓勵挑戰不確定性，不確定性被視為獲得潛在好處的機會。」研究人員寫道：「個人在回應社會要求的特質（此處是風險）時，個人主義文化因此出現自我增強的效應。」相較之下，階級與科層文化帶來更多的社會限制，「有著許多外界強加的社會約束，限制著被視為越軌行為的個人主義行動，偏好服從社會習俗的做法。」

　　關係緊密的社會網絡成員（例如：集體主義文化的成員），感受到從眾的壓力，但出事時也願意協助彼此、分擔責

任。孟加拉鄉村銀行等微型貸款業者就是運用這個原則，讓所有的借款人彼此擔保，既能降低銀行的放貸風險，也能鼓勵借貸者冒險創業。

　　澳洲等個人主義文化下的人民則比較沒有從眾壓力，因而會承擔起更多個人責任。如果相較於個人所屬的大團體，性別是更重要的身分認同，此時男性與女性所做的決定更可能符合性別刻板印象，而不是集體的團體身分認同。

　　亞洲與西方研究對象之間的對比，顯示出個人主義／集體主義兩種文化的影響。[22]社會心理學家韋伯（Elke U. Weber）與奚愷元（Christopher Hsee）的研究是比較華人學生與美國學生對「危險選擇」或「確定的結果」的態度。兩人讓受測者看潛在的財務投資選項，每個選項都混合潛在的損失與獲利，接著讓兩組學生做選擇；同時也請兩組學生猜猜看，哪一組會做較為冒險的選擇。結果華人與美國學生都猜測，美國學生會比華人學生做更冒險的選擇，但實驗結果卻正好相反。韋伯和奚愷元的結論是，不論預期結果是獲利或損失都一樣，華人學生的風險趨避程度遠低於美國學生。

　　然而，兩位學者又想到一個新問題：造成兩者態度不同的源頭是什麼？在華人與美國學生眼中，相同的情境是否風險一樣高？如果是的話，兩者的不同偏好的確顯示華人的風險容忍度較高。然而，如果兩者看待風險的方式不同，他們的風險容忍度其實會比表面上相近。韋伯和奚愷元著手研究受測者判斷選項的風險有多高，發現一件值得探討的事：當選項一樣時，

華人學生眼中的風險遠比美國學生來得低，他們寫道：「以傳統的預期效用架構來評估風險偏好時，華人受測者在風險趨避的程度遠比美國人低。然而，這些表面上的風險偏好差異，主要與財務選項的風險認知文化差異有關，而不是雙方對待眼中風險的態度出現文化上的差異。」[23] 為了解釋這個差異，兩位學者提出「緩衝假設」（cushion hypothesis），主張在集體主義文化中，若是有人做出錯誤的風險賭注，家庭或其他團體成員會伸出援手。由於有安全網當靠山，冒險的潛在影響較低。兩位學者設計追蹤研究，比較美國、德國、波蘭與中國的都會區大學生反應，最後都得出類似的結果。

　　社會心理學家理察・尼茲彼（Richard Nisbett）引用日本學者山口勸（Susumu Yamaguchi）的研究指出：相較於獨自一人時，日本受訪者以團體身分避開不愉快情形的可能性較大；美國受訪者則相反。此外，山口勸的研究結果也呼應文化對性別偏好造成影響的其他研究：西方的男女差異大過亞洲的男女差異。[24] 矛盾的是，個人主義社會的成員堅持要能自由做想做的事，但個人主義社會有可能導致個人缺乏掌控感。在第 9 章，我們會再討論掌控感是如何影響我們精確辨識與評估風險的可能性，以及影響我們可能採取的行動。

厭惡改變與不確定性規避

　　我們已經探討過風險、不確定性與模糊之間的複雜關係，尤其是風險規避與模糊厭惡（ambiguity aversion）的互動。霍

夫斯塔德對「不確定性」和「模糊性」文化態度的研究，恰巧也能解釋風險態度。霍夫斯塔德寫道：「不確定性之於風險，有如焦慮之於恐懼。恐懼與風險會聚焦於特定的事物，例如恐懼某某東西、某某事件的風險……焦慮與不確定性則是發散的感受。」第2章也曾提過，把「不確定性」變「風險」（把「模糊」轉換成「定義明確的參數」，即便那樣的明確性只是幻覺），可以降低焦慮。

　　一般而言，位於拉丁美洲與地中海地區的國家，以及日本與南韓的「不確定性規避」（uncertainty avoidance）程度較高。其餘的亞洲、北美與北歐國家則落在光譜更靠近中間的地方。以全球來講，新加坡、牙買加、瑞典、丹麥的不確定性規避程度最低。在光譜的另一端，瓜地馬拉、烏拉圭、希臘、葡萄牙與比利時的不確定性規避程度較高。

　　對待不確定性的態度與人們有多坦然接受改變密切相關。[25]尼茲彼與研究同仁和學生一起研究華人學生與美國學生看待改變的態度差異，他們詢問受訪者認為會發生變化的可能性有多高（例如：兩個正在談戀愛的同學分手）。結果50%的華人學生預測事情會生變，美國學生則是30%。在另一項實驗，研究團隊讓學生看隨時間產生變化的圖表，請學生預測接下來會發生的事。結果美國學生更可能預測某個趨勢將朝相同的方向發展下去，華人學生則更可能認為趨勢將產生變化，甚至會逆轉。

　　另一個研究顯示，西方人更可能以線性方式處理問題，亞

洲人則以較為全面的系統方式做思考。尼茲彼的研究是讓受試者看圖片，其中一張是草地裡有一隻老虎。結果西方受測者花較多時間看著影像的前景（例如：老虎所在地），亞洲人則看著背景在內的整體情境。尼茲彼在研究結論指出，西方人傾向於專注單一特定事物，亞洲人則會觀察全貌；西方人習慣採取各個擊破（silo）的方式，亞洲人則採取系統性做法。

　　事實上，當我們必須解決一個複雜的問題時，往往需要同時採取這兩種做法：專注於老虎，可以找出問題關鍵所在，分析處理問題的策略與戰術，接著拆解回應問題的大方法，分解成有辦法著手進行的小策略。相反的，要是缺乏系統思考，雖然有可能暫時解決了問題，但因為缺乏留意其他可能的根本原因，導致日後問題捲土重來。

　　複雜的系統動態代表你必須處理更多不確定性，而每一個不確定性都會讓挑戰變得更加艱辛。習慣以線性方式處理問題的人可能會深陷於複雜的系統中，只要走出舒適圈，花點力氣思考手邊的特定挑戰與其他挑戰的關聯，將使你大有斬獲。反過來講，系統思考者也可以思考如何與線性思考者溝通，試著拆解複雜的挑戰，將有助於拉近彼此的距離。

語言與對時間的知覺

　　霍夫斯塔德日後又與加拿大籍的彭邁克教授（Michael Harris Bond）合作。彭邁克教授任教於香港中文大學，他研發出「華人價值觀量表」（Chinese Values Survey），不看不確定

性規避，而是看長期利益／短期利益的取向，而短期取向的確定性一般高過長期取向。這顯示人們往往看重現在的程度遠高於看重未來；也就是說，我們一般更關注緊急事件，而不是緩慢變化的風險。有時候這的確不無道理，畢竟如果有隻老虎正在追你而你不逃跑的話，那麼不論你替其他危險做了多少準備，全是白費工夫。換個角度想，如果你先居安思危，搭建柵欄以防範老虎，或是隨時留意老虎潛伏在何處，刻意避開那一區，你就會降低碰上老虎的風險。

對於每個人來說，對於長期和短期利益的認知與優先順序各有不同，有的人更善於居安思危。如同所有的風險技能，這樣的能力同時源自先天的性格、實務經驗與文化環境。有的文化與社會特別重視高瞻遠矚。我們所處的國家政體有時也能提供明確的解釋，例如：民主國家每隔幾年就會重新選舉，因此無暇顧及長期的思考。不過，也不光是政治架構的問題，許多牽涉層面更廣的文化因素也會起作用，例如我們的語言。

耶魯大學教授肯・陳（Ken Chen，音譯）指出一個十分有趣的問題：「如果你看待未來的方式取決於你講什麼語言，那該怎麼辦？」[26] 也就是說，你使用的語言會影響你存錢與事先計畫的能力，讓你在運動、抽菸、使用保險套等各方面受到影響而做出「好」選擇或「壞」選擇。例如在德文裡，你可以用現在式談論明天會下雨；英文裡則一定要加上「將會（下雨）」或某種代表「接下來將會發生」的未來式表達方式。西格林蘭語（Kalaallisut）至少用28種不同的方式來表達未來。

中文、芬蘭話、愛沙尼亞話則根本不使用時態。

陳教授決定驗證一個假設：如果有一種語言要求你以不同的方式來表達未來與現在，你將不那麼重視未來。他研究76國受測者，有些人使用的語言具有強烈的「未來時間表述」（future-time reference，簡稱FTR），例如：英文；有的則為弱的「未來時間表述」，例如：中文。然後研究者試著比較兩種受試者的儲蓄行為與相關態度。

研究結果出乎意料！受試者講的語言若不需要使用未來時間表述，他們以未來為導向的程度遠超過語言區分現在式與未來式的受試者。在同時使用強FTR語言與弱FTR語言的國家（例如：比利時），語言對退休儲蓄有很大的影響。陳教授的結論是：「弱FTR的語言使用者在任一年儲蓄的可能性會高出31％，退休時累積的財富會多出39％，吸菸的可能性少24％。運動的程度高29％，肥胖症的機率少13％。」當國與國之間做比較時，這個效應會放大。使用弱FTR語言的國家比強FTR國家每年多儲蓄6％。當問到性行為問題時也出現類似的結果：強FTR語言的受訪者相較而言比較不會避孕或使用保險套。男性受訪者身上的效應，又強過女性受訪者。

如果真如研究結果所示，人們說的語言影響著他們的思維方式，那麼語言中暗藏的長期利益／短期利益的取向，絕對能解釋文化與區域的風險差異，尤其是當涉及緩慢出現的長期威脅時。

各國如何看待彼此

　　想一想，你任職的組織風險文化有多符合你的國家或區域的風險文化？那意味著你具有的優勢與劣勢，做好這項分析，就可以協助企業開發人力資源策略，也能增強你的個人優勢。如果你的文化助長迴避風險，你可能因此錯過許多創新與創意機會。不過，一旦你意識到這種傾向，就能想辦法彌補。舉例來說，你可以刻意引進不同於你的公司或文化中刻板印象的新人才，或是鼓勵團隊成員走出舒適圈。第12章將探索如何支持健康的組織風險文化，其中包括培養風險同理心。

　　跨國企業的地方營運與國際供應商的風險文化，有可能與公司總部的風險文化相當不同。在現今社會中，資訊能瞬間從地球的一角傳到另一角，子公司的風險失誤有可能掀起企業聲譽的海嘯，例如：位於開發中國家的工廠發生工安意外，在全球金融中心因大膽交易而出紕漏，或是在法規鬆散的國家鑽漏洞等等。

　　由於民眾大都對於來自其他國家的產品抱持較低的信任程度，跨國公司有可能居於劣勢，尤其是對於兒童食品或產品。因此，企業在跨國行銷自家產品時，應該考慮所有潛在市場的風險態度與安全態度，按照最高標準來設計產品。美國與歐盟的「跨大西洋貿易及投資夥伴協議」（Transatlantic Trade and Investment Partnership，簡稱TTIP）協商就是很好的例子。[27]

　　德國的貝塔斯曼基金會（Bertelsmann Foundation）與皮尤

研究中心所做的民調顯示，美國人與德國人互不信任對方讓消費者免於風險的能力。德國人極度不喜歡美國在數據隱私、汽車、環境與食安等各方面的標準。這也是為什麼德國人強烈反對調整標準，他們感到有可能損及國內的保護措施。美國人同樣也比較喜歡自家標準，而不喜歡歐洲標準，不過程度沒有德國來得明顯。互不信任便是「跨大西洋貿易與投資夥伴協議」（TTIP）遲遲無法達成協議的眾多障礙之一，該協議自 1990 年開始談起，如今已經 30 年未能定案。值得留意的是，略多於四分之三的美國人（76％）支持盡量調和產品與服務的標準，35％強烈贊同，18％反對。然而，在大西洋的另一頭，僅 45％的德國人（包括僅 13％強烈贊同）希望出現共通的標準，51％反對。隨著全球各地的國家重新評估現存與商議中的貿易協定，各國的風險態度將持續是重點：隨著安全與標準在貿易談判上獲得更多關注，重要性可能更上一層樓。

對抗風險刻板印象

不同文化對於風險的態度與反應也不相同。無論是國際供應商、投資人、買家合作的大型跨國企業與小型公司，即便未能在第一時間就意識到風險，但其實我們每天都在與這樣的風險動態打交道。我希望更多人讀完本書後，情況會有所改變！

風險刻板印象之所以會發揮效果，原因在於人們判斷事物的依據不是基於事實，而是基於自認為知道的事。國際併購專家徐麗（Li Xu，音譯）的專長領域是再生能源與醫療器材，

她認為：「人們對於國家風險往往有很多不精確的假設。」舉例來說，在臨床實驗方面，大部分的美國投資者通常沒意識到中國的核可流程更為嚴格。

雖然每位執行長和團隊各有一套看待風險的方式，但徐麗留意到，各國與各地區的企業在決策風格與風險容忍度方面，其實有著共通的傾向。在許多方面，相關趨勢鬆散的分布於第3章風險類型羅盤的「井井有條—衝動軸線」。徐麗認為最大的差異在於不同地區如何做決定。她表示：「美國人在檢視事情時非常有條理，對於各種風險都有檢核表，而且會在過程中讓更多團隊成員一同參與。」整體而言，美國人在投資外國時一般更為謹慎。評估交易時，美國人需要的時間多過歐洲人或亞洲人。

歐洲人的交易分析通常有條有理，德國人尤其如此，也許是因為許多著名的德國產品都與工程技術有關。不過，歐洲人更可能投資非洲等邊境市場。徐麗表示，由於歐洲人比美國人更常旅行，通常更能在不熟悉的新環境隨遇而安。不過評估交易時，歐洲人需要的時間依舊多過亞洲人，也因此當機會來臨、需要立刻敲板定案時，最後的買家可能會是亞洲人。徐麗發現整體而言，中國人通常由上層總部做決定，也因此動作通常比美國人快，歐洲人則介於中間。「日本與韓國這兩個重要的主要亞洲買家，大多屬於慢慢來的類型，通常需要達成集體共識，許多決定是在母國的總部達成。日韓兩國和德國人比較像，有條不紊，慢工出細活，非常注重策略，而且通常會參與

大型交易。」

亞洲的執行長與投資人更可能隨時接起電話或回覆電子郵件，週末也不休息。不過，這些風格不是一成不變的；10 年前的徐麗可能會給你不同的答案。她說：「這 10 年來，中國人變得更勇於冒險，比世界各地的人都還要具備創業精神。你可以感受到那股狼性。」這點影響到中國人的投資地點與成交速度，例如在非洲，目前中國企業最活躍，歐洲居次，美國遠遠落後。

凡事總有例外。如同你應該小心風險刻板印象有可能帶你誤入歧途，你也不能假設某個國家或某位執行長一定會因為某種原因符合你設想的模式。不過，當你在和世界上另一個角落的企業或團隊互動時，的確應該留意雙方的風險態度與行為差異。你可以大致猜想雙方可能在哪些地方會出現差異，但一定要就事論事，分別評估每一個情境。別忘了，不是每間公司或每一個人都一定會是該國典型的樣子。

徐麗在談企業併購的過程中，見識過各式各樣性格的人。不過，雖然人有千百種，當你和其他國家做生意前，就能預先知道大概會發生什麼事，依舊能如虎添翼。當你明白協商中所做決定背後的文化依據，看似僵局的局面有可能柳暗花明又一村。棘手的地方在於，除了必須處理風險態度與風險意識的差異，也要了解組織與領導者採取的問題解決風格與決策風格。徐麗說：「亞洲人談生意時講求人情，西方人則不太講這一套，或不期待這樣的做事方式。」此外，不同產業的風險性格

與風險容忍度也差異很大,例如生科產業與能源投資者與公司就各自具備不同的風險特徵。

　　認識這些動態的變化後,當你遊走於不同國家與文化時,你將比風險敏銳度較遲鈍的對手更具有優勢,關鍵就在於每個國家或團體的基本風險價值觀與信念。接下來的章節中,將繼續探討這些面向。

PART2
態度、判斷與耐受度

第 8 章
信念、價值觀、目的與風險

　　《聖經》馬太福音中,有一則按才幹領受責任的寓言[1],明確的告誡人們要冒可能成功的風險。故事是這樣的:一個主人在遠行前,把幾袋金子分別交給三名僕人;第一個僕人拿到五袋金子,第二個僕人拿到兩袋,第三個僕人拿到一袋。主人返家後,把三名僕人叫過來,問他們如何處理先前發下的金子。

　　拿到五袋金子的僕人說:「我拿金子去投資,多拿回五袋金子。」拿到兩袋金子的僕人說:「我也一樣,投資後翻了雙倍,多拿回兩袋金子。」第三個僕人則說:「我害怕弄丟金子,所以把袋子埋進土裡。」這名僕人說完,便把原本的一袋金子原封不動的交還給主人。

　　主人聽完三人的話後,大大讚美了把金子拿去投資的兩名僕人:「你們真是良善又忠心的僕人,在不多的事上有忠心,我要把許多事派給你們管理;可以進來享受主人的快樂。」對第三名僕人則暴怒說道:「你這又惡又懶的僕人,你既知道我沒有種的地方要收割,沒有散的地方要聚斂,就當把我的銀子放給兌換銀錢的人,到我回來時可以連本帶利收回。奪過他這

一千來，給那有一萬的。因為凡有的，還要加給他，叫他有餘；沒有的，連他所有的也要奪過來。把這無用的僕人丟在外面黑暗裡；在那裡必要哀哭切齒了。」

　　在這則寓言故事裡，完全沒有提到投資失敗的風險，不免令讀者好奇，萬一僕人把金子拿去投資的結果是賠錢，主人會有何反應？要是第一個僕人交還的金子不是五袋，而是全數賠光，主人會原諒他嗎？以我猜想，主人一定會懲罰他吧！這讓我不禁好奇，故事是否故意不提可能失敗的風險，因為這樣就是在告訴讀者：冒險不會有好結果；要是把失敗的風險納入其中，絕對會讓鼓勵冒險的寓意變得模稜兩可。

　　另一方面，故事也沒有說明僕人是如何做出拿金子去投資的決定，也不知道究竟僕人拿金子去投資什麼。我們無從得知萬一僕人做了不理想的決定，主人是否會予以處罰；也或者主人明白即便是看似合理的賭注，最後依舊可能以失望收場。這些都是後見之明，我們永遠不會知道答案。很可惜的，這種細微的考量不適合放進寓言故事中。僕人冒險後賠錢的警世故事並不符合貫穿《聖經》的主題：基督徒的神要人類接受不確定性，信任神的旨意。耶穌問前來聽講道的群眾：「有誰能用思慮使壽數多加一刻呢？」[2] 他在登山寶訓中指示：「所以，不要為明天憂慮，因為明天自有明天的憂慮；一天的難處一天當就夠了。」[3]

　　令人遺憾的，《聖經》的這則才幹寓言沒能多講一點，來闡明主人會如何處理不同的結果，否則我們就能知道如何判定

是否值得冒險去做某件事，並了解什麼是我們應當最在乎的事，以及為什麼應該冒險去做可能不會有好結果的事。雖然風險本身是價值中立的，但我們冒什麼險以及甘於冒險背後的原因及邏輯，都與我們重視什麼有關，不只涉及我們抱持的價值觀，還包括我們如何賦予與傳遞價值。

　　風險以及其相關道德假設是這個世界的價值體系核心，又可以延伸成為經濟與社會的重心。當人面對不確定的情勢時，宗教與哲學架構能提供定心丸，鼓勵人們冒某些風險。宗教與哲學架構也同時定義著社會風險，為我們提供指導方針（通常尤其是在商業情境下），指出哪些事情值得我們冒險。

　　舉例來說，印度教的因果報應概念、基督教的天堂與地獄全都明確指出，人一旦違反社會的關鍵原則會招致什麼後果。伊斯蘭的金融制度為人們在承擔風險損失與獲利方面立下嚴格的規定，從而打造出道德參考架構。儒家思想則是中國社會文化的基礎，確立責任等級制度以做為因應變化的基本原則，用來促進社會和諧、減少人際衝突。中國的《易經》，書名是「改變之書」的意思，強調人在面對不確定性時做出好選擇的重要性。

　　我們已經了解個人的性格特質如何影響我們看待風險的方式。同樣的，我們也可以把哲學與宗教視為社會與文化的「性格」象徵。依循而來相關的價值觀與信仰體系會奠定涉及風險倫理的原則，讓冒險者下道德判斷，以分配因應變化與不確定性的責任。

　　哲學與宗教型塑著早期的經濟習慣。隨著世俗主義成長，商業開展出強大的力量，企業家也建構起貿易相關的特定價值體系，隨著社會討論商業與事業主扮演的道德與倫理角色，價值體系也會逐漸演進。社會價值與信仰體系接著又會描繪出預期中可接受的經濟和商業行為。由於商業對政府政策具有影響力，那會成為自我增強的回饋迴圈。

　　誰該負責管理風險？社會鼓勵或阻止我們冒哪些風險？冒險後有好結果的人，該給他們多少報酬才公平？而冒了險卻招致失敗的人，怎樣才算是適當的後果？衝動的冒險應該要有不同的標準嗎？上述這些問題的答案莫不影響著人們的冒險行為：判斷所冒的風險是好是壞；選擇成為投資者、創業者、探索者或投機者；以及決定把擁有的東西進行投資以創造財富，或是因為害怕賠本，寧可保守的將資金存在帳戶裡。願意承擔什麼樣的風險，將型塑一個社會與經濟的面貌。生活在其中的人民也一樣。

風險社會

　　遠古人類建立最早的文明，好讓自己倖免於周遭風險，例如：飢餓、野獸、自然災害、敵對的人類與部落。從史前人類圍繞在最早出現的篝火旁、躲進洞穴裡遮風避雨，到後來演化出部落與早期社會，再到發展宗教與共同信仰，建立城邦與日後的民族國家，以及今日的公民概念，即便沒明說，共同分擔風險的概念都是核心思想。

　　統治者與公民達成協議，也就是我們今日所說的「**社會契約**」（social compacts），包括如何分擔避險的責任，處理變動的情勢，以及發生危機時重新站穩腳步。社會契約會隨著時代的演變，改變公民與政府身處的風險背景。中世紀的封建制度下，領主負責庇蔭農奴、保護安全，交換的條件是領主有權拿走農奴的勞動成果。最終，風險型塑了貿易的面貌，建立起保險制度；先是海事保險，再來有農保、勞保與範圍寬廣的金融保險。商業保險更促使貿易得以擴張。近幾十年來，銀行業者研發出「衍生性金融商品」等新興金融產品，原意是為了避險，卻可能在一時不慎之下引發更大的新風險。投資人運用那些金融商品時，實際上冒的險更大。

　　回顧歷史上在1880到1920年間的移民潮，當時抵達美國的歐洲人透過人壽保險與喪葬協會的眾人集資以分擔風險，我的親戚就曾受惠。我舅公在1919年過世，死因是駕車時因馬兒受到驚嚇而翻車，舅公被拋出車外，頭撞地而死亡。舅公和我的舅媽先前在密爾瓦基（Milwaukee）經營一家酒館，但在美國下達禁酒令後，酒館被列為非法經營，於是他們重新開拓新事業。長久以來，我家族流傳的故事版本是，舅公出事時，車上載著啤酒，但為了避免提及違法的細節，當時的報紙只委婉的報導舅公死於「移動中」的載貨車輛，驗屍官在報告上甚至記載車上載的是冰塊。好在舅婆靠壽險理賠維生，還能把多出來的錢把酒館改造成寄宿家庭，資助從奧地利移民美國的其他親戚。

　　大量的移民人口也帶來政府對教育的公共投資，因為如果不投資在教育上，將為社會帶來更大的風險，製造出一堆沒能力工作、憤世嫉俗的愚民，教育的投資將深深的影響勞動力品質。在第10章我將針對這點，談談我們決定由誰來承擔教育投資的風險，將對未來產生莫大的影響。

　　1929年底的經濟大恐慌引發社會大眾深沉的失控感，政府為了保護人民，不得不扛起更大的責任。美國政府最終提出新政（New Deal），致力於恢復人民的部分安全感。那場經濟衝擊與後續的餘波盪漾，催生一套全新的社會與財務安全網：「格拉斯—斯蒂格爾法案」（Glass-Steagall Act）就此問世，要求銀行區隔零售業務與投資業務。此外，政府成立美國聯邦存款保險公司（Federal Deposit Insurance Corporation），加強管制與監督，在他人過度的風險行為出狀況時保護民眾，並成立社會安全局（Social Security Administration）。1960年代則設立聯邦醫療保險（Medicare）與聯邦醫療補助（Medicaid）計畫，旨在提供沒有保險的美國人民基本的健康保險，這兩個計畫在1970年代仍持續擴展。

　　然而，自1980年代起，美國政治人物開始削減各種風險保障措施。例如：1997年在柯林頓總統的帶領下，國會削減資本利得稅，鼓勵股市投資。1999年，在網路市場泡沫期間，國會廢除「格拉斯—斯蒂格爾法案」，取消重要的金融保障。至於2008年與2009年的全球金融危機，讓人意識到部分金融機構正刻意冒險，最終害納稅人不得不出錢紓困，以協助

「大到不能倒」的企業，否則骨牌效應下，後果將一發不可收拾。這場金融危機促使人們大聲呼籲，應該以更嚴格的方式管制金融冒險。社會輿論就此開啟前所未有的辯論，呼籲企業應當承擔起道德風險，避免企業認為政府最後一定會紓困，選擇冒險行事，而引發惡性循環。

在金融危機的背景下，歐巴馬總統競選成功。他上任後推行宏大的計畫，希望讓健保制度適用於更多美國人，擴大美國政府提供的風險保護傘。歐巴馬提倡的健保計畫俗稱「歐巴馬健保」（Obamacare），其引發的相關爭議讓人再度關注與認真思考，究竟政府、企業與公民各自該負擔多少生病成本。2018年初，川普領導的白宮企圖推翻「歐巴馬健保」。一名密爾瓦基的護士告訴我，她親眼目睹有愈來愈多民眾顯得焦躁不安，因為他們不確定能否繼續得到健康照護（這又是一個人與社會風險之間的回饋迴圈案例）。

疫情帶來的風險取捨

2020 年 1 月爆發新冠肺炎疫情，引發眾人討論多項議題，特別是涉及與政府、企業和公民之間的社會契約，例如：該由誰來提供風險保護傘？保護傘涵蓋的範圍該有多大？這些議題格外需要處在疫情時代的人們審慎辯論，尤其是這些問題通常都帶有道德判斷的色彩。不論是罹患先天性疾患的病人、生在社經地位低下或沒有多餘資源的家庭，這些病人該由誰來照顧？數十年的教育成本帶來的財務風險該由誰來負擔？汙染或

金融不穩定等外部負擔該由誰來付出代價？我們該如何分擔金融基礎建設帶來的財務風險？維持社會穩定是誰的責任？這些問題都與風險管理有關，也涉及文化與社會等其他面向。

　　不管如何，我們都無法不去思考：哪些風險值得冒？我們有哪些冒險的義務？做出不好的決定是誰的錯？冒險後造成失敗結果時，誰來負責保護民眾？冒多少風險剛剛好？當社會成員冒險時，其他人要共同負擔多少責任？我們有什麼權力可以批評別人冒的險？

　　新冠肺炎疫情對社會的影響格外引人深思：政府在疫情中不只援助被迫歇業或因某些無法掌控的因素而極力苦撐的企業，也協助在過熱股市中借錢買回自家股票的公司。即便新冠病毒無情肆虐，仍有大學生在春假期間開趴。有的民眾乖乖待在家，盡量不出門，外出戴口罩；有人卻堅持不戴口罩，認為病毒沒什麼好怕的，甚至嘲笑維持社交距離的建議。這讓我們思考：控制風險、贊助機會究竟是誰的責任，是個人？企業？公民社會與社服機構？地方政府、州政府、各國政府？或是角色愈來愈吃重的跨國與全球組織與聯盟？

　　每個社會都會在某個重要時刻做出選擇，尤其是在發生疫情等重大災難之際。這些選擇將決定一個社群或國家將多有創意或多官僚、多麼創新或多保守，還會影響社會的進取精神、經濟活絡程度、凝聚力與穩定度，將決定誰能實現潛能、誰將生活困頓，誰會不斷沉淪、誰能咬牙撐住；該讓誰獲利，該讓誰負擔冒險成本；哪些人有權有機會冒險；遭遇成功與失敗時

又該歸功或歸咎給誰。我們依據自身的基本信念與價值觀，做出各式各樣的取捨。總之，每一件事都與風險取捨有關。

至於有些人認為建構社會福利制度是把錢浪費在自身有問題的窮人身上（抱持這種想法的人並非少數），然而社會福利也是一種投資。德國經濟學家漢斯－韋納・辛恩（Hans-Werner Sinn）寫道：「在社會福利保障下的國家人民較會從事可獲利的風險活動，否則人們不敢冒那樣的險。」[4]他還提到：「要是少了福利國家提供的保障，人們有可能不選擇從事高風險職業。萬一失敗時，整個社會只提供負債人監獄，就很難找到願意承擔風險投資的創業者。」辛恩認為：「社會福利體系最重要的功能，或許是讓人們願意冒險一試，而非躊躇不前，導致經濟發展停滯。」

倫理與風險事業

自由市場經濟學家密爾頓・傅利曼（Milton Friedman）曾言：「企業唯一的社會責任，就是利用自身資源參與目的在增加利潤的事務。」[5]傅利曼支持的這條股東至上原則成為企業界的金科玉律，也在高呼不必顧及其他利益相關人士的渴望與需求，認為顧及股東以外的人士是一場零和賽局，只會對股東不利，呼籲股東至上是一種警告，勸誡人們不要拿利潤冒險。

然而，人們引用傅利曼的話卻通常只取一半，這段話的後半部是：「……只要符合遊戲規則，也就是說，在不欺瞞、不造假的前提下參與公開的自由競爭。」不幸的，遊戲規則卻不

鼓勵這樣的行為。西方的民主政體尤其以視自身經濟根基為自由市場的幻象自豪，但事實上，遊戲規則卻獨厚那些高薪聘請遊說者的企業與產業。

慶幸的是，今日的思維已有所轉變，人們開始從風險角度出發，採用複雜的系統性做法。這種做法考量企業在強化或減少企業本身、社群與全球承受的風險所應扮演的角色。環境社會治理（Environmental social governance，簡稱ESG）與影響力投資運動（impact investing movement）興起，促使更多企業向供應鏈與營運單位披露風險。此外，企業也公開自己在水資源短缺與氣候變遷等全球風險上所做出的貢獻。

2019年夏天，美國多所大型企業的執行長在「商業圓桌會議」（Business Roundtable）齊聚一堂，挑戰了自傅利曼以來的正統說法[6]。在這份由200位領袖（人數持續增加）連署的宣言中指出，企業的目的不只是保護股東利益，也要保障範圍更寬廣的利益相關者。他們制定出一套新型原則，包括：為顧客創造價值、投資員工，以及以符合公平與道德原則的方式對待供應商，支持自身所在的社群，最後才是替股東創造長期價值。另一個商業團體「機構投資人委員會」（Council of Institutional Investors）譴責這套新原則無視於企業對股東的管理責任，指出：「對每一個人當責的意思，就是沒對任何人當責。」[7]不過，反對這種觀點的聲浪正在增加。

雖然許多觀察者相當懷疑這份商業圓桌會議宣言的可信度，[8]等著看眾家企業是否會採取具體步驟以實踐諾言，不

過宣言顯然引發共鳴。在傅利曼的文章問世50週年時，媒體針對該宣言進行討論。我和其他許多人一樣，認為傅利曼的主張已經過時，但如同說話向來擲地有聲的喬・諾瑟拉（Joe Nocera）在彭博文章中寫道：「舊習難改。」該文一語中的指出：「我以前就問過這個問題，但值得再問一遍：**經濟的目的是為了誰？**經濟可不是為了讓股東載走金山銀山那麼簡單。經濟的目的是讓社會與人民繁榮。傅利曼主義最終讓我們弄錯了經濟理應服務的對象。經濟不只是服務股東，而是服務所有人。」[9]

　　2018年商業圓桌會議的宣言出爐不久後，兩位前Nike高階主管麥卡蘭（Lisa MacCallum）與布盧（Emily Brew）在紐約市召集投資人與其他關鍵利害關係人參與晚會，共同討論企業扮演的角色。麥卡蘭與布盧是諮詢顧問，曾合著《企業站出來》（*Inspired INC: Become a Company the World Will Get Behind*）[10]。她們提出的重點是公司對股東負責時，也必須考量其他關鍵利益相關者的需求。麥卡蘭與布盧將這些關鍵利害關係人稱為「新執行長」（the new CEOs），包括顧客、員工與傳統的外部人士。

　　晚會開場時，她們先請與會者想一間自己喜歡且願意幫忙宣傳的公司，再想一間自己討厭、勸朋友千萬別碰，甚至可能叫對手也要小心提防的公司。我立刻想到一間我不喜歡的公司，那間公司的主力產品是訴求無麩質產品，然而產品的基本成分中卻有小麥，而且並未加以標示。我也想到幾間自己喜歡

的廠商，但喜歡程度沒有討厭不肖廠商那樣強烈。我認為這代表企業很難培養出百分之百的忠誠度，一旦損害顧客好感的風險（例如影響顧客的健康與食安問題，這是理論上構成核心客群最重要的因素），便會覆水難收，讓顧客對企業的信任瞬間破滅。

　　麥卡蘭與布盧帶領我們以嶄新的方式看待風險概念：企業將廣義的關鍵關係置於險地時，也是在拿利潤冒險。社群媒體可以載舟，亦可覆舟；只要出現一則突然瘋傳的推特，企業就會爆紅或名聲毀於一旦。因此，如果平時不謹慎考慮利害關係人，危機來臨時大批群眾就有可能群起攻之。這告訴我們：企業如果不能妥善管理名聲風險，極有可能在一夕之間摧毀長久以來苦心經營的品牌價值。根據麥卡蘭與布盧指出，僅有十分之一的民眾「十分信任」大企業；此外，有21％的美國員工不信任雇主，法國與日本不信任雇主的員工更高達40％與43％。

　　員工生計與公司福祉息息相關，但顧客和外部人士的忠誠度可不是靠發薪水就能得到，然而許多企業根本不顧及顧客、員工與外部人士。那該怎麼辦？麥卡蘭與布盧認為解決之道在於，企業必須有目標與理想，並抱持改變社會的使命。做事缺乏使命與目標的企業，終將失去價值、減損獲利。當組織只追求短期利益而忽視長期目標，將資源浪費在出事才回應的危機處理，永遠在處理人員流失問題、調查與監視商業夥伴，以及忙著移除政府與社會帶來的障礙，下場就是利潤下滑，最終將

關門大吉。

領導力與目標

　　根據倫敦政經學院、哈佛大學與世界銀行共同成立的組織「目標領導者」（Leaders on Purpose）對「目標」的定義為：「致力於藉由貢獻社會福祉來創造價值」[11]。該組織透過與企業合作，計算全球的風險與挑戰如何影響企業的獲利與損失，並回過頭利用這些資訊引導企業的全球關係與決策。

　　該組織共同創辦人之一克利斯塔‧琳恩‧喬儷（Christa Lynne Gyori）告訴我：「受目標驅使的領導力指的是換一個角度看待風險，例如對於氣候變遷議題，有人認為『不採取行動』的風險大過於『做點什麼』的風險；這是決定冒『維持現狀的風險／只採取漸進式改變』對上『創新的風險』的問題。有的事被有些人視為風險，有些人則以相反的方式看待。」

　　早期的目標領導者願意冒著極大的風險去找董事會與股東，因為領導者認為做正確的事會害他們虧錢，不過「目標領導者」運動慢慢改變那種舊思維。另一位共同創辦人卡薩柯瓦（Tatjana Kazakova）表示：「如果用舊模式定義風險，風險的定義會截然不同。」他補充說道：「例如資產負債表上的部分風險其實可以被視為機會，而不是風險。」

　　「想一想所有的拓荒者，他們為我們的社會奠定基礎，拓荒者就是冒險者。然而，像牛頓這樣的人和那些不經思考便做出妨礙事業成功的決策者，兩者還是有差別的。拓荒者會依據

對於系統與潛在問題的理解，承擔經過審慎與精密計算後的風險。因此，我們雖然鼓勵冒險，但讓人們冒險的目的應該是出於大我、而不是小我的利益。」當我為書寫本書做的研究時，一再聽見受訪者提及「目標」兩字。目標像是一座燈塔，為我們指出值得冒的險在哪裡，引導我們在不確定性與危險中穩穩前進。

風險的製造者、接受者與承擔者

瑪麗娜·柯拉可芙斯基（Marina Krakovsky）在《中間人經濟》（*The Middleman Economy*）[12]一書中提到中間人在分散風險時扮演的角色：「一般原則是由最能承擔風險的那一方來承受風險，此時雙方都會有好處。」然而，不盡然必定會發生那樣的情況；即使發生，條件也不一定公平。有一種中間人顯然是強大的掠食者，他們把風險轉嫁到弱勢方身上，例如總承包商簽訂的條款是他們從業主那裡拿到錢後，才會付錢給下面的分包商，或是出事時保險公司不肯賠償。

柯拉可芙斯基稱其為「掠食者」（predators），因為他們利用自身力量欺負理應服務的對象。柯拉可芙斯基還引用高頻交易員（high-frequency traders）的例子，例如路易士（Michael Lewis）在《快閃大對決》（*Flash Boys*）中描寫交易員找到旁門左道，從投資人身上謀利。

柯拉可芙斯基認為「優秀的風險承擔者」（Admirable Risk Bearer）不同於掠食者，他知道唯有夥伴好，自己才會好；當

夥伴損失時，他會一起分攤損失。柯拉可芙斯基列舉的優秀風
險承擔者包括東京築地魚市場的批發商，他們控管風險的能力
是個別餐廳無從掌控的。其他如藝術經銷商與書籍出版商能在
變幻莫測的經濟與市場中，透過多角化經營承擔行銷藝術作品
與書籍的風險，讓損益達到平衡，這是任何一位作家或藝術家
都無法獨力辦到的。這樣的風險分散和行銷、後勤支援具有同
樣重要的功能（當然，藝術商與出版商舉辦時髦的開幕雞尾酒
派對也功不可沒），類似「中間人」角色還可能帶來意想不到
的附加價值。

　　網路更讓風險承擔者的工作變得容易達成，不論是零工、
共乘或共享卡車載貨量，輕鬆就能集中市場供需兩方的風險。
風險承擔者能減輕兩方的風險，扮演連結者與撮合者的角色，
如同柯拉可芙斯基所言：「每個個別的結果難以預測，但整體
的結果卻相當好預測。」至於由誰來扮演風險承擔者，則要看
國家選擇的制度，以及那些制度背後的價值觀。是否由企業來
承擔風險，唯一的作用只在謀利？政府該扮演這個角色嗎？或
者根本沒有風險承擔者，由每個人自行想辦法？大部分情況
下，通常是上述三者不斷演變而混合。這些問題會引發相關的
抉擇：哪些人值得替他們承擔風險？誰有管道？誰被允許承接
風險，代價是什麼？哪個選擇會帶來最大的好處，把每一個人
的風險都降到最低？這些問題的答案不只決定由誰來扮演風險
承擔者，也決定誰能取得風險保護傘，進而決定經濟與社群的
命運。

　　柯拉可芙斯基曾提過一則保險公司的案例。由於芝加哥窮困地區的居民經常抱怨車險費是天價,於是這間保險公司的成立初衷在於幫忙窮人夢想成真。不幸的是,天價保險費率正是因為那一區的生活風險很高。最後這間保險公司因為進帳少、理賠多而導致破產。由此案例可發現,風險代價、社會效益與獲利動機很難兩全。柯拉可芙斯基寫道:「業界認為風險分類是公平的做法,因為風險低的個人將不必補助已知帶來高風險的人,但民眾認為把人分類不公平。」

　　提供負擔得起的車險給低收入地區顯然會帶來社會與經濟上的好處。許多人因為負擔不起急難支出,一旦失去車子,有可能導致失去工作,無力扶養家人。然而,純市場型的解決辦法只能處理保險業者與保戶之間的交易,無法顧及更大的社群脈絡。個人、保險業者與政府,全都與降低風險有著利害關係,但除非三方一起投入,否則很難找出解決之道。

　　保險業者破產的例子說明當獲利動機與更大的社會公益、經濟公益起衝突時,社會所抱持的價值觀就會發揮功能,政府也必須能反映出那些價值觀來產生影響。風險承擔者應該為他們扮演的角色獲得合理的報酬;光做善事無以為繼。不過,純市場邏輯行不通時,社會與再上面的政府有時會彌補空白地帶,但也可能缺席。

　　新冠肺炎疫情造成市場震盪的期間,股價22天就下跌3成。美國聯準會在2020年春天將「聯邦資金利率」這條基準線維持在0與0.25%之間,信用卡平均利率則遠遠高出許多,

大約是16％。銀行縮緊個人貸款、車貸與房貸的借貸標準。
市場邏輯顯而易見：疫情引發的經濟震盪大幅增加風險，而風
險增加，利率也隨之提高。如果照這個邏輯發展下去，勢必將
引發一連串不良效應，例如高利率會增加借錢者違約的可能
性。缺乏管道借錢，經濟將放緩，大量企業關門的風險升高，
消費者將失去工作與破產，環環相扣，每況愈下。企業在面對
疫情肆虐的危機下，信用良好的企業依舊能借到錢，但中小企
業卻走投無路，直到政府出面紓困。如果沒人在萬不得已的情
況下出面承擔風險，將造成社會、經濟、政治上十分慘烈的後
果。

　　雖然危機會強化這種動態，但這種現象平日就存在。根據
摩根大通研究所（JPMorgan Institute）的資料顯示，中小型企
業占美國企業的99％以上，提供近一半的就業機會。[13] 其中，
有88％的企業員工數不到20人，超過40%的員工一年賺不到
10萬美元。這樣的企業只要貸款緊縮一點，就會受到很大的
影響；但在此同時，這些企業不像全球金融危機中的雷曼兄
弟與AIG，沒有任何一家大到會帶給整個經濟巨大的風險。因
此，更寬鬆的貸款管道不僅能幫到個人與企業；世界銀行、亞
洲開發銀行等機構的多份研究已經證實，普惠金融（financial
inclusion）會幫到整個經濟。[14]

　　誰能取得信貸、以及能以多少代價取得信貸的相關政策
與商業決定，皆源自社會價值觀與排定優先順序的想法，這將
決定當風險決策出錯時，誰將獲得紓困，誰又會無助的陷入困

境。如果其中出了差錯，反而對最不需要借貸、卻最有能力帶來傷害的人來說，信貸的代價便會太低；對最需要貸款、威脅性最小的人來說，信貸的代價則太高。

應對風險的嶄新做法

新的商業模式正在替上述問題尋找解套之道，改變「值得」在誰身上冒險的定義，重新思考承擔風險的成本，想辦法降低風險，鼓勵經濟活動，但又不會讓風險低到引發魯莽行為。不符合信貸標準的人通常會另闢蹊徑籌措資金，尋找承擔投資風險的途徑。[15]

布麗姬特‧戴維斯（Bridgett Davis）在她那本精彩的傳記《芬妮‧戴維斯的世界》（*The World According to Fannie Davis*）中，描述自己的母親芬妮在1950年代在底特律投身於「數字樂透」（Numbers），明確點出簽注站是如何透過制度的設計，讓某些玩家能從風險中獲利，並使其享有比別人更多的信貸管道。這種精密的賭局遊戲為玩家帶來的骨牌效應超乎想像！當時身負養家之責的芬妮無法以自己的名義貸款，只好求助於家庭友人（一名有著良好信用與體面工作的男性）。儘管芬妮把房子掛在這位可靠的友人名下（也沒發生憾事），然而為了保有自己的家，芬妮不得不背負沉重的貸款壓力，每天都在為冒巨大的風險付出代價。

「數字樂透」是一種與合法的賭博並存的地下賭博系統。美國早在北美13州組成美利堅合眾國前就有官方彩券。然而

在 1894 年至 1964 年之間，彩券在美國是非法的。非法彩券因此在那段時期百家爭鳴，什麼賭局都有，包括賽道賠率、金融市場結果，以及其他幾乎不可能操縱、而且會廣為公告的數字。戴維斯在書中寫道：「大部分的非裔美國人無從參與正式經濟。一旦我們今日所知的賭局被引進底特律，很快就成為事實上的灰色經濟，填補人們正式經濟上的缺洞。……地方上的數字樂透行為反對嚴重的種族歧視，利用獲利成立合法事業，提供移民黑人各種他們無法以其他方式取得的管道。」

儘管「數字樂透」兼具社會與經濟上的效用，但它仍是非法的，它的存在只能滿足一般很難合法取得或不可能取得的財務需求。有些在賭局中沉淪度日的人並非是他們做錯了什麼，而是因為法律制度將他們擋在門外，使他們的人生必須比別人面臨更多風險。「數字樂透」服務的正是這樣一群人。戴維斯寫道：「我們家過的『中產階級好日子』很脆弱，有可能隨著母親的賭輸或賭贏風險瞬間消失。每天晚上，我家的例行儀式是等待中獎數字出爐，每到此時，全家人往往沉默不語，緊張的在心中不斷祈禱著好運降臨，期盼一夕之間能改變一家人的命運。」

被正式經濟管道排斥在外的人還有其他的辦法借貸。例如在一些金融管道未能服務所有民眾的開發中國家人民，當移居已開發國家時因為移民身分、收入或教育而缺乏金融管道，便會長期透過儲蓄與借貸來分攤風險。這種「互助會」在非洲與加勒比海部分地區稱為「sou-sous」，拉丁美洲稱為

「tandas」，韓國稱為「kye」。互助會成員會定期聚會，由每位成員拿錢放進共同基金，接下來依據規定，每隔一段時間把會錢交給成員，有時是隨機抽籤，有時是讓有需要的人先拿。拿到錢的人最終必須補足他們已繳交的錢與拿到的錢的差額。[16]

　　儘管「鄉村銀行」（Grameen Bank）的低收入客戶在多數銀行眼中屬於高風險群，但它率先開創「微型金融」（microfinance），推廣小額貸款，並以低違約率幫助許多人脫離貧窮。（微型金融收取高利率而引發爭議，但這種做法有時是為了彌補提供小額貸款的高成本或反映該國的高利率。此類爭議再次顯示，當適當的風險定價與補償機制，市場與社會價值觀不一定同步。）

　　銀行與投資人試圖為缺乏傳統信用紀錄的族群（尤其是女性與少數民族的創業者）建立信用等級的做法正傳播開來。我在1990年曾為《美洲經濟》（*AméricaEconomia*）雜誌撰文，內容是關於銀行如何替移民社群拓展金融管道，方法是不單看多口之家中的個人收入，而是將整個家戶納入考量；他們也將水電帳單和其他可靠的繳費史當成參考依據，以有別於以往傳統的信用報告做為評估。科羅拉多州丹佛市的非營利放貸機構「科羅拉多貸款來源」（Colorado Lending Source）則以個人特質放貸模型，取代較為傳統的信用分數或要求借方提供保證人的擔保方式。[17]貸方透過與借方深入且大量的對話，判斷其還款能力與還款可能性。其他的社區放貸機構如奧勒岡州波特蘭的「XX加速基金」（XXcelerate Fund）也採取這種做法，在判

斷誰是可靠的借方後，提供訓練與技術協助，以增加借貸後出現好結果的機率。

這些放貸企業著眼於風險的全貌，不只看個別的事業，而是看適合生態系統與社群的程度。正如「波士頓影響計畫基金會」（Boston Impact Initiative Fund）創辦人黛博拉·費莉澤（Deborah Frieze）所提醒：「當我們談論風險時，往往會看著錢拿不回來的風險，卻忘了必須同時考慮採取行動與不採取行動的風險。」該基金會旨在幫助那些被傳統模型忽視的人，致力於消除種族不平等問題。

費莉澤本身是連續創業者。她從哈佛的 MBA 畢業時，正好碰上 1990 年代尾聲的網路榮景。沒多久，費莉澤敏銳的意識到，靠自己的背景與經歷就能讓人願意在她身上冒險；甚至在她商學院還沒畢業時，就有投資人贊助她的新創公司 200 萬美元。畢業後，儘管公司營收才 100 萬美元，投資人又大手筆砸下 1 億美元（那需要冒很大的風險）。這個親身經驗讓費莉澤思考，並非每個人都和她一樣幸運，有投資人願意在她身上冒這麼大的風險投資。此外，也不是每個投資人遭遇失敗時會選擇放下，甚至積極正向的認為失敗為成功之母。「我合作的創業者世界中，沒人會容忍你失敗。」費莉澤告訴我：「他們不是無法容忍風險，實際上，他們經常承受著巨大風險。問題在於，他們和我面對失敗的定義不同：他們認為失敗不會帶來好處，我則因為失敗愈挫愈勇。」

「波士頓影響計畫基金會」的使命之一，就是為剛起步的

弱勢創業者打造支持網。許多創業者有段時間會一直生活在巨大的不確定性之中，而有些人可能只要換個膚色，一切就會一帆風順。還有一些創業者總是接收身邊很多勸阻冒險的聲音，這時基金會會鼓勵他們冒明智的風險。費莉澤說：「有人鼓勵我：『不要停止冒險，你將從中獲得報酬。』但是，社會卻總是教育我們：『你最好不要失敗。在我們眼中，你是扶不起的阿斗。』過去，政府也從未對我們提供創業安全網。」費莉澤的一席話讓我想起聖經才幹寓言中的那三個人。把金幣埋在地下的那名僕人，會不會是因為別人告訴他，要是錢沒了，他就完蛋了？

　　費莉澤試圖翻轉風險與報酬的關係，來解決種族不平等的問題，幫助人們更容易承擔「好」的風險。她的商業模式某種程度是建立在「各盡所能、各取所需」的基礎上。「波士頓影響計畫基金會」會向支付能力強的公司收取較高的利率，讓需要協助的公司能少付一點。即便沒有過往的成功紀錄，早期階段的創業者只需要付5%的貸款利率。稍有信用紀錄的小型事業付6%。已經站穩腳步、快得到第一輪創投資金的成長中事業，大約付7%。此外，基金會也從事股權投資，但設定上限讓盈餘能流向事業主與員工，而非基金會的投資人。

　　費莉澤對投資人也採取類似的做法：「我們提倡不讓負擔風險能力最強的人理當獲得最多報酬；相反的，我們主張讓負擔風險能力最弱的人得到最多報酬，並在金融制度中冒較少的風險。」[18]小型投資人除了享有五成貸款損失預備金保障，還

能回收和富裕投資人相同的利率；負擔能力最高的慈善投資人則拿回最低的利率，獲得的保障也最少，也就是與正常情形相反。這種架構適用於不僅以金錢來計算報酬，更看重自己為社群帶來正面或負面影響的投資人。費莉澤的機構因為反映出這樣的精神，在美國稅法中屬於501c3類型的非營利組織，因此得以免稅。

　　費莉澤的基金會最吸引人之處在於如何定義風險。他們視每個事業體都是風險生態系統的一分子，事業的成敗將影響整個社群與範圍更廣的利害關係人。此外，他們的定價制度考量到風險的流動性。理論上一模一樣的風險，實際上每個人的遭遇卻很不一樣。

合理的風險價格

　　伊斯蘭的律法禁止「riba」（高利貸或收取不公平的利息）與「gharar」（風險交易，也就是投機買賣）。遵守伊斯蘭律法的金融業也因此原則上追求「公平」的風險與報酬分攤，而公平的問題，根本上是屬於價值觀與信念的問題。

　　有鑑於金融海嘯過後帶給金融業的道德教訓（或者說這行根本就是缺乏道德教訓），伊斯蘭的金融業開始起飛。著名學者瓦利‧納瑟（Vali Nasr）在2010年的著作《伊斯蘭資本主義的興起》（*The Rise of Islamic Capitalism*）指出：「伊斯蘭的金融業者如今自豪於自身道德觀，認為正是這種道德觀使其免於遭受高風險投資的浩劫，並將繼續受到投資人的青睞。……

伊斯蘭的金融業不收利息，建立夥伴關係，要求借方、貸方與投資人基於平等的事業立場，分攤投資帶來的風險與獎勵。」[19]不過納瑟對此表示，理論上是一回事，實務上又是另一回事。這種制度其實充滿變通的方法，例如為了反映原本該付的利息，車價會調漲。

人們對遵守伊斯蘭律法的金融業興趣大增，顯示有些重要的事正在醞釀[20]。根據湯森路透（Thomson Reuters）的調查指出，2006年時，僅有300間公司管理大約140億美元的資產，但到了2018年，由伊斯蘭金融業管理的總資產達到驚人的2.4兆美元，代理人是分布於56國的1,389間遵守伊斯蘭律法的公司。伊斯蘭金融學者提醒，投機將可能導致出乎意料的不公平損失，進而引發爭議、仇恨與社會不安，而這正是伊斯蘭禁止投機的原因。[21]任教於我的母校萊斯大學（Rice University）的經濟學家艾爾－賈邁爾（Mahmoud El-Gamal）主張，禁止投機還有另一個令人信服的理由：當風險定價不當，交易風險將缺乏經濟效率。

引發全球金融危機的投機勢必來自極端的錯誤風險定價。在2016年到2019年間，股票與債券價格不斷狂漲；在2020年晚冬與初春，更因為新冠疫情確診數量與死亡人數持續攀升，使得企業與經濟蒙受重大打擊，原本就持續偏高到危險程度的美國股價，更是變本加厲的持續上揚。

新冠疫情從初露端倪到全面爆發，在有如乘坐雲霄飛車的幾個月間，金融市場舊事重演。美國政府原本希望在疫情結束

前，透過大舉印鈔與政府支出引發股市大漲以提振金融市場與經濟，而小型投資人則利用政府發下的振興支票，投入令人頭暈目眩的漲幅股市之中。大量金錢進入金融市場；數百萬人在小型證券商開戶。一名狂妄自大的當沖客在睪固酮的驅使下，拍攝影片炫耀他靠著股市上的斬獲以贏得芳心。在赫茲租車公司（Hertz）宣布破產後，小型投資人讓赫茲的股價狂漲到公司決定發行新股，直到美國證管會介入[22]。

許多金融界人士立刻意識到，這種事不會有好結果。[23]2020 年 6 月，20 歲的當沖客艾力克斯・肯恩斯（Alex Kearns）看到自己的證券戶頭餘額負債 25 萬美元後自殺。一個沒有收入的 20 歲年輕人為何能擁有這麼多的信貸額度，令人百思不得其解。

風險社會的回饋迴圈

一個社群或國家的價值觀將導致它選擇鼓勵或阻止不同類型的風險政策，有時是好的風險，有時是壞的風險，有時則好壞參半。同樣的，社群或國家成員做出的風險決策也將影響集體的成敗，並創造金融價值。換句話說，經濟價值取決於社會價值觀。我們每個人都是社會規範與年代規範的產物，這些規範共同影響我們評估哪些風險「值得」冒，例如我們認為哪些事情是重要與公平、而且值得我們為它努力，甚至是形成我們心中對於是非對錯的判準，這又進而型塑社會的命運，影響著組成社會的組織與個人。

　　想一想，你本人的信念與價值觀，以及你的同儕團體、社群或國家的信念與價值觀是如何影響你的風險指紋？哪些風險是恰當而且是該冒的風險？為什麼我們該重視 A 風險勝過 B 風險？不論是「好」的或「壞」的風險，公共政策應該如何鼓勵或阻止冒險行為？是否有支持系統讓民眾更能投資教育、發揮潛能？有的人冒危險的風險後出事，政府是否替這種人擦屁股？當民眾因為不是自己能掌控的事而財務出狀況，政府是否懲罰他們？政府是否在市場崩盤時提供安全網？當部分公民冒險失敗後，由誰來處理爛攤子？

　　事後來看，我們的判斷依據多為冒險者是否成功。當有人冒很大的風險並有好結果（例如：大學不念了，在父母的車庫開公司），我們通常會給予讚揚。然而，萬一慘遭滑鐵盧，我們則會依據自己與那些人的關係以及個人的偏見與假設，給予斥責或體諒。

　　再想一想，你如何依據相同的信念與價值觀看待別人冒的險？這是練習風險同理心的機會，真心的體會其他人冒險或避開風險的原因。你依據自己的決定評價自己時，所用的標準是否是你用來評價別人的標準？你在評價某人時，是否以成敗論英雄？別人失敗時，你是否會思考他們做了什麼事或沒做什麼事，或是發生超出他們所能掌控的事？別人成功時，你是否會猜想那是走運罷了，或者那是經過努力後的結果？他們是否冒了合理甚至是崇高的風險？

　　最後，讓我們再回到本章開頭的《聖經》預言，想一想，

如果你是主人，會如何評價那三名僕人？如果其中一人投資後虧錢，你會處罰他嗎？當你知道僕人各自做出決定的原因，是否影響你對他們的看法？是哪些因素（教育、保險、導師、鼓勵）導致他們做出不同的決策？下一章，我們將深入探究各種影響自己是否暴露於風險的因子。事實上，社會科學研究者們在這方面已經大有所獲，致力於了解什麼會影響我們判斷某件事的危險程度，以及我們是否願意挺身向前。

第 9 章
情緒、理智與可接受的風險

　　我和全球大約1%的人一樣有乳糜瀉的問題,那是一種對小麥、大麥、黑麥等穀物所含麩質過敏的自體免疫反應。唯一的解決方法,就是嚴格執行無麩質飲食。如果我不乖乖遵守,這種自體免疫反應會破壞腸道,還會引發水泡、皰疹性皮膚炎,外加偏頭痛、疲憊與腦霧(brain fog)*,並可能增加罹患淋巴瘤與大腸癌的風險。當然還有最令人困擾,但不宜在此詳細描述的「消化道症狀」。

　　乳糜瀉就像其他慢性疾病一樣,每天影響著患者的健康狀態,需要靠長期改變生活型態並養成新的習慣,例如每天努力遵循無麩質菜單與採購新鮮食材,才能讓乳糜瀉成為可控的低風險病症。加工食品則會增加風險,因為包裝上的標示可能有誤,使得麩質潛伏在讓人意想不到的地方。我以前總會避開標示上提醒共用設備或廠房的產品(但還是感激那些企

---

* 編注:一種偶發的認知功能障礙,會造成神經慢性發炎及退化,出現失神、健忘、遲鈍與倦怠等症狀。

業特別列出），但後來倡議團體「無麩質把關人」（Gluten Free Watchdog）發現，相較於未做無麩質標示的產品，同時處理小麥或大麥的食品工廠比較會附上警告標示，含有麩質的可能性也更低。唉，真不知道肚子餓的乳糜瀉患者該如何是好？

　　因此，如果一旦我決定外食，勢必得做出許多馬虎不得的風險管理抉擇。例如：那間餐廳是否有無麩質餐點？服務生是否會把我的需求如實反映給廚房？廚房會照做嗎？服務生與廚師是否擁有足夠的知識，判斷醬油、藍起司等多數人想都沒想過的地方其實都含有麩質？所謂的「無麩質麵包」，真的不含麩質嗎？（沒錯，事實可能出乎你預料）廚房在揉無麩質麵團時，一旁是否有人正揉著一般麵粉並飄散在空氣中？當我不厭其煩的向服務生做各種確認以降低健康風險，和我共進晚餐的友伴會不會翻白眼？諸如此類的問題或許正可解釋研究顯示，當人們確診患有乳糜瀉問題後，到餐廳用餐的機率將大幅減少九成。

　　記得某次我參加慶祝餐會，主辦人特別提醒廚房員工為我製作無麩質餐點。當看見服務人員帶著兩團無麩質麵團，告訴我不用擔心時，我開心不已，接著，服務人員在還擺有兩塊一般麵團的板子上揉起無麩質麵團，這下子無麩質麵團表面全都沾上小麥麵團了。這畫面看得我瞠目結舌，卻無法開口請服務人員停止。坐在我旁邊是一對夫妻的小孩，他和我一樣有乳糜瀉問題，我們一同傻眼、苦笑。雖然服務人員的服務滿分，但她的無知卻讓無麩質麵團瞬間變成危險食物。沒錯，一點點粉

屑就會讓乳糜瀉患者很不舒服。

這件事讓我思考「風險」對個人與他人間的差異。對食物敏感的人經常被批評為「太嬌貴」，這正是由於人們對於食物帶來健康威脅的無知。你可能讀過一些文章聲稱，如果不是乳糜瀉患者就不需要避開麩質，那種「服務性新聞」理論上雖無惡意，卻會增強讀者的錯誤印象，以為不吃麩質是一種時尚。但這樣的錯誤認知會造成仰賴無麩質飲食的患者日子更加艱難，因為企業以為無麩質飲食只不過是一種行銷噱頭，不具備醫療上的必要性，不需要認真看待安全問題。

有一次，有人在臉書社團張貼文章，介紹用純天然小麥製造的可分解餐盤。我在下頭留言：「這是糟糕的點子，因為大約有1％的人是乳糜瀉患者，如果患者無意間使用這種盤子將冒上危險性極高的風險！為什麼不採用其他風險較低的原料？」令我訝異的是，酸民一湧而上的激烈批評我。那些人完全不知道事實，也沒興趣聽事實，開罵完全是出於自私的情緒性反應。

那次的事件讓我想起，過去也曾發生學校因學生過敏事件增加而在校園餐廳禁食花生，結果也遭到社會大眾冷嘲熱諷。有人甚至振振有詞，認為隨時隨地吃花生是基本人權，不容任何人侵犯。人們會有這樣的反應並非憑空發生，而是一種對於文化變遷的過度反應，也打擊許多人致力於降低風險的種種努力。此外，這種否認風險存在的文化也是一種警訊，沒意識到情緒與理智在評估風險時扮演的角色。人類這種生物不太有能

力區分認知與現實，我們的情緒反應不一定符合違反「直覺」的證據與分析。

仰賴感受與數據至上這兩種人很不一樣。[1]正如哲學家斯文‧奧夫‧韓森（Sven Ove Hansson）所言：「有的人認為風險是一種由客觀事實判定下的產物，有的人則把風險視為社會建構的產物，獨立於客觀事實。」他認為：「然而，風險同時涉及事實和價值觀，含有客觀與主觀成分。」

在今日的世界，對於理性與感性的分野極為重要，它劃分出前現代、現代與後現代，解釋為什麼會出現政治分裂、家庭與人際關係衝突、企業犯錯與談判失敗。此外，理性與感性的對立，也影響人們是否會視某個風險與自己或他人息息相關，或是根本毫不在意。事實上就連自己認識的人，有時我們也很難用風險同理心對待，更別說是不認識、而且意見和自己不同的陌生人了。

在新冠肺炎疫情爆發期間，美國便上演這樣的情形，尤其是紐約、舊金山、芝加哥等大城市。美國內部原本就是都市與鄉村對立、紅州與藍州對立。疫情帶來另一種對立，某些自認不會立刻受疫情波及的民眾，對於為減緩疫情設下的嚴格措施深感不滿，他們一副「關我什麼事」的態度，無視於有如野火般延燒各處的嚴峻疫情，例如有些年輕人認為自己染疫的死亡率遠低於老人，因此抗議為何不能上酒吧和海灘。自由派和保守派的媒體報導更是火上加油，讓事情演變得更加複雜。

消除風險鴻溝是社會最重要的任務，我們必須說服被情緒

驅使的人願意多看一點事實，也要協助只看數據的人意識到感受的重要性。第一步是去了解，當碰上各種風險時，哪些因素會影響我們的情緒反應，以及如何能運用理智平衡主客觀的風險反應。

　　個人偏好、過往經驗與排定的優先順序都會影響風險評估的方式。有一次，我和同事因為遇上芝加哥的冰風暴，被困在達拉斯—沃斯堡機場（Dallas-Fort Worth）登機閘門附近的德州墨西哥料理餐廳。我曾在德州住過10年，知道許多德州墨西哥菜不含麩質，加上懷念地方美食，因此在我向服務生確認過後就安心點餐了。然而，我的同事也是乳糜瀉患者，她就不一樣了。她外出時隨身自備電鍋、盒裝米粉、可常溫儲存的水煮蛋與調味料、水果以及其他食物。就連我判斷問題的風險不高，她也不輕易冒險。於是我們各自做出適合自己的決定：截然不同，但合情合理。

　　登機後，我忍不住想，主客觀風險認知上的差異，竟引發我們在降低食物風險上做出不同選擇。同樣一件事，為什麼在某些人眼中的危險性較高？如果進一步理解風險的影響因子，是否能協助我們做出更好的風險決策？這根本上與我們如何依照自身獨特的「風險指紋」來平衡理性與感性有關：你自認面對著什麼樣的風險，以及你該如何做回應，取決於你傾向於理性或感性？你是尋求知識或否認事實？還有，過往的經驗也很重要，即使遭逢相同的打擊或損失，有些人未來會避開類似的風險，有些人卻選擇放膽去做。

判斷風險

　　第 3 章提到的心理學家崔克曾向我分享他的親身體驗。有一次，他在峇里島的海灘上認識一位女士，那位女士告訴他不久前，她搭機從澳洲伯斯（Perth）前往馬來西亞，飛行途中機艙突然失壓，機上氧氣罩頓時自動掉落，引發機上乘客一陣驚恐。機長遵守飛航程序，讓飛機從 3 萬英尺的高空下降到海拔 3 千英尺處，在那 9 分鐘的生死交關時刻，乘客紛紛祈禱能夠逃過一劫。然而飛機安全降落後，航空公司發出令人乍舌的公告，大意是由於機長完美執行飛行流程，大大降低了飛安的風險（但機上的乘客可不這麼認為）。那位女士告訴崔克，那次經驗讓她嚇壞了，她知道要是不快點再搭一次飛機，她可能再也沒有勇氣搭，這就是為什麼她現在人在峇里島的海灘上。崔克告訴我：「我就是在那一刻，頓悟主客觀風險的差異。」

　　劍橋大學公共風險研究中心教授大衛・史匹侯（David Spiegelhalter）指出，弄清楚風險的嚴重度與發生率很重要。史匹侯批評媒體以過於聳動的標題譁眾取寵，成天報導做哪些事會增加死亡風險。[2] 他引用統計學者漢斯・羅斯林（Hans Rosling）的提醒，一定要謹慎區分「愚蠢的警告」與「真正有危險的事」。人稱「風險教授」（Professor Risk）的史匹侯喜歡用「微死亡率」（micromort）來計算風險，這個詞彙由決策理論家羅納・霍華德（Ronald Howard）所提出，[3] 意思是百萬分之一的死亡機率，包括騎腳踏車 10 英里、吃 100 塊燒烤牛

排、在核電廠半徑20英里內居住150年等等。以微死亡率計算的風險見下頁圖表。

史匹侯在一支YouTube影片中不扶把手騎單車，還一邊吸菸，在同時從事兩件危險的活動後，談起吃培根與罹患大腸癌的風險關係。[4]他告訴觀眾，根據以往研究顯示，像他這個年齡層的男性罹患大腸癌的機率大約是5％，而一生中每天吃培根而罹患大腸癌的機率則是6％。於是史匹侯說：「這樣的數據應該還沒大到我以後都不該再吃培根。」接著大咬一口培根三明治來表達自己的論點。史匹侯也分享自己評估風險的取捨方式，他認為在計算風險有多危險的同時，也應該考量自己從事活動時所獲得的樂趣：「我的結論是，最大的風險就是過分謹慎小心。」

雖然史匹侯擅長對於風險本身進行資訊分析與推理，不過大多數人在回應風險時考量的不只是發生的機率，往往更受風險引發的情緒所影響。因此，在學著用理性來評估風險前，我們更需要思考的是：為什麼我們會以某些方式回應風險？

風險認知與可接受的風險

著名的社會心理學家與風險認知學者史洛維曾對於「風險專家才知道什麼是『真正』的風險，而民眾的判斷則大多為無知或不理性」的觀念提出挑戰。[5]史洛維認為，除非我們必須意識到風險具備主觀與價值導向的本質，並承認在特定情境下的風險是由社會協商出來的產物，否則不可能恰當

微死亡率為1的活動明確死因	
起床（18歲）	可能性太多，族繁不及備載
喝0.5公升的酒	肝硬化
吸1.4根香菸	癌症或心臟病
與吸菸者共同生活2個月	癌症或心臟病
搭乘噴射機1,600公里	墜機／意外
搭乘火車9,656公里	意外／撞車
騎摩托車9.7公里	意外／撞車
步行27公里	意外（跌倒、車禍等等）
以微死亡率表示風險	
搭車370公里	每趟旅程的微死亡率為1
攀岩	每攀一次的微死亡率為3
滑翔翼	每趟旅程的微死亡率為8
玩美式足球	每場比賽的微死亡率為20
生孩子	每次生產的微死亡率為170
出生	微死亡率為430（人生的第一天）
起床（90歲）	微死亡率為463
攀登聖母峰	微死亡率為37,932

資料來源：Visualcapitalist.com；TitleMax；
https://understandingcertainty.org/micromorts；Ronald A. Howards. "On making life and death decisions." In J. Richard; C. Schwing, and Walter A. Albers (eds.), *Societal Risk Assessment: How safe Is Safe Enough?* General Motors Research Laboratories. New York: Plenum Press, 1980.

的理解風險。史洛維與研究同仁率先開創「心理計量典範」（psychometric paradigm），這個理論架構假設個人會基於各種影響，以主觀方式定義「風險」。在前幾章我們已經知道，人的性格、經歷、所屬團體、國家與文化、信念與價值觀，都會影響看待整體風險與特定風險的方式。現在，我們就利用史洛維的架構來探索風險的特徵，理解風險是如何影響我們的應對方式。

　　史洛維找出幾種會影響我們認真看待或視而不見眼前風險的因素，包括：**自願性**（voluntariness），是指在受到風險的影響上，我們能擁有多少選擇，例如：抽菸、飲食方式與天災。**可控性**（controllability），是指一旦暴露於風險中，我們掌控結果的程度。**立即性**（Immediacy），是指我們預期風險是否會立即發生。此外，我們對於風險的熟悉程度以及科學家或專家對風險的了解程度，也會影響我們判斷風險的高低。

　　至於風險有多新、屬於經常性風險還是一次性風險、人們的恐懼程度，以及風險可能帶來後果嚴重性等也都是影響因素。最後，風險帶來的影響是否具公平性以及風險的影響範圍，例如下一代是否會受其影響，也都會影響我們的判斷。透過上述這些影響風險判斷的因素，你會發現，偏見有時候會影響我們回應風險的方式。幸好，一旦知道自己存有某些偏見，我們就有機會立刻加以調整。

真正的英雄

　　馬修・敦蒂－托瑞斯（Matthew Tweardy-Torres）擔任急診室護士已經有近7年的時間。新冠肺炎疫情爆發時，他正在紐約長老會醫院（New York Presbyterian Hospital）工作。2020年2月底時，他按照計畫到西班牙度假，當時全球各地都還沒意識到新冠病毒威脅的嚴重性，就連醫護人員也毫不知情。3月初，敦蒂－托瑞斯開始出現輕微咳嗽、短暫出現腸胃道等症狀，甚至曾短暫失去嗅覺，但沒有重大跡象顯示他罹患重大疾病（當時新冠病毒還不是廣為人知的症狀）。他暫停工作，想辦法接受檢測（當時檢測新冠病毒還不是那麼容易）。不料幾天後，檢測結果證實了他一直擔心的事。

　　即便敦蒂－托瑞斯工作時都有戴口罩，但得知自己染疫後曾在醫院值班，他仍舊感到十分愧疚。好幾個星期後，在得知檢測結果轉為陰性後，敦蒂－托瑞斯重返工作崗位。雖然當時民眾對於疫情的焦慮程度節節升高，政府也開始封城，敦蒂－托瑞斯依舊沒有失去信心。部分原因是他天生性格就是如此，他很少生病，平日會跑步與騎馬，整體而言對人生抱持積極樂觀。他告訴我：「我們當時依舊認為，如果你年輕力壯又沒有慢性疾病，你就會沒事。當時我們還不知道事實並非如此。」接著，百老匯演員尼克・科德羅（Nick Cordero）離世的消息帶給敦蒂－托瑞斯很大的衝擊。寇德羅和他年齡相近，染疫前也很健康。起初敦蒂－托瑞斯以為自己染疫後有了抗體，但隨

著變種病毒的出現，科學界也愈來愈不確定新冠病毒未來會如何演變。

　　敦蒂－托瑞斯重返醫院工作時，他照顧的病患至少有一半都驗出陽性。在治療病人與失去病人的雙重壓力下，每個醫護人員都承受著巨大的精神壓力：「每個人看起來都很洩氣。」敦蒂－托瑞斯多年來在急診室蘿納‧卜琳（Lorna Breen）醫生的部門工作，卜琳是他的良師益友，但卜琳也感染了病毒，痊癒後就自殺了，原因是長期情緒耗竭，她懊惱自己失去精力，無法好好協助院內同仁。卜琳在 2020 年 4 月底過世時，紐約市通報病例超過 30 萬，死亡人數達 2.2 萬人。[6]

　　當時，健康照護專業工作者依舊無法取得個人保護裝備。敦蒂－托瑞斯回憶起當時的情景，在口罩供不應求前，每個醫護人員每天只分配到 1 個口罩，只能以各自的方式避免染疫的風險，尤其是在急診室工作的同仁只能聽天由命。敦蒂－托瑞斯說：「醫療人員都接受過科學訓練，他們深知目前的狀況已經超出可控制範圍了。即使心中不斷告訴自己要冷靜，但還是有些人被嚇壞了！」特別是評估自己為高風險族群的健康照護工作者，尤其是家中育有小孩的人，有的人把孩子託給親友照顧，有的人則到防疫旅館住宿。敦蒂－托瑞斯說：「我認識兩對夫妻，他們在疫情最嚴重的期間完全沒見到面，維持這樣的狀況直到 6 月底。」。

　　敦蒂－托瑞斯告訴我：「有的護士只配戴手術用口罩，只有在面對確診病患時才戴上 N-95 口罩。有些醫療人員則配戴

N-95 連續 12 小時，那真的很難受，令人敬佩！當我問他們，回家後怎麼做好保護孩子與家人的措施，他們都各自有整套預防感染的程序，在見到任何家人前先進車庫，脫掉全身的衣服，擦拭乾淨，接著直接去洗澡。」有的年長護士乾脆退休，這是很合情合理的選擇，然而有些原本已經退休的護士卻願意站出來幫忙，敦蒂－托瑞斯說：「我靠當護士謀生，又年輕力壯。然而，當你已經 65 歲了，面對疫情卻不顧自己的安危犧牲奉獻，那絕對是英雄般的壯舉了。」敦蒂－托瑞斯認識的醫護人員全都面臨「客觀上」相同的風險，但他們的性格與個人狀況卻不同於史洛維解釋風險認知與耐受度的理論架構。

自願性與可控性

美國電機工程師強西·史達爾（Chauncey Starr）指出，人們愈認為自己是自願接受某個風險，他們願意冒的風險程度也愈大。[7] 依據史達爾的計算，當我們能自主選擇接受某個風險時，所能忍受風險的可能性是千倍。

「你可以想見，我們會去做自己樂意做的事，要是換成做別人強加在我們身上的事，則會感到痛苦萬分。」史達爾筆調幽默的寫道：「在心理上，當我們在自主的基礎上判斷能否接受風險時，疾病死亡率則扮演著衡量標準。令人訝異的是，從事大多數體育活動的風險其實接近疾病死亡率，但是當我們從事體育活動時，個人潛意識就像一台電腦會調整自願冒險的程度，使自己勇敢冒險。那個風險的死亡率等同但不超過統計上

非自願染病的死亡率。或許膽大無畏與暴虎馮河的區別就在這兒。」他以越戰為例，當時一般人民的死亡風險大約等同死於疾病的風險，然而對二、三十歲正值服兵役的男性而言，他們的死亡風險是一般大眾的十倍，也因此，同一件事情對於不同對象而言，看待的角度與承擔的風險也大不相同。史達爾的見解雖然淺顯易懂，依舊值得一提。

如同人們更可能忍受自願承受的風險，當人們自認能夠掌握風險，也會大幅提升願意冒險的程度。新冠肺炎疫情擴散後，許多人無法預料未來疫情的走向，大家唯一能做的，就是選擇做些事情來減少風險。矛盾的是，那或許正是有些民眾不戴口罩、不保持社交距離的原因，因為他們自認狀況在自己掌控之中。很遺憾的是，他們的作為不僅於事無補，反而雪上加霜。

同樣的例子是 2019 年衣索比亞航空的空難事件，事件發生後，美國的空服員協會與機師協會各自針對波音 737 Max 的安全問題，發表截然不同的兩份聲明。相較於空服員協會，機師協會基於自身對於飛機的掌控感，顯然對於飛安風險更為放心。然而，那種掌控感八成只是幻覺，研究一再顯示，人們評估事件的可掌控度往往高於真實狀況。[8] 舉例來說，人們相信由自己選號的彩券中獎的機率較高；在汽車駕駛的眼中，車禍的風險比乘客來得低；學者也比較容易將可掌控感與不切實際的樂觀主義與過度自信兩相混淆。

我們是否擁有掌控感，只是風險等式的一半，另一半則是我們對於失去掌控感的接受程度。在第 7 章曾提到，有些文

化比其他文化對於失控的接受程度較高，某些職業也是如此。雖然風險專家的工作在關注可以量化與計算的事，其他像精算師、評級機構、投資組合經理，也全都把時間花在試圖把機率與價格連結至風險。這類的工作雖然重要，但卻可能悖離現實。不過，在某方面風險專家倒是說對了：我們試圖接受眼前的風險時，計算的不僅是試圖掌控全貌，也是提供一種實用的策略。當然，數字只是其中一環，風險專家還花大量時間打造架構與程序，協助企業應對出乎意料的狀況。

　　正如第4章提過的，創業者判斷風險的方式不同於一般人。原因之一在於，事業創辦人在很大的程度上必須做出型塑公司未來的決定，掌控感則會為他們帶來信心。當我們缺乏信心時，很容易會錯過應該抓住的機會，或是不夠當機立斷，導致忽視顯而易見的風險。然而當我們過度自信時，也可能導致風險冒進。[9]康乃爾大學心理學家大衛‧鄧寧（David Dunning）與賈斯汀‧克魯格（Justin Kruger）在1999年就發現這種現象，並以兩人的名字將其命名為「鄧寧—克魯格效應」（Dunning-Kruger Effect）。如今，這個詞彙愈來愈常出現在大眾文化與媒體中，深深引發這個時代下人們的共鳴。如同電台節目主持人蓋瑞森‧凱羅爾（Garrison Keillor）虛構的小鎮「烏比岡湖」（Lake Wobegon），提到那裡「所有女人都強勢，所有男人都英俊，所有小孩都比普通小孩優秀」。風險也一樣，我們傾向認為自己做的決定比別人明智，我們的駕駛技術勝過路上其他人。[10]

　　信心有可能是個人的性格特質，也可能群體的特徵（例如某些行業的人特別自信），或整個社會都信心滿滿。學者已經發現有些領域的工作者特別容易過度自信，包括臨床心理師、醫生與護士、投資銀行家、工程師、創業者、律師、談判人員與管理階層。[11]

　　人的自信程度會隨著時間變動，不僅是隨生命境遇而轉變，也會受社會情緒（social mood）而波動。社會情緒指的是伴隨個體與社會互動過程中產生的心理狀態。當我們意識到自我的自信程度，並且不至於偏離現實，就能避免產生刀槍不入的自我幻覺。此外，要留意過於低估自己出錯的可能，否則將導致嚴重的誤判風險，也要審慎思考每段經歷，因為那可能影響我們下一次看待與回應相同的處境。

信心的變化

　　潘睿哲（Rajiv Pant）是一名傑出的科技長，他擅長運用邏輯做出理性決策，在企業扮演身負重任的角色。他過去曾任職於大型媒體，也待過新創公司。回顧過去的職業生涯，潘睿哲強烈的意識到自己在評估風險決策時的各種轉變：最初是患有強烈「冒牌者症候群」（imposter syndrome）＊的信心不足

＊　編注：由心理學家寶琳・克蘭斯（Pauline R. Clance）和蘇珊・因莫斯（Suzanne A. Imes）提出，發現有些成功者（尤其是女性）容易有一種心理現象：即使成就倍受肯定，卻缺乏自信，難以發自內心將功勞歸因於自己。

者；後來他的信心漸漸增長，也學習坦然接受損失；再到看也不看就以直覺嘗試的過度自信者。到後來，他發展出以一種全新的方法來評估與處事，這是他人生的里程碑，全然改變他面對風險的方式。

潘睿哲剛出社會時，是在加州聖荷西當軟體工程師。有一天，他接到表弟的電話，告訴他印度老家被大火燒個精光，所幸家人都平安無事，但幾乎所有的家財都沒了，唯一搶救出的是一只裝滿重要文件的皮箱和一小件家具；那件家具上，還留著兒時的潘睿哲用手指沾顏料塗鴉上自己的名字。最令潘睿哲難過的是，家中藏書付之一炬。「我對那些書有很深的情感。我以前總想著等搬到美國後，有天我會把家裡的書全都運到美國。我小時候還有一個藍色泰迪熊，我走到哪兒，熊熊就跟我到哪兒。即便我搬來美國時已經20多歲，我仍不時在想等我成家立業，就要把那隻熊熊送給我兒子當禮物。」

從某方面來講，這場令人遺憾的火災讓潘睿哲不再害怕失去。「我總是在想，不管運費有多貴，未來我都要把老家的東西運來美國。然而在得知一切都化為烏有之後……那些似乎再也不重要。這讓我重新思考『依戀』這件事。」後來他搬到賓州，又碰上水災毀了他的房子，這次他選擇以平常心面對：「在處理房子時，我得思考要不要搶救某個物品，或是順其自然，而我選擇後者。過去的遭遇影響我對風險的思考架構，思考人生是否該冒某些風險。」

一般人可能會想，這兩次意外帶來的財產損失，都不是潘

睿哲主動承擔風險所得到的結果，應該會從此毀滅他對人生與命運的看法。然而，意外卻為他帶來正向的影響，他變得更能坦然接受失去，更願意承擔風險放手一搏。後來，他甚至冒著失去工作簽證的風險，辭掉《紐約時報》的資深職位，跳槽到一間新創公司。

事實上，潘睿哲很有才華，但從前的他總是過分謙虛，將自己20多歲就火速升到副總裁歸因於幸運與僥倖；他事事小心，認為這輩子可能不會再有同樣的機會。後來，他擔負責任更加重大的職位，甚至有點自信過了頭，例如他沒先仔細計算能否爭取到所需資金就貿然創業。不過，雖然後來創業失敗，潘睿哲還是重振旗鼓。他說：「冒險雖然帶給我財務上的損失，但關鍵在於，這些失敗並不會完全毀掉我。這不像是從橋上跳下去可能會死掉的風險，最糟也不過就是我得睡在橋底下，就算如此，我也可以學習世上有許多人處於那種情境，照樣過得很快樂。」

對風險的了解程度

研究顯示，當我們對某件事愈了解，就愈不覺得會有風險。波音737 Max停飛事件就是很好的例子。2019年3月，衣索比亞航空的302號班機失事，之後相關的國家、航空公司以及飛機製造商的反應，在在顯示準確判斷風險的重要性。相較於資訊有限、掌控度也有限的乘客，擁有較多資訊與掌控能力的專家或內部人士更傾向於認為風險偏小。

　　獲知資訊的能力與教育程度也會降低風險趨避的程度。[12]
人稱「幸運兒」的班・史拉普（Ben "Lucky" Schlappig）在文
章中分享一段死裡逃生的經歷。[13]身為旅遊作家的他因為有辦
法取得各種航安資訊，在研究過 737 Max 8 型飛機後，判斷應
該安全無虞。但最後，他還是聽從家人的建議，改搭另一個航
班：「我避免坐 737 Max，並不是因為擔心會死，而是我認為
讓親友安心比較好。」他在文章中表示，如果自己單身、也沒
父母，那麼他的選擇可能會不一樣。即便他的確還是會顧慮安
全性，但發生最糟狀況的機率通常很低：「因為從統計數字來
看，不論是哪一種空中運輸，還是比你搭乘汽車來得安全。」
史拉普的親身經驗告訴我們，人對風險的知識雖然會對風險決
策產生影響，但人除了有知識，還有感受，而每個人的感受可
能都不一樣，因此，找出大家都能接受的解決方案更顯重要。
希望史拉普的家人會懂，他實在是個貼心的人。

出乎意料與衝擊因子

　　我們通常會忽視自己太過熟悉的風險（例如車禍），對於
慢性疾病（例如癌症、糖尿病）或重複發生的風險也常習以為
常。人們看待風險的方式往往取決於那項風險有多新、多熟悉
或多可怕。[14]此時起作用的是嚴重性與恐懼等情緒反應，而不
是風險發生的可能性。

　　在研究人員針對使用手機與腦癌之間的關聯提出說明以
前，民眾的憂心程度遠遠勝過今日，當面對一項新概念時，人

們通常會感到莫名恐懼。我家當初很晚才購買微波爐也是因為恐懼，畢竟在1980年代初期，現今在廚房中常見的微波爐，還是個沒人看過的新潮設備。此外，過去的經歷也會對風險評估產生影響。例如曾經遇上某個風險但沒出事的人，未來遇上同樣的風險就比較不會擔心；根據一項研究指出，幼年時期曾從高處摔落受傷的小孩，18歲時懼高的可能性較低。[15]

立即性也會影響我們對風險的情緒反應有多強烈。人往往會漠視感覺上很久以後才會發生的事，就像氣候變遷的議題，看起來對我們的日常生活並不會造成立即性影響，就不會對它過度緊張。然而，當2019年世界各地發生洪災、野火與熱浪，人們就很有感覺了。如果是新的、出乎意料或令人震驚的風險，更會提高我們的敏感度，這就是「可得性偏誤」（availability bias），人們經常會採取捷徑思考（捷思法），重視最先聯想到的事，這也能用來解釋為什麼人很難準確評估風險發生的機率。

史洛維等人曾做過一項研究，向受試者展示41種死因，從低致死率的肉毒桿菌中毒（可能性為1x108），到致死率高於其他死因的心臟病（8.5x103）。然後，研究人員請受試者依照致死率高低排列各種死因，結果發現，受試者的排列方式大同小異，但和實際狀況差距很大。研究團隊發現，可能性最高與最低的風險差異超過2：1，受試者才有辦法一致的辨認出哪個風險比較大。

這個研究結果應證了「可得性偏誤」。也就是說，人們會

過分高估對自己造成最大情緒衝擊的事件，不管事件本身是否具有較大的衝擊值（shock value），或是獲得媒體大量關注的事件。史洛維的研究發人深省：「意外、癌症、肉毒桿菌中毒、龍捲風等被媒體大量報導的主題，都被大幅高估發生的頻率；最被低估發生頻率的則是氣喘與糖尿病。」[16]

此外，風險帶來的潛在後果也產生影響。數項研究都顯示，當風險的潛在後果愈嚴重，即便發生可能性很低，人們依舊認為政府理應負起保護人民的責任。某項風險對自己所屬團體的影響也是一項風險評估的因子。如果風險影響的對象是別人，我們自然傾向於視若無睹；如果風險會影響到特定團體的權益（尤其是自己所隸屬的團體），我們便會對它斤斤計較。此外，隸屬團體的屬性又跟文化價值觀有關，相較於生活在對於不平等容忍程度較高國家的人民，生活在強烈要求平等國家的人民，會要求政府採取措施以獲得更多風險保障。

史洛維便這麼寫道：「有的人抱持平等主義觀念，認為理應公平分配社會上的財富與權力。他們關注各種可能引發危險的風險，尤其是核能。」又寫道：「階級式的社會秩序則由專家與當局把控。偏好這種社會秩序的人對於風險認知比較低，對核能較抱持好感。」[17]總之，人們的偏好要看他們感到切身相關的程度。也就是說如同風險的眾多面向，當中含有強烈的社會元素。

美國2018年各種死因的終生死亡率

死因	死亡機率
心臟病	1／6
癌症	1／7
所有可預防的死因	1／25
自殺	1／86
鴉片類藥物過量	1／98
汽車事故	1／106
跌倒	1／111
槍擊	1／298
行人意外	1／541
摩托車事故	1／890
溺斃	1／1,121
火災或煙霧	1／1,399
食物窒息	1／2,618
腳踏車事故	1／4,060
槍枝意外	1／9,077
豪雨成災	1／54,699
雷擊	1／180,746

資料來源：美國國家安全委員會（National Safety Council）依據2018年的全國衛生統計中心死亡率數據（National Center for Health Statistics-Mortality Data）估算。https://injuryfacts.nsc.org/all-injuries/preventable-death-overview/odds-of-dying/data-details/。

情緒與自信

　　青少年大多天不怕、地不怕，尤其騎車時更自認天下無敵。如果自大沒讓他們提早上天堂，隨著年齡的增長，他們將不再那麼初生之犢不畏虎。不過，事情也沒那麼簡單：青少年和成人一樣，對不同的風險會引發不同的反應。有的風險是涉及情緒的「熱」風險，有的是和理智有關的「冷」風險，若套用康納曼理解認知過程的心智架構，我們可以將其想成系統一與系統二。[18] 青少年會在高度情緒化的「熱」情境下（例如：社交情境），做出高風險的決定；不過，碰上「冷」情境時，他們會做出類似於成人的理性決定。[19]

　　人們對於損失的敏感度也會造成影響。我們在第3章討論過這個先天性格特質的分支。「碰上有可能真的造成傷害、威脅到生存的損失預期時，隨之而來的那種損失規避的回應，通常是誇張的恐懼情緒反應。」神經經濟學家凱莫勒（Colin Camerer）寫道：「人們對於漫長的一生中，不會真的危及性命的小損失，出現過度的反應……人們最恐懼的損失，許多不會威脅到生命，但傳遞恐懼訊號的情緒系統會如何影響人們的回應方式就很難說了。人們痛恨失去工作、結束關係與延遲獲得獎勵，即便他們其實很少會死於這種『損失』，不會真的因為心碎而死。」[20] 雖然康納曼與特沃斯基已經讓「風險趨避」的概念廣為人知，觀察者通常沒意識到不是每個人的風險趨避程度都一樣。我們有多討厭失去某件事，要看我們有多在

意那件事，也就是要看我們的焦慮或鎮定程度：換句話說：要看我們願意／不願意拿什麼去冒險。此外，也要看我們自認會獲得多少好處。

　　18 世紀的瑞士數學家白努利試圖建立模型，協助人們評估成功的機率，他提出「效用」（utility）的概念，指出人們會從各種層級的風險中獲得好處（包括實用性、稱心如意或滿足感）。[21] 伯恩斯坦在《風險之書》中也提到：「效用是一種非常強大的概念，在接下來兩百年間構成主流典範的基礎，用以解釋人類決策與選擇理論，影響範圍遠超過金融事務。」後來「效用」也成為賽局理論、心理學與哲學的核心，甚至用來定義人類的理性。

　　潛在的好處愈高，風險八成也愈大，但我們卻會因此「利慾薰心」，低估實際的風險。[22] 此外，如同社會心理學家柏恩德・費格納（Bernd Figner）與韋伯所言：「風險較高的選項表示結果的不確定性也更大。『冒險』一詞的意思就是指選擇結果變化愈大的選項。也就是說，可能出現的結果更多了。」某件事的風險愈大，就愈可能導致最糟糕的後果。我們想著各種可能的結果時，我們的思考通常會產生很大的變化。這通常不是我們刻意敞開心胸的結果，而是因為面臨不愉快、不想要的可能性所導致。

人生遭逢的打擊

　　面對人生中突如其來的變故，通常會大大的影響人們評估

風險的方式及願意承擔的風險。關鍵的健康風險，需要同時平衡兩種風險決定，包括什麼都不做的「被動風險」，以及病患選擇積極治療引發的「主動風險」。其中，積極療法可能導致一些副作用，如傾家蕩產、承受巨大疼痛，治療有可能失敗、甚至是死亡。

　　德州專研腫瘤的蘇查如・帕拉卡醫師（Sucharu "Chris" Prakash）回憶某位科羅拉多州的女病患，她40歲左右就被診斷出末期大腸癌，幸好治療效果良好，甚至還完成一直以來的心願，攀登洛磯山脈。帕拉卡醫生說：「後來她真的去登山，後來的身體狀況也很不錯。我認為登山有助於她的預後。」那位病患對她說：「大病初癒為我帶來重生。既然知道自己可能會死，那麼就沒什麼是不可以失去的了。」罹癌，完全改變女病患風險計算的方式與優先順序。

　　帕拉卡醫師還發現，這樣的情形也同樣發生在其他病患身上，讓他們以不同方式評估風險，重新思考生命中最重要的事，再做出是否願意接受或放棄治療的決定。帕拉卡醫師告訴我：「我的一位患者在幾年前戒菸，但得知罹癌後又開始抽菸，因為他只想好好享受最後的時光。也有一些年長的患者決定跳上露營車四處旅行，或是到過去不曾造訪的國家旅行。這呼應到前面曾提到過，人們面對風險的反應取決於他們擁有的社交支持網。「有家人從旁大力支持的病患，會更願意為了家人接受治療，因為他們知道家人永遠會對自己不離不棄；要是沒有那樣的助力，病患想要接受積極療法的可能性會較低。」

此外，本書反覆提及的知識與掌控感同樣也會產生影響。帕拉卡醫師指出：「做過功課、了解療法的患者，他們的病況通常較為理想。」這類病患通常願意配合治療，所承受的痛苦程度也低於家人所想像。帕拉卡醫師表示，病患進入緩解的時間愈長，就愈會回到原本的冒險行為與態度。「最勵志的例子是罹患晚期疾病、明知自己活不過一年的病人。看著他們願意堅持、奮鬥到生命最後一刻，珍惜當下，甚至還過得比家屬還開心，令我不禁自慚形穢的問自己：如果是我，能否像他們一樣堅強？」

風險與判斷

社會脈絡深深影響著我們對於風險與他人的判斷。[23] 還記得 1997 年媒體瘋狂追逐一對丹麥裔美國夫妻的新聞嗎？當時他們把年齡還很小的女兒莉芙（Liv）放在紐約市東村一間餐廳外頭的嬰兒車裡，兩人因而入獄 36 小時。當時的狀況是，媽媽索倫森（Annette Sorensen）把嚎啕大哭的寶寶帶到餐廳外頭，接著寶寶在嬰兒車上睡著。索倫森怕吵醒寶寶，便把她留在嬰兒車上。索倫森犯的錯誤在於，她不知道這樣的行為在丹麥哥本哈根會被看作沒事，但在美國曼哈頓卻被視為滔天大罪。如果當時她能考量同一種行為在兩個城市間的文化差異：一個是全球性大都會，一個是居民間彼此認識、擁有高度信任文化的小型北歐城市，那麼可能就會仔細斟酌把孩子留在外頭是否合適。這就是我們在第 7 章討論過的，不同國家將風險視

為集體責任或是個人義務，存在著文化差異。

　　道德判斷也會影響我們對於事情的看法。有些新聞報導中提到，把寶寶放在門外的索倫森夫妻，當時人在餐廳裡飲酒作樂，此事一出更讓民眾義憤填膺。這讓我想起爾灣加州大學（University of California-Irvine）認知科學家芭芭拉‧薩內卡（Barbara W. Sarnecka）做的有趣研究，他們讓受試者觀看不同父母基於各種理由把孩子放著不管的情境，有的父母是因為合理的原因，有的父母則是基於約會等自私理由而丟下孩子，接著，研究者請受試者評估父母的行為將為孩子帶來的危險程度。結果發現，當受試者出於道德判斷做評估時，愈是對父母離開的理由感到氣憤，在評估父母帶給孩子多大危險的程度就愈高。[24]

　　有時候，人們甚至完全不接受父母給出合情合理的理由。在基姆‧布魯克絲（Kim Brooks）2018 年的《幼小動物》（*Small Animals: Parenthood in the Age of Fear*）中也提到一段親身經歷。書中描述布魯克絲到維吉尼亞州探望父母後，把 4 歲兒子單獨留在車上幾分鐘（她說小時候她爸媽也曾對她這麼做），結果遭到輿論大張撻伐。當時的情形是這樣的：她們母子倆準備搭機返回芝加哥，卻遍尋不著兒子的耳機。耳機是兒子在飛機上的必需品，能讓孩子願意乖乖坐好。於是他們一起到店裡買新耳機，但到了店門口，孩子卻鬧脾氣不肯下車。

　　眼看登機時間快到了，布魯克絲不想讓兒子在機上大吵大鬧，於是快速做了風險分析：當天的氣溫不冷也不熱，他們人

在還算安全的街區；兒子正專心玩iPad上的遊戲，而且他不曉得如何解開安全帶；就算真的有人在她進入店內的幾分鐘試圖闖進車內，車上的警報器會響起等。總之，布魯克絲仔細評估過孩子冒險的機會微乎其微，才做出這樣的決定。但很不巧的，布魯克絲當天遇上的最大風險是：一個自以為好心的路人看見孩子被單獨留在車上，便立刻報警通報車牌號碼。維吉尼亞州警察因此對布魯克絲發出逮捕令，並開啟後續一連串的麻煩事。

　　布魯克絲在書中指出，在一個資訊天天轟炸你、人類系統過載的世界，人們的「保母心態」是對這個不確定世界的膝反射，她寫道：「如今，我們有知識卻不一定具有力量，能夠預知世事卻不一定能阻止事情發生。我們眨眼間就能知道一切消息，但具體落實卻極其困難。我們活在一個恐懼的年代。」[25]

　　這讓我想起第8章提到的問題：誰有責任保護我們，讓我們遠離恐懼以免於高風險？誰來判斷哪些風險是可以接受的？許多專家已經發出警告提醒，當我們致力於打造「安全」的環境時，如果過分謹慎小心卻沒有教給孩子需要的技能，將會付出慘痛的代價。正如《紐約時報》的艾倫·芭里（Ellen Barry）在報導中指出，英國有些學校現在刻意將風險帶進校園中：

　　里奇蒙大道小學暨附設幼兒園（Richmond Avenue Primary and Nursery School）的教師仔細的評估校園，他們正著手

為校園「帶回風險」（bringing in risk）。他們搬走塑膠玩具屋，刻意提供一些物品，例如一堆長寬為60x120公分的木板、木箱與一塊塊磚頭。操場上挖有泥坑，裝設輪胎鞦韆，一旁還有擺著鐵鎚和鋸子的工作台。[26]

這種把風險帶入學校環境的理念，是讓孩童在相對安全的環境中，獲得評估與處理有限程度風險的體驗，藉此培養孩子的復原力（resilience），以對抗極力「迴避風險」（risk aversion）到過了頭的校園文化。英國負責監管學校安全的政府機構欣然同意這種教育理念；澳洲、加拿大與瑞典也開始採行類似做法。不過，芭里的報導也指出，不論什麼事都能鬧上法院的美國卻刻意不這麼做。

美國作家漢娜・羅辛（Hanna Rosin）在《大西洋》（The Atlantic）雜誌上曾暢談「冒險遊戲場運動」（adventure playground movement），該運動的理念是讓孩子學習面對並克服危險，以培養孩子逐漸被抑制的重要能力，例如勇氣和信心。羅辛寫道：「很難理解在短短一代人的時間裡，童年的規範就發生這麼大的變化……在1970年代被視為偏執的行為，例如禁止三年級的小孩走路上學、禁止孩子在街上玩球、讓孩子坐你腿上玩溜滑梯，今日卻被視為司空見慣，別人甚至還會認為你是個負責任的好父母。」

她引用英國一項以城市、郊區與鄉間孩童為對象的「孩童獨立行動」研究（children's independent mobility），發現在

1971年到1990年間，自己走路上學的三年級學童比例從80%
下降至9%（現在可能又更低了）。羅辛寫道：

> 當你問家長，為什麼他們比自己的父母更保護小孩，他們
> 可能會回答，那是因為相較於從前那個年代，現在的世界
> 更加危險。然而這並非事實，或至少不是我們以為的那
> 樣。舉個例子來說，現在的父母會告誡小孩，絕對不能跟
> 陌生人講話，但所有證據都顯示，相較於一個世代以前，
> 孩子被陌生人綁架的機率與上一代人差不多（都很低）。
> 因此，或許真正的問題是，這些恐懼是如何綁架我們的？
> 當我們屈服於恐懼時，孩子又因此失去了什麼？得到了什
> 麼？[27]

　　或許，我們應該在未來的教育內容中加入「風險素養」
（risk literacy），來培養具有創意與好奇心的未來公民，讓他們
藉由準確的評估風險，熟悉管理風險所需的技巧，適應快速變
遷的世界。

風險素養：有能力準確評估風險發生的機
率，並且結合自身的風險認知做權衡，同
時考量經驗與情緒因素的影響。

　　風險素養的教育應當包含兩個部分：首先是培養孩子的能力，讓他們能準確的評估各種選擇可能帶來的後果，在理性與感性的權衡下做出適當回應。其次是持續教育成人，讓他理解新的與瞬息萬變的風險，包括風險可能為自己與他人帶來多麼嚴重的威脅，以及我們可以做哪些事來降低風險。

　　在新冠肺炎疫情期間，在在暴露出人們薄弱的風險素養。我在第7章曾提到，不同的國家與文化會以截然不同的方式對抗疫情，這些文化也間接與國民的風險素養相關。不過，即使是同一個國家內，不同公民的風險素養與行為也相差甚鉅，就像美國人不論是政黨傾向、媒體資訊，以及各州政府的施政決定，都讓人們的看法有著南轅北轍的差異性。

　　美國「風險與社會政策工作小組」（Risk and Social Policy Working Group） 在2020年5月至6月間曾調查美國6州共3,000多人，了解受訪者自認有多大的可能感染新冠肺炎。[28] 結果顯示，受訪者平均認為自己在接下來三個月內：染疫的機率約為28％；染疫後罹患重症的機率為34％；死亡的機率是22％。雖然不同的風險因子與行為會影響感染率、罹病率與死亡率的差異性[29]，然而，即便把相關因子全數納入考量，受訪者依舊大幅高估自己染疫的機率。根據粗估數據顯示，在調查執行期間，美國確診案例的死亡率大約僅3％，由於不是每個人都接受檢測，甚至染疫後不一定會出現症狀，因此實際病例有可能是通報病例的10倍，即便如此，致死率依舊僅為0.3％。[30]

　　這樣的高估數據顯示，就算民眾認為染疫的風險很高，依舊不一定會做出相應的行為，例如戴口罩、待在家或維持社交距離，以降低自己與他人染疫的風險。事實上，這份報告調查出的受訪者行為與政黨傾向有關，在政黨傾向相對「藍」的麻州（傾向投票給民主黨），有85％的受訪者表示自己會遵守在室內公共空間佩戴口罩的規定；在政黨傾向相對「紅」的愛荷華州（傾向支持共和黨），則僅有52％的人表示會戴口罩。

　　此外，訊息傳遞與民眾仰賴的新聞來源也扮演著重要角色。至少有部分的差異，要看地方政府有多能向地方民眾溝通，教大家簡單實用的日常做法。內華達大學的政治學助理教授寇蓓爾（Elizabeth Koebele）是風險與社會政策工作小組的成員，她告訴我：「即便民眾意識到風險很高，他們必須實際接收到具體、有效又簡單的防疫資訊，否則很難實際做出降低染疫風險的行為。」這呼應前文所提過的，掌控感與自願性對於人們評估風險至關重要，會影響人們意識風險並決定採取配套措施的意願。

　　第7章提過，紐西蘭是對抗疫情的模範生，原因就是受惠於有效的傳遞公衛資訊與雙向溝通，讓民眾知道具體的防疫之道。紐西蘭總理阿爾登向民眾傳遞明確的訊息，讓大家一起團結抗疫。「我們是一支500萬人的團隊！」為了對抗病毒，阿爾登訴諸理性與感性兼具的溫柔溝通力，結合個人與公民團體的力量，強調信任領導者與信任彼此的重要性，讓人們獲得安全感並相信一定能抗疫成功。

　　過去社會對某些疾病（例如憂鬱症或精神疾病）抱持刻板印象與誤解，使得患者累積長期的情緒壓力，拒絕向外求助。然而遲遲不處理心理健康問題卻相當危險，我一再看到拒絕承認問題，為身心健康帶來的巨大風險，因為一旦愈是忽視真正的問題，將導致各方面的生產力下降，徹底走向毀滅的人生。在新冠肺炎席捲全球之際，我們更亟需關注憂鬱與焦慮所造成的健康風險。例如紅遍全球的韓國流行團體「防彈少年團」（BTS）在暢銷專輯《Be》中大聲呼籲，在疫情蔓延的年代，心理健康是迫切需要關注的議題。他們的單曲〈藍與灰〉（Blue & Grey）把憂鬱描寫成正在迫近的「灰犀牛」，影響力強大卻常被忽視。這張單曲引發熱烈的迴響，打破數項業界紀錄，唱出由於隔離、封城、商家被迫歇業與勞工生計受損，造成個人的孤單與寂寞，道出新冠肺炎對人們的心理造成多麼大的傷害。BTS以另一種形式示範溝通的強大力量，透過音樂無遠弗屆的力量，帶著人們願意敞開心胸，談論原本害怕承認的恐懼。

　　學習平衡理性與感性，感到握有掌控權，以及知道有效降低風險的方法，將是未來每個人、每間公司、每個國家生存的關鍵能力。為了做到這一點，我們需要從大腦與身體層面更深入的進行探究，進一步了解風險。

第 10 章
風險的神經生物學

　　風險不僅是你腦中盤算的東西。不論是高空彈跳、簽下貸款合約、成交大案子、求婚或上台，風險還是一種身心體驗。冒險會影響我們的生理狀態，進而影響處理威脅與做出理想決策的能力。你可能會訝異於生理狀態操控大腦的風險反應程度如此強大，晚近科學家已經理解風險與壓力、刺激、焦慮與擔心有關，會釋放出我們身體與大腦中的力量，例如：你知道吃辣會讓你的風險容忍度上升嗎？你知道你現在聽的音樂與室內溫度，無時不在影響著你對眼前風險的感受？室內飄散的淡淡氣味，可能會增加你願意承受風險的程度？

　　南京大學的心理學家做過一項研究，他們假設嗜吃辣的人性格較強烈，因此比較敢於冒險[1]。他們進行實驗後發現，果然真有其事。表示自己嗜吃辣的人比較能接受與賭博、健康、安全、娛樂、社會、投資和道德決策有關的風險；至於愛吃甜味、酸味、苦味的受試者則沒出現類似關聯。其他相關研究也有類似的發現，例如：嗜吃辣與尋求感官刺激有高度相關，而追求刺激感又與喜愛冒險密切相關。看來與吃辣有關的刻板印

象，可能真有幾分事實依據。不論你愛不愛吃辣，吃了辣以後，就有可能冒更多險！

　　據說中國四川省與重慶市的人認為喜歡吃辣的人「心胸開闊、膽子大、性子急躁」。[2] 有趣的是，墨西哥也流傳一種刻板印象，認為喜歡吃辣椒的人「更有男子氣概」。在美國，人們把辣椒聯想到賭博與坐雲霄飛車等冒險活動。習慣吃辣的人確實較能忍受辣味，久而久之更是愈吃愈辣；長期嗜吃辣者，風險偏好程度確實會上升，至少在吃完幾小時後是如此。但就像其他類型的尋求感官刺激一樣，辣度得要愈來愈高，才能達到先前的同樣效果。

　　許多氣候炎熱的國家都以辛辣美食出名，例如：泰國、印度、墨西哥。炎熱的氣候可以部分解釋為什麼這些國家普遍吃辣。辛辣食物腐敗速度較慢，這點在冰箱尚未普及前尤其重要。此外，萬一食物已經變質，也可以靠辣味遮掩，食物短缺時，辣味也能增添風味，不過這也同時增加或減少辛辣食物導致食物中毒的風險。此外，吃辣會增加皮膚傳導力，引發流汗，協助身體降溫。在炎熱的氣候，的確需要讓身體冷卻，或許這也順便解釋了重口味食物是如何影響冒險。

　　當人類暴露在寒冷的氣候中，會刺激中腦導水管周圍灰質（periaqueductal gray，簡稱PAG）做出反應。PAG位於中腦的腹側被蓋區，負責控制動機與行為反應，當接收到寒冷的訊號後，會釋放大麻素與鴉片素以降低疼痛感並減緩焦慮，這麼一來又可能導致冒險行為的增加。研究人員曾對綽號「冰人」

（Iceman）的知名冒險家溫霍夫（Wim Hof）進行研究[3]。霍夫最為人熟知的事情在於透過訓練，讓自己承受低溫、暴露在冷水中，他擅長運用冥想「冷」為自己帶來活力，引發大腦進一步釋放鴉片素與大麻素，啟動血清素與多巴胺等神經傳導物質。下文會再帶大家看到在風險決策中，此類神經傳導物質扮演著重要的角色。

不僅是人類，鳥類身上也出現類似的現象。鳥類學家發現，低體溫與高新陳代謝率會引發鳥類更多的冒險行為。[4]他們研究類似於鷦鷯的小型鳥類「大山雀」（great tit），想了解牠們覓食時如何應對一旁伺機而動的雀鷹帶來的威脅。鳥類學家觀察後發現，當外頭愈低溫，大山雀就會為了覓食冒更大的險；基礎體溫愈低，冒險度愈高，或許這是因為鳥類知道，不可能坐等食物自己上門。

音樂的神奇力量

除了氣溫的影響，還有一些環境因子也會影響我們對風險的敏感度與冒險行為，例如我們聽的音樂。認知神經科學家馬力安諾・西格曼（Mariano Sigman）在《決策的大腦》（*The Secret Life of the Mind*）[5]中寫道：「音樂會影響我們開車、購物與走路時的判斷方式。音樂節奏快，我們的決策閾值會降低，因此每一個決策的風險幾乎都會增加。」他又提到：「駕駛聽的音樂節奏加快時，會增加他們變換車道、闖黃燈、超車與超速次數。」研究人員甚至明確找出幾首導致危險駕駛的快歌，

例如：「年輕歲月搖滾樂團」（Green Day）的〈美國大白痴〉（American Idiot）每分鐘有189拍，被視為是「最危險」的歌；還有麥莉（Miley Cyrus）的〈美國派對〉（Party in the U.S.A.）與史普林斯汀（Bruce Springsteen）的〈生來奔跑〉（Born to Run）。[6]此外，音量大小也有影響，大聲的音樂可能增加車禍風險；聆聽平靜柔和的音樂或不聽音樂，會讓你開車時更安全。

　　此外，壓力大小、疲倦度與飢餓度也會影響風險行為。研究人員發現，費力的身心活動會降低大腦的血糖濃度，使得我們控制自己的能力隨之減弱，自然也影響我們做出正確風險決定的能力。

　　香氣也會影響我們對風險的反應。[7]嗅覺系統直接與大腦的情緒調節區相連，影響著我們的心情與壓力程度。根據研究發現，香氣會影響血壓、肌肉緊張度、瞳孔散大、皮膚溫度與脈搏速率，而這些全都會刺激大腦並做出回應。例如依蘭依蘭精油（Ylang-ylang）能降低血壓，增加皮膚溫度；柳橙香氣能紓解焦慮；薰衣草已被證實能降低心跳率與皮膚傳導度；橙花（柑橘類香味）則有反效果。被視為「男人香」或「女人香」的香水則會引發性別刻板印象與期待，從而影響風險決策。例如第6章提過，被要求擦有花香（也就是「女性」氣味）乳液的男性受試者，會擔心被人認為不敢冒險。

　　那麼抽菸呢？抽菸本身就有風險，而且也會影響我們對風險的評估與回應，因為尼古丁會刺激多巴胺活動，啟動大腦的快樂中樞。哈佛法學院的基普・韋固希（W. Kip Viscusi）與赫

施（Joni Hersch）發現，抽菸者選擇從事的職業風險高過於不抽菸者，但獲得的工作報酬較低。[8]他們也發現即便控制工作的風險程度，相較於不抽菸者，抽菸者工作時比較容易忽視危險。在其他的個人行為上，抽菸者同樣也承擔更多的風險。

　　當然，這看起來是「雞生蛋、蛋生雞」的問題。人們抽菸是因為他們的風險偏好較高？還是因為他們吸菸，導致更傾向於冒險？我猜兩者都有，這是彼此增強的回饋迴圈。值得留意的是，抽菸還涉及長期或短期風險偏好的動態變化：相較於長期的健康風險，抽菸者一般更在乎抽菸帶來的短期樂趣（要是戒菸，樂趣就沒了）。[9]

　　另外，開普敦大學、喬治亞州立大學與愛爾蘭科克大學（University College Cork）的經濟學家團隊曾調查抽菸者與不抽菸者的時間與風險偏好關係，希望了解如何能以更理想的方式處理成癮問題。[10]研究團隊回顧37份對照抽菸與不抽菸者的研究報告，其中受試者參加賭博的彩券實驗，實驗設計包含時間長短不一的風險選項。其中的29份研究證實，抽菸者比不抽菸者更不顧慮未來。團隊研究開普敦大學抽菸與不抽菸的學生，發現兩組人的風險偏好並無區別，但同樣呈現抽菸者比不抽菸者更不顧慮未來。換句話說，抽菸者在乎短期利益勝於長期利益（戒菸者則介於兩者之間）。研究者發現男性受試者菸抽得愈兇，就愈不顧慮未來；然而女性吸菸者則不管菸癮重不重，風險與時間偏好是一樣的。由於抽菸會長期傷害肺部，我們或許可以推論，吸菸者認為吸菸的長期風險沒那麼嚴重，他

們眼中評估吸菸的風險也因此較小。

　　以色列的一組研究團隊主張，吸菸與冒險的關聯端視人對抗誘惑的能力。[11] 他們從引用的文獻中歸納出抽菸者的類似冒險模式：「舉例來說，抽菸者一般更常碰上交通意外，更不可能繫安全帶，也更可能從事高風險的性行為。此外，抽菸的女性做乳房攝影檢查的比例，比不抽菸的女性低12％至15％。抽菸者的「冒險」人格特質得分較高，包括：容易衝動、神經質、防衛性樂觀（defensive optimism）與尋求感官刺激。

　　不論是香菸、辛辣食物、氣味、音樂節奏或是室內溫度，各種意想不到的大小因素正影響著我們的大腦與身體，悄悄改變我們能夠避開威脅或掌握機會的程度。了解風險決策背後的神經生物學理論，可以協助我們提升掌控力，做出更好的決定，還能預測或甚至影響他人的風險行為。例如：你希望老闆支持你打算提出的大型專案或主動幫你加薪？那就找一間播放輕快音樂的泰式料理餐廳，邊吃午餐邊聊。記得請服務人員調低空調溫度，再點一大盤辣椒吧！

冒險時的大腦

　　我們尚未意識到風險時，大腦通常就已經洞燭先機。從交易員改行當神經生物學家的約翰・科茨（John Coates）在《犬狼之間的時刻》（*The Hour Between Dog and Wolf*）[12] 中提到身體面對風險的反應。科茨等人研究一群交易員的壓力荷爾蒙，了解金融市場的高波動性與損失對他們的影響。研究結論毫不令

人意外：「交易員的壓力荷爾蒙對不可控的交易結果以及市場上的不確定性與波動性極度敏感。」團隊也請交易員填寫評估壓力程度的問卷。結果發現，交易員自評的壓力程度和荷爾蒙顯示的情形有很大的差距；比起交易員的自評問卷，荷爾蒙狀態接收到風險的程度更為準確。科茨認為這是因為交易員在平日工作時，靠的是直覺感受與前意識處理，而不是主動理解。

壓力與恐慌會刺激腦幹中的藍斑核（locus ceruleus），分泌壓力荷爾蒙正腎上腺素，增強警覺程度以開啟連鎖反應，激發腦部其他區域的活動，如負責情緒與風險態度的下視丘與杏仁核。同樣的，腹內側前額葉皮質（ventromedial prefrontal cortex, vmPFC）是風險決定的獎勵處理與決策關鍵，研究人員發現，此區出現病變的病患，在情緒激動的情境下更偏好承擔風險。[13]

當察覺風險時，大腦中樞會做出回應，尤其是杏仁核會激發面對壓力的「戰或逃」反應，包括心率變異、血糖調節、膚電傳導增加與消化系統的改變。真正的作用來自一組激素，它扮演血液中的化學訊息傳遞者，在危險發生時起作用，控制我們的身體與大腦，包括：多巴胺、血清素、睪酮、雌激素，以及短期間起作用的腎上腺素、長期應付壓力的皮質醇（cortisol）、對愉悅起反應的飢餓素等。

我們常用「腎上腺素狂飆」來形容身體的興奮反應。當腎上腺釋放這種激素時，會增快脈搏跳動、血液循環與呼吸頻率，同時影響身體處理碳水化合物的方式。腎上腺素會即時在短期壓力情境中起作用，而同樣與壓力相關的皮質醇則會在長

期壓力中累積。皮質醇起初能幫我們一把，但當長期出現太多皮質醇會為我們製造焦慮，導致容易過分敏感、杞人憂天而迴避風險。科茨給皮質醇一個有趣的比喻，稱它為「不理性的悲觀主義分子」。

俗稱「快樂化學物質」的血清素則和皮質醇相反，在許多抗鬱劑中都能見到這種神經傳導物質。血清素最為人所知的功能是有助於穩定情緒與幸福感，它會對學習、記憶、獎勵預期與回應、食欲、睡眠與性欲起作用，也影響我們的嘔吐、骨骼健康、血栓、血管收縮等。人體內的血清素大部分是在消化道裡，也難怪英文用「腸子反應」（gut reaction）來比喻大腦與消化系統之間的連結。

根據一項以猴子血清素濃度進行的研究，血清素與冒險密切相關；[14] 低濃度的血清素會讓帶有風險的選項變得誘人，高濃度的血清素則相反。賭博者就算輸錢還是堅持繼續下注，有可能就是因為血清素濃度過低。特別值得關注的是，目前有數百萬人服用抗鬱劑，這種會影響血清素吸收的藥物，是否可能讓他們的風險決策與行為悄悄產生變化？這需要進一步探究。當大腦把某個特定刺激與快樂連結在一起，它就會因為期待新的獎勵而促發行動，另一種神經傳導物質多巴胺也會在過程中起作用。

上述所有因素都型塑著我們的風險決策。如今，科學家仍持續進行研究，以進一步理解這些因素之間的動態，透過追蹤它們改善生理反應的方式，讓我們更加了解並駕馭風險。正如

科茨寫的：「總有一天，我們能聆聽身體與大腦的潛意識，留意它們提出的警訊。」[15]

性別荷爾蒙與風險

雖然風險的許多神經生物學影響來自周遭世界，但我們掌控風險並做出回應的技巧，有些是受到深植於遺傳密碼的影響。遺傳為我們帶來風險上最大的影響，可能與 X 染色體和 Y 染色體有關，換句話說，你是男性還是女性與你的風險態度有關。前文已經談過，性別與風險的關係並不簡單，不過性別荷爾蒙的確會對風險產生影響無庸置疑。研究人員在討論性別差異與冒險時，焦點集中在荷爾蒙上，特別是睪酮，有的研究人員稱之為「非理性亢奮的荷爾蒙」。

在企業界，高睪酮的執行長願意同時冒「好」風險與「壞」風險，因此他們能帶領公司獲得更高的利潤，但也可能出現更多財務虛報等違法行為。根據研究顯示，高睪酮的高頻交易者當日沖銷績效會勝過低睪酮交易者，[16]不過那些研究看的是獎勵冒險的特定投資子族群。至於基金經理人的風格則五花八門，投資時間的長短也不一。

中佛羅里達大學（University of Central Florida）與新加坡管理大學的研究人員曾針對基金經理人進行一項跨時性研究，試圖探索20多年間基金經理人從事的投資類型。[17]研究發現高睪酮的男性交易員更可能進行高風險的賭注，更不願意賣掉下跌的股票，但也更可能頻繁買賣與揭露違規。此外，研究團

隊利用臉部特徵來判定睪酮濃度（面部寬與睪酮濃度高度相關），並將基金經理人加以分類，最後發現調整風險後，高睪酮經理人的年報酬率比低睪酮經理人少5.8％。

此外，呈交證券主管機關的強制性業務報告顯示，高睪酮基金經理人通報違規的可能性比低睪酮經理人高出13％；他們通常交易次數更頻繁、投資風險較高的證券。他們抱著股價下滑的股票不肯賣的時間，也比低睪酮交易員長。研究人員發現在1994年至2015年之間，高睪酮的基金經理人績效比低睪酮者每年低將近6％。

風險的基因學

即便科學家證實由基因決定的荷爾蒙所扮演的角色至關重要，但整體而言，基因在風險行為所扮演的角色，分量可能沒想像中來得大。科學期刊《自然遺傳學》（*Nature Genetics*）刊載過一篇研究，研究者分析12個不同基因數據庫中超過100萬筆的紀錄，找出位於人類基因組上99％不同區域可能影響風險性格的124種遺傳標記。然而，那些遺傳標記並不足以預測風險行為。負責這項研究的多倫多大學經濟學助理教授強納森·鮑象（Jonathan Beauchamp）表示：「最重要的變異僅能解釋個體之間0.02％的整體風險容忍度差異。不過，變異帶來的影響綜合起來，可以解釋更大的風險容忍度差異。」[18]

社會科學基因協會聯盟（Social Science Genetic Association Consortium，簡稱SSGAC）的研究人員也曾組成一支國際團

隊，共同估算人們願意冒險的程度，他們發現其中受基因影響僅占1.6％。他們研究124種與人類風險容忍度有關的遺傳變異，例如：超速、飲酒、抽菸與性伴侶數量。[19]其中有99個標記影響整體的風險態度；其餘的則與特定特質有關。雖然基因也會影響其他神經傳導物質，例如：會製造興奮感、也與學習和記憶有關的麩胺酸，以及協助控制焦慮、降低壓力反應的GABA，但兩者都以自然的方式，影響我們回應風險的方式。

前面我們提過，多巴胺與鼓勵風險行為有關。多巴胺受體基因（簡稱DRD4）位於11號染色體上，會影響多巴胺的釋放與大腦的吸收，進而影響我們回應風險的方式。根據研究顯示，擁有DRD4基因特定变体（$7R^+$）的人對多巴胺的敏感度較低，因此需要更多風險刺激才會出現同等程度的愉悅感。其他人則需要更大量的多巴胺，才會有相同的吸收量。不過在這一點上，以及基因如何影響著我們的風險關係，研究結果並不一致。

哈佛甘迺迪學院（Harvard Kennedy School）在2011年進行一項DRD4與冒險行為的相關研究，他們以237位職業級橋牌錦標賽選手為研究對象，調查選手們的冒險行為，例如：抽菸、飲酒、投資股票或債券，以及是否創業等。研究結果發現，兩者之間完全沒有相關。對此，研究者認為：「這個結果或許可以解釋為，國際橋牌錦標賽選手全都是專家與經驗豐富的冒險者。」[20]雖然如此，其他研究倒是找到兩者之間相關的證據，例如有三份研究賭博的研究發現，金錢風險與DRD4有

關，顯示大腦對多巴胺較不敏感的受試者更會尋求風險。不過三份研究之中只有一份發現這樣的結果只出現在男性身上，女性則無，其他兩份研究則顯示與性別毫無關聯。另一份研究則呈現完全不同的結果，指出基因敏感性較低的人不太可能尋求冒險，除非是在機率不確定的情境下，而且任務是以損失而不是以收益的形式，則他們尋求風險的程度較高。這些說法各異的研究結果，有待更多研究的發現。

加拿大極限運動專家辛西亞‧湯森（Cynthia Thomson）與研究人員則找到DRD4多巴胺受體基因和參與極限運動（例如：單板滑雪與雙板滑雪）之間的關聯。[21]然而，DRD4究竟如何作用，可能與尋求風險的天性和衝動無關，培養體力與累積技巧所需的毅力與練習，可能才是更為相關的因子。湯森接受《國家地理》（*National Geographic*）雜誌時曾表示：「媒體將極限運動員形容成魯莽的人，說他們腎上腺素成癮，凡事只為獲取快感。然而，我研究的極限運動員們既不衝動，也不魯莽，他們和其他運動員的風險偏好並沒有太大不同。」這或許告訴我們一件事，即使是極限運動，只要勤加練習與事前準備，就能在某種程度上降低風險。

事先學習

人類大腦的學習方式將影響我們如何應對風險，尤其是如何處理與預期獎勵。神經科學家岡那‧紐奎特（Gunnar Newquist）運用他對大腦科學的知識，開發出一套讓風險決策

最佳化的預測模型。做為一名音樂專家、極限滑雪與摩托車競賽選手，同時也是機器智慧的創業者，紐奎特從事的極限滑雪是從九層樓高的峭壁一躍而下，他過去也曾在加州 130 呎高的峭壁創下記錄。他和許多極限運動員一樣，與其說熱愛冒險犯難，不如說是優秀的風險管理者。

「我仔細觀察斯闊谷（Squaw Valley）的峭壁積雪情形四年，才決定一躍而下，因此這個決定並不是突如其來的判斷。」紐奎特說：「我從來不會盲目滑雪，永遠會先觀察並了解積雪的情形。當然有時候自己掌控的狀況和實際情形還是會有些落差，但我會想辦法做好風險管理，像是先從安全性高的地方試試看，接著再逐漸增加危險性。」

紐奎特在攻讀神經科學博士時，從研究大腦的學習方式中開始以全新的方式看待自己的風險評估。因此當他從事極限滑雪時，不只是在學習滑雪的技術，也是在訓練大腦做出理想的風險決策，這樣的經驗讓他以更細膩的方式看待多巴胺對風險的影響，找出可以讓這種生物化學「獎勵」機制幫助人們的方法。紐奎特說：「多數人談學習時，想到的總是你做了某件特定事件，接著你會因為那件事獲得獎勵，因著獎勵而建立行為。但我認為事實並非如此。」

紐奎特認為多巴胺比較像是一個獎勵預測器，協助人們預期可能會發生的結果，促使人們進入某種狀態，做出為達成目標需要做的事。紐奎特說：「那不再是獎懲系統，我認為是更全面的東西，比較像是一個改變的訊號。」換句話說，如果我

們想改變以往的風險行為，需要的是創造新的風險情境與獎勵配對，來打破原本身處的行為循環。

風險管理的具體做法為何？紐奎特建議從調整習慣與環境做起，以引發最佳的多巴胺反應。例如，你可以加入或退出某些社交團體，以強化或制止自己做某些行為；仔細觀察行為警訊；採取步驟逐步達成目標等。紐奎特說：「你不用靠多巴胺才能建立某種行為，你得學著調整你的決策系統。」他進一步解釋：「你必須思考如何運用整套系統來預測你能做的事。你必須看著系統與所有產生變動的行為，才能真正了解正在發生的事。」

因此，為了做出良好的風險決策，我們必須創造一個有助於風險決策的環境。例如調整你周邊的照明與色調；選擇會為你加油打氣的老闆和同事；務必讓自己吃飽或睡飽；確保溫度舒適等。這種風險管理的做法比其他方法更為基本也更有效，也和本書的核心思想十分類似：你冒的風險不只是風險本身而已，而是伴隨眾多因子影響而成的產物。而你，絕對有能力左右那些影響。

管理身體風險反應的行為工具

透過了解與風險相關的生理機制，就能訓練我們的大腦進行更好的風險管理。此外，我們還能創造出配合自身風險優勢與弱勢的環境與系統。第一步很簡單，先意識到壓力源，並察覺自己對壓力源的反應，光是做到這一點，就能為你帶來掌

控感；如果你進一步留意壓力源並採取行動，還能獲得一定程度的**實質**掌控。你也可以藉由正念與呼吸練習，改善心率、血壓，甚至是皮膚溫度。

績效教練史提夫·沃德（Steve Ward）的工作是輔導交易員，他也指導撲克牌選手與運動員，這三種人都屬於冒險者。沃德協助他們了解，當生理狀態處在壓力與疲憊下會如何影響自身表現，而建立追蹤心率變異等數據，能幫助自己盡可能保持最佳狀態。沃德告訴我：「如果你的生理狀況不佳，你就很難表現良好。即使睡得好、吃得好，這些道理你都懂，不過當你看見數據在說話時，你更能深入體會它對你的影響。」

沃德鼓勵他的客戶培養每天早上檢視身體狀態的習慣，尤其是在大贏、大賠以及感到精疲力竭時。「當心率變異性降低，壓力與疲憊感就會增加，當身體處於低能量狀態時，我們會更常出現高程度的風險趨避。」沃德說：「人們在那種狀態下，在評估風險時的警覺程度不夠高或不夠精確，更可能做出有欠考慮的決定。」相反的，個人的心率變異性愈高，則有可能冒更多險。沃德回想曾經有位交易員處於「紅區」（red zone），顯示壓力與疲憊程度破表，因此他的交易次數減少，獲利也下降。

為了更有效降低風險，沃德力勸大家務必做好壓力管理。因為當壓力長期累積下，將導致皮質醇濃度上升，交易員會變得偏向風險趨避；而短期壓力下，例如一次糟糕的交易結果，則可能導致過度冒險。此外，疲憊也會減少交易員的活躍程

度，不論結果好壞，整體而言交易次數都會減少。沃德建議當交易員意識到身體壓力與疲憊警訊時，可以利用那些資訊數據來評估與調整自身身心狀態。沃德說：「如果這些數據下降，他們就可以採取一些行動讓自己振作起來。」舉例來說，可以透過散步、在引導下調整呼吸，或是運用生物回饋儀器察覺自己的狀態，如此一來，才不會讓自己受制於生理狀態，做出錯誤的決策。

如今，科學家已經開發出新一代的工具，幫助我們用更細膩的方式計算壓力。例如加州的神經訊息公司EMOTIV研發出一款監測腦波的頭盔，當你過度分心、沮喪而無法做出好決定時，頭盔會發出警告提醒你。EMOTIV總裁歐力維爾‧歐利爾（Olivier Oullier）建議，用這款頭盔進行自我檢測，能夠預測自己何時容易決策錯誤。EMOTIV頭盔目前已經應用在即時監測交易員或高風險情境工作者（例如：重工業或化學製造）身上，如果工作者並未處在良好的身心狀態，頭盔甚至可以制止電腦或儀器被啟動。

練習的力量

如何透過日常練習幫助我們評估風險反應？方法之一就是讓你的身體適應某種活動帶來的壓力，這麼一來，身體就不會對壓力起過大的反應。首先，你要持續進行該項活動，直到它成為你的第二天性。其次，專心的想像那種壓力情境，同時關注自己的生理反應，重新設定面對壓力的反應。

你愈常練習，就愈能主動讓大腦活動從康納曼提到的謹慎、複雜、理性的「系統二」，轉換成自動、直覺、有如無意識的「系統一」。由於做決定變得更自動化，承受的壓力便會減少。透過系統二的思考，你得以調節自身反應，同時又享有系統一的速度與簡單。這就和經過鍛鍊的肌肉一樣，你將能用更少的力氣，獲得相同的效果。因此，透過技巧性預測風險的練習，便能鍛鍊風險決策的「肌肉」。舉例來說，一項大腦掃描研究顯示，受試者在學習玩俄羅斯方塊時，大腦出現活動的區塊會大幅增加，但隨著玩家愈來愈熟練遊戲的玩法，熟能生巧後，大腦的皮質活動就會大為減少。[22]

科茨與行為經濟學家里歐拿‧佩吉（Lionel Page）追蹤幾組交易員的職業生涯，研究他們的夏普比率（Sharpe Ratio）*，在調整過研究對象於交易過程中冒的風險後，計算他們的獲利。這有點像是「龜兔賽跑」故事中，比較在同一時間抵達相同地點的烏龜和兔子：烏龜步調緩慢但穩定前進，兔子則時跑時停。研究中最優秀的交易員獲得經過風險調整的報酬，遠遠領先眾人（他們的夏普比率高過相同資產類別的指數）。科茨與佩吉得出結論，這不是運氣，而是一種技能。科茨寫道：「我們發現經驗老道的交易員即便碰上金融危機也依舊能獲利，他們的夏普值在職涯中持續增加。」[23]

同樣的，某項追蹤外匯與衍生性金融商品交易員心理和生

---

* 編注：用來衡量投資組合績效與穩定性的重要指標。

理反應（psychophysiological reaction）的研究也發現，碰上壓力大的狀況時，相較於身經百戰的老手，菜鳥交易員的反應會更激烈。進行這項研究的神經經濟學家柯林‧凱莫勒（Colin Camerer）說：「多年的自動化操作顯然讓經驗豐富的交易員面對重大事件時泰然自若，相較之下，新手交易員的心情較容易大起大落。」[24]

心理學家布萊特‧史丁巴格（Brett Steenbarger）也曾與交易員密切合作，提出深具說服力的看法：仰賴生物回饋追蹤的資訊，能夠達成交易員在實務工作上達到「放鬆」、「專注」與「掌控暴露反應」三大目標。透過生物回饋追蹤發現，不僅能協助我們了解經驗如何型塑壓力反應，也是重新調整相關反應的強大工具。我們能在心中預演問題模式，把精神集中在密切控制自身生理狀態，例如降低心率、肌肉緊張度、腦波或皮膚溫度。藉由這樣的過程，最終成功的調節壓力狀態下的身體反應。史丁巴格在他的部落格上寫道：

> 當我們關切在不確定的結果，尤其是對於結果感到威脅時，我們的身體會動員起來，湧出腎上腺素，使得肌肉緊繃，心跳加速。那就像是身體面對威脅的適應性反應，例如躲避衝過來的車輛。然而，當感受到的威脅來自交易螢幕時，我們通常無法採取深思熟慮的行動。諷刺的是，在我們最需要仰賴額葉皮質理性活動的時刻，我們一般會啟動運動區，想也不想就做出冒險行為。[25]

　　有趣的是，風險所帶來的大量多巴胺與其他化學反應，極有可能讓人上癮。那正是為什麼我們一定要盡可能在鎮定狀態下做決定，並在情況尚未到達失控階段前提早未雨綢繆。如果真的感覺壓力山大時，請務必花點時間讓自己緩下來。我認為書寫認知日誌是很實用的做法，可以和生物回饋追蹤相輔相成。光是記錄下壓力的情境、你在情境中的感受、自己做了哪些事回應、事後的感受等等，就能帶來強大的力量，讓自己重拾掌控感。即便那只是錯覺，依舊能累積信心，讓自己有能力做出理想的風險決策。

習慣化的風險決策

　　上高中時，卡許菲雅・拉赫曼（Kashfia Rahman）就留意到同儕的高風險選擇，例如有人為了回應網路上的熱門大挑戰，因而吞下汰漬洗衣精（Tide Pods）＊、危險駕駛、嘗試非法藥物或性愛。讓拉赫曼感到不解的地方在於，有些學生在校表現相當優秀，生活中卻會嘗試許多魯莽的風險。拉赫曼想要找出這種現象背後的原因，於是開始搜尋以13歲至18歲學生為受試者的相關研究。不過，她也清楚並非所有青少年都是如此，她只是單純的想知道：為什麼青少年比起成人更不懼怕風險？

　　拉赫曼從文獻中讀到，青少年的大腦具有可塑性與適應

＊　編注：「汰漬洗衣膠囊挑戰」（Tide Pod Challenge）熱潮起因於社群媒體，原本只是網友把五顏六色的洗衣膠囊當做點心的小玩笑，沒想到有些青少年為了自誇，真的把洗衣膠囊吞進肚子裡。

性，這讓她很好奇青少年的冒險行為如何影響決策過程，尤其是這種行為有可能持續一生。拉赫曼也讀到心理學的「習慣化」（habituation），指的是當反覆暴露於風險中，有可能減弱對於風險的情緒反應。換言之，一旦習慣了就會對危險視而不見。拉赫曼對此感到憂心，因為她留意到，當青少年冒愈多險，就會做愈多危險的行為；如果冒險後沒發生不好的結果，更會減低他們的害怕及罪惡感。探索得愈深，拉赫曼對這個問題更感到擔憂，而在探索的過程中，她也對自己有了更深一層的了解。

　　拉赫曼是孟加拉移民之女，一家人住在南達科他州的布魯金斯（Brookings）。那是一個居民同質性極高的美國小鎮，拉赫曼在校表現相當優異。不過，她發現就讀的中學環境無法支持她想做的研究，便找了兩位願意盡力指導她的老師幫忙。拉赫曼省下零用錢購買 EMOTIV 的腦電圖頭盔，以同學為對象，追蹤他們在冒險模擬遊戲中做選擇時的大腦活動。

　　拉赫曼先請受試同學回答一系列的風險選擇問題，接著重複實驗，了解他們獲得更多經驗後，是否會做出不同的選擇。在第一輪測試中，受試者體驗到冒險者理應會出現的情緒，包括害怕、壓力、罪惡感、緊張與高度專注等等。拉赫曼留意到：「他們抵擋住誘惑，加強自我控制，阻止自己冒更多險。然而，當他們在模擬環境中暴露於更多風險後，恐懼、罪惡感與壓力會減少，直到無法感受到大腦天生而來的恐懼感與謹慎本能。」換句話說，冒了險卻沒遭遇重大後果，的確會讓人變

得更想去冒險。這正是拉赫曼擔心的事。

　　拉赫曼把研究結果投稿到2017年的「英特爾國際科技工程大賽」（Intel International Science and Engineering Fair），結果拿下行為與社會科學類的首獎，不僅如此，這篇論文還獲得國家藥物濫用研究所（National Institute on Drug Abuse）與美國心理學會（American Psychological Association）的表揚。此外，她還進入Google全球科學展（Google Science Fair）決選，贏得雷傑納隆科學獎（Regeneron Science Talent Search）。《國家地理》以她為專題拍攝一部紀錄片，片子引發TED策展人的關注，並邀請她上台演講。我則是在紐約市的TED沙龍認識拉赫曼，她說起話來語氣溫和，但站在台上談起自己的研究，眼中閃耀著無比光彩。她當時是哈佛的大一新生，那場演講她遲到了，因為她到紐約前得先參加期中考。

　　在這趟研究的過程中，拉赫曼勢必學到許多關於青少年被危險的風險誘惑的知識，不過更值得關注的是，她學到冒「好」風險的重要性：願意踏上一條不確定會不會成功的道路，把目標設定在把握機會，而不是為了引發多巴胺帶來的興奮感，承擔死裡逃生的風險。拉赫曼下一個引發熱情的目標，是協助青少年在進入成年期前，能鼓起勇氣冒好的風險來實現自我，她想要告訴青少年，不一定只能走眼前已經鋪好的現成道路，探索讓自己感到熱情的事，然後勇敢為自己真正在乎的事冒險！

貢獻所知之事在工作上

我們的身心生物迴圈是構成「風險指紋」的基本元素，每個人都有著獨一無二的螺旋漩渦與紋路，形成各自獨特的印記。雖然我們無法改變基本性格、生理機制，以及型塑我們的過去經歷，但只要稍加留意與追溯，就可以引導我們走出風險行為背後的複雜迷宮。

如同剛才交易老手的例子，你也可以從過往的風險經歷中獲得領悟，增加自己做出好決策的機率。如同身體的其他功能，你可以透過練習與鍛鍊來強化「風險肌肉」，這個道理就如同傳統體適能訓練，定期測量身體機能是協助你培養風險體適能的強大工具。目前，個人的追蹤裝置與app已經能用來追蹤心率、步數與其他體能活動，甚至還能測量腦波。眾多軟硬體能協助你引導呼吸、冥想與做其他的練習，從而掌控心率與受壓程度。相關裝置能協助你追蹤身體狀態，獎勵理想行為，感受到達成目標時體內小小多巴胺帶來的快感。當你愈習慣讓身體反應達到最佳狀態，就愈容易出現理想的反應。

此外，監控內在的生理變化也很重要，例如定期檢測荷爾蒙濃度、葡萄糖、鈉濃度與其他指標，可以為我們提供實用的資訊，但由於檢測的侵入性太強，因此無法每天使用。腦波測量技術便可以隨時派上用場，目前的技術已經先進到能協助你做出立即改變，使你在最佳狀況下做風險決策。

留意周遭環境也同樣重要。環境能讓你的身心做好準備，

但也有可能讓你難以做出理想的風險決定。想一想，你的工作是否符合你的風險指紋？老闆與同事是否同舟共濟、一起打拚？或是裝腔做勢、互扯後腿？你身邊的人會讓你血壓升高、還是令你信任安心？室內光線是否明亮或照明不足？溫度是否太熱、太冷或剛剛好？

　　想要做出理想的風險決策，仰賴大腦和身體保持在良好狀態。當你明白自己身處在壓力、荷爾蒙與風險行為形成的回饋迴圈，就更能為自己設計出有益的環境，協助自己改善面對壓力與不確定性時的身體與情緒反應。記得留意自己以及環境是如何增加或改善你的壓力程度，從中你將獲得重要的線索，知道自己正處於做出風險決策的最佳狀態，或是你正被壓力與情緒拖著走，因而做出過度激進或消極逃避的應對方式。

第 11 章
風險與工作的未來

　　我的朋友麥克和我一樣是 X 世代的人。記得他頭一次面試一份重要的顧問工作時，他換上一條乾淨的褲子、成套的西裝外套，但裡頭搭的是 T 恤。雖然那是一件乾淨、時髦，甚至很潮的 T 恤，上頭既沒破洞，也沒有印著會觸怒人的文字或圖片。然而，T 恤畢竟不是多數面試者會選擇的正式服裝。當時是 1990 年代的尾聲，科技熱潮尚未讓「商務休閒」風盛行，更別說是**休閒**服飾了。換作今日，你要是穿著全套正式服裝去面試，反而會被笑。

　　麥克的面試官問他，知不知道穿那樣去面試是在冒險。麥克回答，從他的角度來看，他認為自己沒有冒險，因為「風險是指有可能出現自己不想要的結果」。是的，麥克就是想要在一個能做自己的地方工作，所以如果公司不接受真實的他，他也不想要那份工作。你猜最後結果如何？沒錯，麥克被錄取了。

　　麥克的態度在當時很不尋常，但今日的千禧世代與 Z 世代求職者根本不覺得麥克有哪裡奇怪。第 4 章曾提到，不同世代

對於工作與公司的期待呈現極大的差異。新世代求職者如果不喜歡目前的工作或公司，那麼會認為勉強留在原地（然後變成一灘死水）比選擇離職的風險還大。他們傾向對於上班服裝較隨興的創意工作或科技業更感興趣，而不是如我這輩人傾向選擇的金融業、法律界和顧問工作。

千禧世代對工作的邏輯的確不同於以往。從前的人會叫你忍著點，咬牙撐過不是那麼喜歡的工作，因為想在公司裡升遷到更理想的職位，就得付出一定的代價。新世代工作者則在意找到自己最在乎的事，並會為了讓那件事成真冒必要的風險。顯而易見，這兩種工作心態分別以不同的方式定義風險。在我的朋友麥克看來，風險是指可能出現自己不想要的結果，因此要避免做那種你不喜歡的職務內容、身邊又是一群討厭鬼的工作。換句話說，風險不在於有可能**丟工作**，而是困在一份工作裡無法脫身。

這種嶄新的觀點像是專為不確定的世界量身打造。第8章曾提到，當眼前每一件事分崩離析時，目標感可以發揮穩定軍心的引領作用。此外，第9章也探討到，人的風險認知與態度會受到他在情境中具有多少掌控能力而影響。的確，我們不太能掌控所處的瘋狂世界，但至少可以控制自己做出的選擇。這或許也能解釋年輕世代的另一個共同特徵：渴望扮演領導者的角色。

美國運通（American Express）2017年的研究顯示，約有十分之七的千禧世代有志擔任執行長。[1]VirtuAli訓練顧問公司

與人資會員組織「職場潮流」（Workplace Trends）合作的2015
年研究中也發現，超過十分之九的千禧世代尋求擔任定義更廣
的領導角色。[2]我認為原因就在於獲取自我職涯與工作環境的
掌控感。這種旁人看似增加風險的做法，實際上卻是年輕世代
試圖在某種程度上掌控周遭風險的方式。

新世代的風險智慧

　　尤安娜・施莫娃（Yoana Sidzhimova）在克萊蒙特麥肯納
學院（Clare-mont McKenna College）念大三時，曾為未來有
志成為金融專業人員的學生舉辦職涯工作坊。過程中，施莫娃
感到十分訝異，因為她發現只有少部分學員畢業後想到大公司
上班，這不同於以往認為，找到一個能提供安全和穩定的工作
才是最好的出路。幾個月後，施莫娃經過全盤考量，為自己做
了一個決定：出國短期留學。她說自己一板一眼的思考方式，
來自於她保加利亞裔父母保守的習慣，雖然表面看似保守，實
際上卻在冒很大的風險。

　　施莫娃一家人在2005年移民美國，但蘇聯時代留下的記
憶，依舊在長輩心中留下深遠的影響。當施莫娃為未來的金融
職涯做準備時，就透過各種方式測試自己的風險容忍度，例如
她投資雞蛋水餃股。更重要的是，當她嘗試新事物時，通常會
先踏出小小一步稍作嘗試，並以家人的支持做為後盾，施莫娃
把風險看成正面的事，她認為決定要做，就要做到成功，但她
認為關鍵不僅在於信心，還需要一個由可信賴的同事組成的支

持系統：「成功的唯一途徑就是所有人都相信自己。一個團隊需要冒很多險，才能獲得並持續擁有報酬。這才是我能承擔並支持的風險。」施莫娃和與她同世代的年輕人一樣，他們更希望被稱呼為具備「風險智慧」的人，而不是被貼上試圖「迴避風險」的標籤。

　　以施莫娃決定出國進行短期留學的例子來說，她告訴我：「我花了6個月進行自我對話，仔細考量做決定後可能導致的風險。面對未來我不斷思考的是：我關注的是身心的健康與快樂，或只求找到一份謀生的工作。」在思考過需求的優先順序後，更能從理想與務實的層面規劃時間的分配，同時確認對自己而言，什麼才是最重要的事。施莫娃經過仔細評估後發現，改善語言能力與獲得國外經驗是投資自己的未來：「我認為留在國內的風險較大。我不希望將來有一天會後悔。」對她來講，到國外待一學期顯然是正確的決定。

　　要是我在施莫娃的年紀時懂得分析風險就好了！她明智的意識到，退一步不一定代表鬆懈，而是專注在真正想要的東西上。後來，施莫娃於2019年秋天去義大利米蘭，結束短期課程後再回加州完成大三學業。值得慶幸的是，她在疫情爆發前就回家了。不僅如此，她出國前就主動尋找暑期實習機會，以便充分利用假期。隔年夏天，她進投資銀行實習，加入負責分析科技公司的小組，分析對象從軟體、旅遊科技到汽車科技等產業，幾乎無所不包。暑假結束時，銀行提供她一份兩年的工作，而且可以等她2021年春天畢業後再上班；這是一份穩定

又具挑戰的工作，可以在她決定自己的下一步前，好好培養自己的專業能力。

不斷變動的工作本質

　　人們對於工作的定義正在改變。原因不只在於年輕世代的工作態度，而是工作本質不斷變化。不論是個人進行職涯選擇時，或者是企業徵才、福利與留才方案，隨著自動化與人工智慧等技術問世，第四波工業革命正讓風險技能成為未來不可或缺的能力。技術變動的速度實在太快了，以至於我們對於哪些事該交給人類做、哪些事該由機器接手的觀念也得與時俱進。專家預測，隨著科技重新定義職場，愈來愈多重複性、例行性與可預測的工作（這些也正是令人們感到無聊的工作）將交給機器負責。此外，機器也將接手更多被視為「高風險」的工作。尤其在新冠肺炎疫情之後，更加快企業引進機器的腳步，以減少人類接觸與感染的潛在風險。

　　這樣的改變伴隨而來的結果是，未來對「成功職涯」的定義，將是能運用人類所獨有、而機器缺乏的能力，包括：策略、同理心、團隊合作、創新、創意，以及有能力因應無法預測的情境。研究顯示，創新、創意與危機處理之間有著密切的關聯。同理心與團隊合作的能力，需要的是從他人角度看事情，並能納入多方不同的觀點。這些能力說起來容易、做起來難。尤其對於有些具強烈掌控欲、不願尋求他人觀點與支持的人，更是一大挑戰；在他們眼中，擬定與推動新策略是一種冒

險。總之，未來在等待的人才，全都與能否具備彈性、因應不確定性與風險管理能力密切相關。

這樣的現實顛覆了年輕人及其家人評估風險的方式：教育成本很昂貴，究竟該投資哪一種技能、選擇哪一條職涯道路？隨著科技日新月異，技術一下子就過時，我們又該學些什麼？什麼時候學？

為此，政府、各級學校機構與學生本身，必須想辦法確保未來的工作世代能學到必須具備的知識與情緒技巧。我們必須重新檢視過去數十年來過時的教育內容，進行制度的汰舊換新，以調整成更符合現今經濟與社會的方向。對於有些教育體制較多嚴格限制的國家，或是以終身雇用為榮的文化來說，制度的汰舊換新尤其是一大挑戰。然而，未來有能力轉換跑道與學習新技能，將是能在新經濟中成功的最大關鍵，不論是企業工作者或自雇者都是如此。

如今，新型科技平台已經顛覆人們與企業工作媒合的方式，改變「怎麼工作」與「為誰工作」的方式。在富裕國家，愈來愈多人自願成為自雇者，他們不隸屬於企業，替「穿西裝打領帶的大老闆」效勞的時間也愈來愈少。有的人樂觀其成，因為從風險的角度來講，擁有更多選項與生活主控權的確是件好事；不過喜歡穩定和安全感的人則不一定這麼認為。但不論這兩派人士是否接受這股新潮流，當風險從企業轉移到個人身上，實為一大隱憂。

個人、企業與政策制定者該如何適應變化莫測的世界？

以下是我的建議：我們需要新型態的教育體系提供專業技能，更要培養人們獲得成功不可或缺的風險技能。我們必須打造新的系統與資源，支持創業者與零工經濟工作者在正式和非正式經濟活動中承擔的健康風險。我們更必須勇敢的解答這個難題：社會如何才能讓所有的工作者都擁有最大的生產力？不只替傳統企業中的員工做打算，也得考量到「非典型勞動力」（alternative workforce）工作者，包括：約聘人員、自雇者、零工族、個體企業家、眾包工作者與微型企業。上述問題的答案，端視政策制定者、企業和社群提供的風險保護傘，以及所創建的生態系統。

風險與非典型勞動力

根據世界銀行於2019年公布的《世界發展報告》（*World Development Report*）估算，全球勞動人口中有近0.5％的人參與零工經濟，其中大部分的人用零工收入來補充主要收入；[3] 在科技取得管道有限的開發中國家，則不到0.3％。Upwork接案平台與自雇者聯盟（Freelancers Union）的調查則指出，2017年有超過5,700萬美國人（超過三分之一的勞動力）是自雇者，這群人從未進入企業工作。若這個數字繼續成長，預計到了2027年，自雇者將占勞動力的多數。[4]

傳統企業正在減少員工的福利，漸漸把原本由人類負責的工作，轉交給機器與演算法。Upwork、Fiverr、Airbnb、Lyft與Uber等平台在科技的協助下，讓「零工經濟」這種新型態

的自由業成長茁壯。這樣的趨勢讓有些人開始擔心自己有天工作難保，或是淪為習得無助感受害者，深怕一旦恐懼成真，失業後便被迫成為自雇者；有些人則開發副業，以確保工作不會受不確定性因素影響。不論如何，不可否認的，我們已經進入零工經濟時代。

新經濟型態工作者看待風險與確定性的方式截然不同於傳統受雇者，他們更願意接受風險，也做好迎接風險的準備。[5]超過半數的自雇者喜歡建立多元客源，而不會把所有職涯雞蛋全部放在同一個雇主的籃子裡。如今，有愈來愈多人加入自雇者的行列。研究顯示，許多自雇者認為擁有多重收入來源的風險較小，不過他們還是會擔心收入是否穩定，此外，有63％的人每個月至少會動用到1次儲蓄。

儘管有「近憂」，自雇者還是比傳統受雇者更具「遠慮」，在憂心自動化將帶來潛在威脅的民眾中，自雇者比例（55％）高過傳統受雇者（僅29％擔心）；自雇者預期機器人或自動化將改變自身產業的比例（68％），也比全職工作者（34％）來得高。換言之，自雇者知道如何替自己創造安全感，並會為未來做好準備，投資自己以跟上未來所需的技能。根據調查顯示，在問卷調查執行前的6個月裡，參加過技能培訓課程的自雇者是非自雇者的兩倍以上。

不過更大的挑戰在於，如何為自雇者打造一個有如企業提供給員工服務與技能支持的架構，若能如此，便能讓傳統受雇者在職涯規劃上擁有更多選擇與信心。不過即便缺乏公司提供

的支援，自雇者與一人創業家也變得愈來愈有自信。[6]勞動力顧問公司MBO夥伴（MBO Partners）2019年的工作者調查顯示，有53％的工作者認為獨立工作比傳統工作更具安全感，這個數字已高於2011年的32％。此外，自雇者感到自營的風險遠低於傳統受雇者。前文曾提到，所謂的「冒險者」與那些傾向做出保守選擇的人，兩者具備不同的風險認知，自雇者也一樣；在自雇者心中，比較不會認為自己是在冒更大的風險，尤其是一旦真的跳下去做之後。

　　上述調查也顯示，自雇者認為自己屬於高收入族群的比例較傳統受雇者低（38％：48％），但對自己收入感到滿意的比例則高於傳統受雇者（69％：66％），而對收入感到不滿意的比例也比傳統受雇者低。

未來需要的人才

　　「不論你是受雇者或自雇者，今日承擔的風險都更大了。」工作搜尋網站FlexJobs創辦人兼執行長莎拉・蘇頓（Sara Sutton）說。2007年成立的FlexJobs專門提供遠距工作、兼職、彈性工作與自由業等職缺。談起蘇頓創辦公司的原因，當時懷孕8個月的她被公司開除，突然失去新創公司的資深職位，挺著大肚子找工作並不是件容易的事。更重要的是，她想找一份能兼顧孩子的遠距工作。當時的工作環境和今日不太一樣，自由工作和遠距工作的風氣尚未成形。為了幫自己解決問題，也為了協助和她面臨相同困境的無數謀職者，蘇頓決定創

業。如今，FlexJobs 造福了許多人，特別在新冠肺炎疫情爆發後，求職者的需求更是大增。

蘇頓認為未來的工作者必須同時具備兩種新技能：一種是執行工作時會派上用場的「硬」技能；一種是和人際關係、團隊合作與策略有關的「軟」技能。要讓硬技能與時俱進，就得投入時間自我充實以學習新知。蘇頓說：「你很有可能需要找新工作，因此不能只仰賴目前的技能，吃老本不安全。你必須持續督促自己學習，關注可能會有需求的新型技能領域。這意味著你得試著把自己推出舒適圈。」

蘇頓認為，適應力與彈性是未來必須具備的首要技能，其他同樣重要的還有社會智能、協作力、領導力，以及批判性思考與複雜性思考，簡而言之，未來在等待的人才就是具備創意與跨領域能力的工作者。此外，打造支持系統與負起表達自身需求的責任也很重要。「社群與支持網絡將愈來愈重要，你得找到志同道合的共事者，例如其他自雇者與朋友。你必須有能力與他人溝通、不斷挑戰與學習，也就是所謂的『同理心學習』（empathic learning，第 12 章會再進一步談風險同理心）。」蘇頓說。

社群能降低風險，讓你感到有人在支持你。還記得第 7 章提到，集體主義文化通常比個人主義文化更能掌控改變與處理風險。未來最成功的工作者，將是善於打造與整合社群生態系統的人。事實上，「共同工作空間」已經具備社群的屬性，方便人們迅速找到可以信任、熟悉業界的諮詢人才。疫情期間最

讓我印象深刻的例子是 Deskpass，它是一個遍布全球的「共同工作空間」網絡，提供虛擬的社群建立服務。

我在 2015 年認識共同創辦人妮可・瓦奎絲（Nicole Vasquez），當時她剛在芝加哥成立第一個「共同工作空間」：The Shift。瓦奎絲把 The Shift 定位成為一個社群，而不是一個企業。我就是在 The Shift 找到我的網頁設計師與代管服務，此外，那裡還有很棒的印表機以及一群朋友，彼此共享實用的專業人才網絡。

創業的決定也讓瓦奎絲釐清什麼才是生命中最重要的事，她也經常把自己的經驗分享給其他人。瓦奎絲是個幸運的人，職涯早期就跟在老闆身邊做事，獲得行銷、營運、財務、法務與銷售等各種經歷。她說：「我一直以為自己這輩子會找一份工作，一路往上爬到高層。」她一邊工作，還一邊念 MBA，背負整整 9 萬美元的學貸；為了獲得升遷機會，瓦奎絲每天從早上 7 點工作到晚上 7 點。25 歲那年，她終於獲得升遷中階主管的機會，但也同時遭到實話實說的老闆敲響警鐘。老闆委婉的建議她，或許不該把自己逼得那麼緊，因為她已經是全公司最年輕就升上管理職的人，公司所有的高階主管都至少比她大 15 歲。這意味她下次升職大概還得等很久，不管如何努力，終將徒勞無功。

那一瞬間，瓦奎絲感覺自己彷彿被困在灰色的辦公世界，無從發揮才能。後來，她轉調到銷售與行銷工作，碰上許多頤指氣使、蠻橫不講理的客戶，有些人甚至會對她大吼大叫，把

她貶得一文不值,甚至還對她調情。她經常需要與客戶遠距開會,有時會把車停在一旁有咖啡店的地方,使用店內的 Wi-Fi 上網。某天她恍然大悟,原來她一直以為很「安全」的道路,其實也沒那麼安全,而且可能根本不適合她。她決定離職,轉而開創「共同工作空間」事業。

回顧從前,瓦奎絲認為即便創業不成,她也有自信用自己的 MBA 學歷、人脈廣與家人支持做為風險靠山。創業頭一年半,她自己不支薪,全靠先前的積蓄支撐。接下來兩年,她勉強苦撐:「最大的風險就是那段燒錢度日的創業階段。」

後來瓦奎絲靠兩件事撐過去:第一,她認識一群走過相同創業道路的夥伴,她向他們虛心請教,彼此慷慨的分享人脈與洞見,互相加油打氣。「我們齊心協力。你幫我,我幫你,搭建起像蜘蛛網不斷延伸的網絡。」她笑著說。在這個年代,擁有一個值得信賴的社群再重要不過了,你得要有自己的「部落」才行。直到今日,瓦奎絲和許多自雇者、獨立創業者,以及她的小型事業客戶仍並肩同行。第二,瓦奎絲會定期檢視目前做的事是否符合自訂的優先順序。我們太容易被刻板印象中的創業「斜槓」文化牽著走,瓦奎絲則不一樣,每當她感到焦頭爛額,便會想辦法切分工作,甚至交出掌控權。

後來瓦奎絲募得資金,搬到空間比之前大很多的地方,開創第二個事業體 Deskpass,這個會員制社會企業曾被譽為「芝加哥最佳共同工作空間」,連結起人們與 500 多個共同工作地點,目前有 20 個城市參與,數量仍持續成長。對於瓦奎絲來

說，她不只是在「開店」，而是基於建立社群的使命感。後來她把 The Shift 賣給會員，日後又卸下 Second Shift 的管理責任。

　　當我和瓦奎絲聯繫時，她和先生正在邁阿密度假，以躲開芝加哥的寒冷氣候。她說：「我正享受可以在任何地方工作的生活。」回首從前，瓦奎絲認為當初不該念 MBA，因為真實世界的經驗更為寶貴。如今，共同工作者與「數位遊牧民族」（digital nomad）的世界正在擴張，未來的職場仰賴的很可能不是 MBA 文憑，而是像瓦奎絲建立與受益的支持網絡與自學力。

零工經濟時代來臨

　　2018 年美國職業諮詢機構 MBO Partners 的研究表示，美國有 480 萬名自稱是數位遊牧民族的獨立工作者，過著由科技帶來的生活方式，運用「共同工作空間」在旅途中遠距工作，遊走在世上各個角落。[7] 共同工作資源顧問公司（Coworking Resources）與共享工作平台 Coworker.com 預估，儘管疫情帶來衝擊，全球各地的「共同工作空間」依舊會在 2020 年達到 2 萬處。[8] 預計自 2021 年起，空間數量每年將以超過 20% 成長，到 2024 年將超過 4 萬處，容納 500 萬人。

　　許多數位遊牧民族與創意專業人士都有餘裕選擇那樣的生活方式，那不同於被科技淘汰、被迫加入零工族的人們。零工族的情形是碰上工作外移或單純需要餬口、填補工作與工作之間的零碎時間。Uber 與 Lyft 司機、家管員、看護、幫忙跑腿的人與快遞員，就是處在規則尚在演變的世界中的一員。

美國社會學家茉麗葉‧修爾（Juliet Schor）在她精彩的著作《零工之後》（*After the Gig: How the Sharing Economy Got Hijacked and How to Win It Back*）指出，新型平台利用科技發展而茁壯，卻造成勞工與消費者保護制度上的漏洞，使得許多零工族的權益受到忽視。[9] 修爾與「消費連結與經濟連結計畫」（Connected Consumption and Connected Economy Project）的研究團隊發現，零工族可以分為兩種類型：一種是收入完全仰賴零工的人，另一種是利用零工貼補業外收入的人。後者不需要仰賴零工收入就足以應付生活，但相較於前者所獲得的報酬，後者反而比較高，整體而言也更享受在零工工作中。研究中也發現，大約有十分之七的司機收入完全仰賴平台，房屋共享或汽車共乘平台則幾乎沒有人這樣做。

生計完全仰賴零工以及打零工來補充收入的人，兩者看待風險的方程式相當不同。後者由於不需要靠零工收入來支付房租、房貸或車貸，因此可以拒絕不愉快、不方便或低報酬的工作內容。此外，他們更可能擁有健康保險與其他管道提供的風險保護傘。修爾指出：「零工族除了必須自行提供工具與支付所有支出，獨立承包商的名義也讓企業不必負擔社會安全福利的提撥、工人撫卹金與失業保險。此外，這類企業也透過評分系統將品質控管與人資功能外包給消費者。」

在前零工經濟的世界，企業必須設法讓民眾信任自家產品與服務。因此，為了讓品牌獲得好口碑，自然就會降低消費者買到問題商品的風險。然而，當服務提供者變成是成千上萬

的個人工作者，實務上很難靠他們建立品牌，為此，科技平台打造起消費者評分系統。然而，修爾認為這種機制有盲點，甚至濫用人們對於系統的信任。由於平台兩端的用戶都需要藉由系統來降低風險，舉例來說，共乘的司機與 Airbnb 的屋主需要保險、背景調查、授權與安全守則，或是防堵歧視的制度與法律。此外，還會出現外部性或影響到第三方的風險，例如：Airbnb 派對傳來的噪音、交通事故、塞車、乘客分流與大眾運輸費用。*

　　目前社運人士、政策制定者與企業正在為相關後果（有意為之或出乎意料）感到焦頭爛額，並試圖規畫更理想的未來。加州的「Assembly Bill 5」（簡稱 AB-5）等法案（後文會再提及）代表著試圖讓生態系統公平分散風險與獎勵的初步努力。不過，情況瞬息萬變，法規很難立刻跟上腳步，反覆試誤也可能產生讓人意想不到的結果。適合零工經濟的風險生態系統還在「施工中」。

　　不論是自願或非自願，已開發國家工作者正在脫離舊經濟的工作型態。開發中國家的政策制定者則依舊還在進行漫長的旅程，慢慢把人民納入正式的體系。[10] 對於全球 61% 從事不受管制的「非正式」經濟勞工而言，開發中國家的「新」零工經濟在根本就不是新鮮事。根據國際勞工組織（International

---

* 譯注：共乘理論上可以減少塞車，但空車找客人與乘客上下車都會影響路上的行車數量與順暢度。此外，部分地區實驗讓共乘服務充當大眾運輸工具，但政府該如何補助也是問題。

Labor Organization）2018年的數據顯示，超過20億人（大部分都在開發中國家）從事非正式的經濟工作，他們不繳稅、不受監管，更不受政府的任何保護。發布這份調查報告的共同作者邦倪（Florence Bonnet）表示：「對數億勞工而言，『非正式』的意思是指缺乏社會保護、工作權益，以及合理的工作條件。對企業來講，則意味著低生產力與缺乏金融管道。」

　　長久以來，全球最富裕的國家自豪於能提供正式經濟、勞動契約和社會保障。事實上，這些富國的多邊發展機構多年來派出大量顧問，協助貧窮國家讓更多的企業與勞工「正式化」（不可否認的是，另一層動機是窮國的稅收增加後，將更能償還外債），成功的讓開業的文書工作在開發中世界更容易被批准。然而就勞工方面，並非如經濟發展理論所預測的窮國變得更像富國，反而是富國開始更像窮國。

　　世界銀行2019年的《全球發展報告》（*Global Development Report*）指出：「已開發經濟體的勞動市場愈來愈活躍。地下經濟在新興經濟體也依舊是常態。即便是在已開發經濟體，短期勞工或臨時工所面臨的挑戰大都和非正式體制的勞工一樣。在大部分的開發中國家普遍存在缺乏書面合約、保障的非正式自雇計時工作，以及低生產力的工作。」報告中毫不留情的指出：「這種趨於一致的現象並非我們對21世紀的期待。」政策制定者最初想像的世界大同，其實是加強與擴大提供給企業員工或自雇者的風險保護傘，協助所有勞工增加生產力與發揮所長，不論他們身處在已開發或開發中國家的經濟體。

重新思考勞資關係

隨著自雇者與約聘工作者的數量在過去10年大幅增長，[11] 2018年美國人待在現職的中位數年數下降至僅4年。部分原因就如同第5章探討的經濟與世代偏好的變化。不過，還有部分原因在於，企業與員工也重新思考彼此之間的關係。

舉美國的醫療保險制度來說，1920年代先是有幾間醫院、再來是幾群醫師所提倡，[12] 不過，那些私人計畫並未真正實施，一直要到二戰時期，聯邦政府為了抑制通膨、控管工資，雇主的變通辦法是向員工提供健康保險等額外福利。1943年，美國國稅局讓健康保險得以列為所得稅的扣除額，這對勞工和公司來講都是好事。雇主不僅喜歡這種稅賦優惠與招募人才時的好處，勞工的健康獲得保障後，又能讓生產力大增以鞏固事業。換言之，保護勞工符合公司的利益。

今日的科技平台讓人們更容易以低成本的方式，將擁有特定技能與需要那些技能的人連接起來。企業把工作外包出去，把員工換成承包人，但大部分的公司八成並未充分考量承包人在未獲得必要保護下所付出的成本：更大的風險、更大的壓力，這些都可能導致生產力下降。如果每一個替雇主工作的人，不論是契約工或全職員工，都能獲得健康照護或範圍更廣的安全支持網，他們將更能安心的工作，提升生產力，同時使雇主受益。同樣的，當自雇者缺乏安全支持網時，同樣會減損他們的工作表現。

　　有的人喜歡擔任承包人而非雇員所帶來的獨立生活，有的人則擔心工作會被這些「表面上自由」的承包人搶走（承包人的生活絕對稱不上自由自在）。如今，零工工作的競爭愈來愈激烈，以至於壓低零工族所收取的費用。承包人原本能收取高過員工時薪的費用，以補償必須自行負擔健保在內的例行費用，現在卻因為缺乏穩定收入而承受更高的風險。

　　隨著獨立工作者人數日漸增加，我們對於職涯風險的定義也在改變。企業也必須調整自身看待人才的態度：再也不是和其他公司搶最優秀的人才，而是必須想辦法不讓旗下最有能力、有衝勁的人才抓住機會自立門戶。

　　科技連結起自雇者與企業，同時也讓工作者更容易將自己的工作與其他公司的職位與文化進行比較，更容易找到符合志趣與更理想的工作機會。這也改變職涯的風險方程式：相較於嘗試新事物的機會（「好」的風險），留在不喜歡的公司帶來的負面風險更大。這就是為什麼相較於傳統世代，年輕世代更常更換工作，而攀升的離職率又讓企業更不願意投資在教育訓練上。顯然，這是一把雙面刃。不論對於雇員與雇主來說，想要成功，就得對風險有新的認識。

　　美國芝加哥工作與經濟研究所（Institute for Work & the Economy）創辦人彼德・克雷寇（Peter Creticos）表示，二戰過後，企業通常會大力投資相關訓練在供應商品的品質標準或自家員工的技術提升。如同2018年的紀錄片《百老匯浴缸》（*Bathtubs over Broadway*）描述的情景，企業甚至會雇用一流

的作家、演員與導演，製作出百老匯風格的音樂劇來介紹公司文化，用途是教育與激勵旗下的銷售人員。然而，隨著時代的變遷，愈來愈多雇主卻把風險從自己的損益表移轉到員工身上，退休金也從一定會提供的福利改成確定提撥制（defined contribution）。

　　隨著健康照護的成本上升，雇主把更多成本轉嫁到工作者身上。與此同時，克雷寇指出「智慧財產權」（IP）的歸屬權也成為一個新的難題。在長期雇用的舊制度下，公司提供完善的福利制度，而替這種公司工作的員工所創造出的 IP，理所當然屬於公司。然而，如今有多少創意工作者或工程師願意將自己的點子、設計與發明的權利，讓渡給不認識、也無意提供他們適當報酬的企業？這無形間將減損工作者的創意與生產力。克雷寇提出警訊：「當對社會有長遠影響的創造，轉變成純粹只是一筆交易，未來的發明要來自何方？」

　　同樣的道理，當企業愈來愈把對員工學習與進修的投資，轉嫁為員工個人的責任。這種短視近利的決定也將為企業帶來長期且負面的影響，克雷寇說：「這將形成一個非常脆弱的系統。當系統開始崩塌，每一件事都跟著瓦解。」目前，許多執行長也開始意識到問題的嚴重性。

雙贏的行動方案

　　所以接下來呢？

　　社運人士與支持相關理念的政策制定者正積極迫使企業

將所有承包人視為員工，讓他們也能受到保障。例如加州在
2019年通過AB5法案，要求企業將零工族重新歸類為雇員。
雖然AB5法案主要是針對Uber與Lyft等共乘公司，但適用對
象也包含媒體與其他利用承包人的公司。沃克斯傳媒（Vox
Media）為了遵守法規，終止與數百位自由作家和編輯的合
作，改成僅正式雇用屈指可數的兼職或全職員工，並提供健
保、失業保險與最低薪資等。[13]

　　此外，AB5法案也讓一些企業擔心，如果提供部分福利給
自雇者，公司將因此適用於強迫重新分類相關工作者的其他法
條，但並不是所有工作者都希望成為雇員。事實上，AB5法案
的真正用意是為了保護共乘司機，確保他們能賺到可以維生的
工資。法律無意奪走任何人的工作，也不是為了讓自雇者無法
享有福利，或是強迫他們進入不想要的正式關係。只是有時候
美意卻變成惡法。AB5法案帶來意想不到的後果，引發一場更
大的辯論：「某位工作者究竟算雇員還是承包人」，真的是我
們該追問的根本問題嗎？

　　正如共乘平台Uber執行長多拉・柯霍斯洛夏西（Dara
Khosrow-shahi）在《紐約時報》社論上寫道：「我們必須提出
給零工族的『第三條路』，但我們需要具體可行的方式，而不
只是新點子。我們需要新的法規。目前的制度是二元的，企業
每提供額外福利給獨立工作者一次，他們就會變得愈來愈不獨
立，而那也替企業帶來不確定性與風險。這正是我們需要新法
規的主因，不能完全只靠企業自行想辦法。」[14]他提議要求零

工企業設置福利基金，藉由提供工作者現金的方式，讓工作者擁有更彈性的福利，例如工作者可以拿那筆錢去繳健保費或享受有薪假。此外，柯霍斯洛夏西也意識到零工企業必須保護工作者免於開車載客或騎車外送食物時的各種真實風險。「各州應該要求所有零工企業提供因公受傷的醫療險與失能險，建立基本的安全網。但在今日的法規制度下，我們無法在不損害司機獨立工作者身分的前提下，提供他們這些福利。」

　　當然，這些想法只是開端，後續還需要透過對話討論更多的問題，例如：傳統的企業與工作是否提供正確的風險保護傘給所有工作者；以及，企業、政府與個人該如何平衡風險方面的責任。更理想的做法則是思考：如何建立新型的生態系統支持每個人發揮潛能，不論是員工、自雇者、管理者、裝配線工人、全職或兼職工作者。即便各國政府積極介入，新冠肺炎疫情仍暴露出許多國家現存風險保護傘的巨大漏洞。

　　好消息是，有些企業已經開始進行相關試驗。勤業眾信顧問公司（Deloitte）於2019年《人力資本趨勢報告》（*Human Capital Trends*）調查119國近1萬名受訪者，結果發現，部分企業替新型工作者設計出混合式福利。[15]31%的受訪者表示企業提供非典型工作者學習與發展計畫，22%提供獎金與其他類型的獎勵性工資，這些舉措將使傳統受雇者與自雇者之間的界線更加模糊。

　　新冠疫情暴露出問題遠非加州的法規議題那麼簡單。自2020年2月至4月間，美國超過2,200萬名受雇者失去工作，

其中許多是永久性失業[16]，這意味著：如果你失去工作，就沒有員工健康保險。在健保制度不完整或尚在初期階段的國家，新冠肺炎引發全新的辯論：保護民眾的健康風險是誰的責任？從經濟的角度來看，該如何分配才算合理？思考這兩個重要的問題，有可能把美國帶到非常不一樣的方向，迫使政策制定者、企業與公民共同思考未來工作的可能樣貌，努力找出重新設計風險保護傘的最佳方法，透過保護正在發生變化的勞動力，締造提升企業生產力，支持健康經濟生態的三贏局面。

建立新型風險保護傘

建立與管理風險保護傘是誰的責任？要回答這個問題，得回到第8章討論的核心主題：一個社會的價值觀與公民意識將共創我們的未來。以工作的風險為例，隨著歷史的演進有著不同的變化：從早期人們組成狩獵採集隊伍以防入侵者搶奪獵物，到封建社會中農奴把大部分的收成獻給領主，以交換領主的保護與耕地權。到了工業化年代，工作的風險與責任從有如美國作家厄普頓・辛克萊（Upton Sinclair）在小說《屠場》（*The Jungle*）中所描述接近無政府狀態的屠宰場，演變成汽車大王亨利・福特的家長式領導，再到20世紀逐漸出現保險與安全法規。

現代工作場所隱藏著多樣化風險，包括：員工上班時的安全問題、失業的可能性等。企業也可能因為一名員工或自身一時不察而付出商譽風險（reputation risk）。工作時擔負的風險

往往可以透過法規和相關保險來解決，例如在一些國家，失業
有失業保險；許多國家也提供方案來協助企業支付薪水給被
迫休假的員工，補助疫情時期或嚴重經濟衰退期間被解僱的員
工。此外，有些國家提供職業再培訓計畫與過渡保險，以協助
夕陽產業的工作者。許多企業提供全職員工健康保險與人壽保
險，但通常只提供給薪水在一定級別以上的雇員。至於解決商
譽風險最好的方案，就是留意你、你的同事與公司文化的風險
指紋，判斷這是否是一間適合你待的公司。

　　另一個近來才開始獲得重視的因素是教育成本。傳統上，
每個員工在年輕時自行承擔教育風險，企業則負責投資員工的
在職訓練與高階管理者培訓，協助有前途的員工升遷。如今，
這樣的方式已經改變。隨著企業改變在職訓練政策，現在比較
常見的做法是提供員工再進修的補助。不過，那只解決一部
分的問題。新冠肺炎疫情讓人開始思考：究竟誰需要大學或
MBA 學歷，學歷文化又該如何跟上今日的需求。

　　企業有責任盡其所能保障工作地點的安全，政府也有義務
確保企業這麼做。隨著經濟從工業與製造業，轉換至科技業與
服務業，更應該在失業保障、健保與壽險等面向持續更新與履
行社會契約。或許更重要且涵蓋範圍更大的議題是：不論是自
雇者或雇員，該如何保障工作者免於失業。另外有一個風險保
護傘經常被人忽視，那就是健康保險，它能使人們在感到工作
無聊或不快樂時更能選擇離職，尤其是罹患慢性病的員工，或
是要仰賴繼續工作以獲得家人健康保險的員工。如果健保反而

成為阻礙人們離職、轉而從事讓自己更有生產力或滿足感的工作「金手銬」[*]，這對員工或雇主雙方都不是好事。健康、職涯與風險問題原本就是互相混亂的糾纏在一起，彼此的關聯本來就是千瘡百孔，而新冠肺炎更是讓問題雪上加霜。

前文提過，第四次工業革命顛覆現有的經濟、社會與政治模式。新型技術讓零工經濟成真，也改變工作者與雇主所承擔的風險。這種現象只會持續加速，還外加一個附帶趨勢：利潤集中，以及勞工成本與資本下降。以最小邊際成本就能輕易複製的技術，讓科技公司使用的人力愈來愈少，但利潤愈來愈高。這對企業、政府與民眾之間的社會契約來講具有重大的意涵。

在此同時，企業變成巨獸，大口吞掉小公司，搶走更多市占率。即便勞動成本壓低，企業依舊能提高價格，取得《經濟學人》（Economist）雜誌形容為「不正常利潤」（定義是遠超出「一定程度」資本成本的利潤）的財務報酬[17]。《經濟學人》在2018年算出全球5,000間最大的公司賺得的不正常利潤（計算標準是8%的資本成本），大約達6,600億美元，其中三分之一流向科技公司。「自1978年起，總利潤（公司的自由現金流，或公司支付投資後獲得的利潤）自GDP的1.9%上升至4.5%。」《經濟學人》在一篇談競爭的特別報導指出：「我們該問的是，為什麼競爭沒拉低收益，以及該怎麼做才能刺激競

---

* 譯注：指企業利用股票等福利綁住人才的手法。

爭。另一種選擇是不去處理不平等的問題，或是制定嚴格的稅
法或管制辦法，重新分配收入。」

　　這就是投資人與科技公司前高階主管李開復在2018年出
版的著作《AI新世界》（*AI Superpowers: China, Silicon Valley,
and the New World Order*）中提到的新趨勢以及隨之而來的挑
戰。李開復主張新技術帶來最大的危險，在於勞動市場與社會
體系所受到的衝擊，有可能導致反烏托邦的社會動盪狀態。他
寫道：「創投賭的是高風險與指數型報酬。」李開復認為，不
考量社會後果而盲目追求利潤，是一件很危險的事。[18] 我們聽
過很多寓言是關於世上最有錢的那群人，如何擔心剩下99％
的人將拿著「乾草叉」怒氣沖沖的走向他們。然而，未來富人
更該擔心的是，如果全球多數人口負擔不起大企業生產的許多
東西，使得全球財富集中在愈來愈少人手中，那麼全球經濟引
擎將逐漸停頓。

　　科技無意間帶來社會衝擊，我們該如何處理衝擊所引發的
風險？李開復主張要有新型的創投生態系統，這個系統看重具
有社會影響力的崇高工作，例如：健康照護、公園養護、藝術
與教育。李開復寫道：「這些工作在社會層面和個人層面都具
有重要的涵義，很多也都能夠創造出實質的收入，但不是像獨
角獸科技新創公司那樣，單一公司的投報率高達10,000％。」

　　從微軟創辦人化身為全球慈善家的比爾・蓋茲和許多人
都提到，目前有些政府會課徵薪資稅，未來也可以改抽機器人
稅。科技業自然抗拒這個提議，主張凡是能增加生產力的事物

都不該抽稅。他們說的沒錯，不該懲罰對那些生產我們想要的事物上進行投資的企業。然而，我們不也想要擁有工作機會，以及一個運作良好的社會嗎？如果是這樣，難道不該減少抽工作稅，甚至是不抽稅？我深信這些解決方案不只會改變有益於社會的工作本質，也將改變美好生活的定義。

此外，風險與報酬之間的平衡呢？風險愈大，報酬也應該愈大，對吧？這涉及我們在第8章探索的「公平」的風險價格。如果說科技公司與壟斷型企業耗費的資本和勞力都減少，卻獲得更多利潤，難道不代表他們冒的風險下降？此外，隨著人們成為自雇者，雇主將把更高比例的健康照護成本轉嫁到他們身上，個人工作者冒的險變多，難道不該獲得更高的報酬？

當然，千禧世代愈來愈重視人生目標的現象，正顯示不是所有的報酬都與金錢有關。目前也有愈來愈多企業注意到這點。使命感會讓人更願意堅持，也更能增進生產力，不僅職場上如此，生活中所有面向亦然。使命感會讓人願意冒對自己與對他人都有益的風險，感覺自己在做一件有意義的事，本身就是一種報酬。不過，如果利潤隨生產力增加，公司卻無意分給員工和承包商，就會產生副作用。

不確定世界的職涯靈活度

芝加哥的職場未來學家、《啟動你的敏捷職涯》(*Activate Your Agile Career*) 作者瑪蒂・康絲坦（Marti Konstant）指出，不是每個人的個性都能輕鬆跟上快速變動的環境，但麻煩之處

在於，要不要跟上變化的腳步不是你能選擇的。康絲坦建議，一向迴避風險與不確定性的人得重新思考自己對於風險與安全的定義。

康絲坦告訴我：「發生改變時，可別什麼都不做。如果你打算坐以待斃，將至少犯下跟嘗試新事物一樣多的風險。不改變自己就是一種風險，因為停滯不前就是人生與職涯最大的問題。」康絲坦運用時間與謀生的方式可謂多采多姿，她同時是藝術家、設計師、創業者、品牌建立者、銷售專家與科技行銷主管，而且仍舊持續發展中。

康絲坦認為，有的人偏好在較為傳統的組織保護傘底下工作，有的職位的確適合那種類型的人。她說：「如果你真的想替組織工作，而這又是你認為唯一能走的路，的確有那樣的工作。」康絲坦認為組織會希望網羅通才。這樣的人或許不具備某項工作要求的全部技能，但他們知道可以去哪裡找擁有那些技能的人才。她說：「獲得那種工作的方法，就是對專才有足夠的認識，有辦法管理那樣的人才。」

康絲坦也建議自學新技術，這將為你的專業領域帶來重大的影響。她說：「你不必當個研究未來 10 年趨勢的未來學家，只需要觀察相關趨勢。」康絲坦告訴我一個故事，某位在高中教西班牙文的老師，是全校第一個明白電腦是必備能力的人。她因為認識到這件事，得以轉換至薪水遠遠更為理想的工作。那位老師日後先是訓練同事，接著又開始訓練其他訓練人員，他自稱「教學的技術專家」，後來也取得博士學位，現在成為

負責訓練機器人學（robotics）的培訓師。

除了跟上趨勢，找出趨勢對自身專業領域的影響，以便把「壞」風險降到最低，避免被時代淘汰，多點機會冒「好」風險。康絲坦還建議要培養額外的職涯能力，她說：「盡可能為自己打造人脈與推銷自己。」注意到了嗎？她提到的是傳統的人際關係技能，這正是機器人無法取代人類之處，包括：了解自己與他人，以及找出你能為世界帶來的最大貢獻，包括你的核心技能、熱情、你能替別人做什麼。

為世界帶來貢獻

我們在第8章提過「目標」的重要，目標可以帶我們走過不確定性，做出明智的風險決定。年輕世代把個人目標當成仰望天空的北極星，因為他們已經深刻體悟到，相較於父母，他們的財務狀況不太可能跟上一代一樣理想。一位芝加哥的年輕人告訴我，他感到最大的挑戰是工作上的時間管理，他的工作內容無聊到我聽完就幾乎忘了，主要負責協助人們管理時間的各種app與策略，但這些app沒有任何一種符合他的需求，因此，他打算開發一款適合自己的時間管理app。他說：「我在研發那個app時，完全沒有無法專心的問題。我完成好多事。」

各位想到的事和我一樣嗎？或許他在工作上碰到的問題不是時間管理能力不佳，而是工作令他感到無聊。他真正該做的事，其實是應用自身的技能，做他真正在乎、感到對這個世界

有貢獻的事。

　　有些企業也開始回應員工對於人生目標的關注，嘗試讓員工感到他們的工作正為人們帶來重要的貢獻，至少公司帶給這個世界的利多於弊。不過，在這方面還有很長遠的路要走，如同臉書的早期員工傑夫・漢默巴赫（Jeff Hammerbacher）感嘆：「我們這個世代中最聰明的頭腦，卻是把心思放在如何讓人們點選廣告。」[19]

　　這種現實狀況也反映在下降的工作滿意度與員工參與度，以及許多人感到工作缺乏意義上。[20]荷蘭的丁伯根研究所（Tinbergen Institute）研究人員對47國共10萬人進行調查，詢問他們是否感到自己的工作對社會有益，結果有四分之一的受訪者不確定自身工作具有社會價值，或是認為自己未能做出太大貢獻。人們的答案隨時間和國家而產生差異：來自波蘭、日本、以色列、印度的受訪者最可能感到自己的工作對社會毫無貢獻；來自挪威、瑞士、墨西哥則最不可能這樣認為。

　　隨著工作的本質產生變化，工作是否該帶來使命感，人們的態度自然也產生變化。科技工作失去最初的光環後，許多人感到自己在單調乏味的牢籠裡工作（即便他們其實是在家工作或身處光鮮亮麗的辦公室）。此外，他們已經放棄靠新創公司的股票致富的夢想，開始思考不容易回答的問題，例如：是否該繼續留在現職，或是該冒朝新方向發展的風險。

　　有一天，當機器幾乎事事都做得比人類好，那麼人類在未來還有什麼價值？這個問題迫使我們正視一個更關鍵的問

題：我們所能做的更大貢獻是什麼？我們可以做些什麼來發揮
專屬於人類的潛能？當我們放棄缺乏使命感的工作，是在冒哪
些險？繼續做這份工作下去，又是在冒哪些風險？當我們不去
問、也不去回答這些問題時，又是在冒哪些險？

PART3
行為

第 12 章
風險與組織文化

　　巴布・摩根－莫布妮（Barb Morgan-Browning）與馬克・赫茲（Marc Hertz）是芝加哥小型企業顧問公司1CB（One Complete Business）的共同創辦人。然而，他們的風險指紋卻大不相同，兩人能夠一同創業，可說是不打不相識。

　　莫布妮熱情奔放，性格外向，從小在企業家庭中成長。她曾在學術界當過短暫的社會學家，一輩子沒坐過辦公室。莫布妮凡事較從大處著眼，有話直說，想到什麼就去做。赫茲則曾當過編劇還過得獎，也待過營業額數百億美元的財星五百大企業。他的性格內向，懂得聆聽，極度專注於細節，做事有條不紊。比起莫布妮，他更可能事先設想所有可能的風險與出乎意料的結果。

　　當這兩個風險性格南轅北轍的人在我的芝加哥辦公室坐下，打算聊聊如何開始合作時，赫茲就搶先說：「莫布妮會告訴你，我是一個迴避風險的人。」莫布妮立刻接話：「沒錯。」然而莫布妮也談到，有時赫茲反而比她還願意冒險。我喜歡他們的互動，明知彼此性格不同，卻能互補成就好事。

　　莫布妮說：「雖然我們的性格完全不同，卻擁有相同的價值觀。」值得留意的是兩人的合作，起初其實是莫布妮先踩煞車，她先前吃過苦頭，不打算找事業合夥人。因此，即使兩人合作幾個月的專案後發現合作無間，但莫布妮對於共同創業仍顯得遲疑。直到決定正式成為事業夥伴，他們才開始認真思考並磨合彼此的風險認知與態度。

　　莫布妮說：「對我而言，冒險是自由度的展現，表示能做自己真心想做的事。」她的祖父開了一間理髮店，父親也是愈挫愈勇的連續創業者。「我的家族一向保持的心態是，打造自己的夢想，不替別人工作。我從小接受的教育是：想做大事，就得冒險；失敗不可恥，不去嘗試才可恥。」她繼續說道：「冒險和健康息息相關，最糟的結果是死亡，所以就算破產、失去房子，必須睡在地上，跟死亡比起來，這些都不算什麼。」赫茲的外祖父母則是早年遭遇西班牙內戰，從原本的大地主淪為一無所有，後來以沿街叫賣烤鷹嘴豆和碎布維生。赫茲說：「莫布妮的家族認為冒險是發跡致富的途徑，我們家唯一的信念則是，活下去。」

一加一大於二的創業拍檔

　　莫布妮自認人生的核心目標是創業，赫茲則繼承家族的藝術家氣質，不把自己看成生意人；莫布妮滿口生意經，赫茲則實事求是；莫布妮談策略，赫茲談執行。莫布妮把風險視為正面的事，赫茲認為風險是必須管理之物。不過有趣的是，赫茲

會冒創意的風險，莫布妮不會。兩人在做冰淇淋性格測驗時，莫布妮偏好香草口味，赫茲則喜愛大膽的口味，例如：餅乾奶油風味或石子路口味。此外，比較兩人的學習風格時，赫茲也傾向勇於冒險。不過，如果客戶感到焦慮、需要有人在風雨飄搖之中握著他們的手時，莫布妮是最佳人選。莫布妮說：「赫茲以數據為導向，他是 Excel 天才，而且隨時都能用自學力解決問題。這點我望塵莫及。」

　　具有冒險性格的莫布妮在做商業決策時，很容易一頭熱的跳下去做。「一開始，在沒事先告訴赫茲前，我就自己做一些重要決策與承諾，例如：要在一星期內建好網站。」莫布妮說：「赫茲對我大吼大叫，但我完全聽不進去。我們還以為員工沒聽見我們爭執，但其實大家全都聽見了。」兩人的歧異極有可能讓事業破局，最後卻能克服在風險認知與決策上的差異。他們是怎麼做到的？答案是，兩人正視自己的風險態度與思考模式，明白彼此的優缺點並能截長補短，這樣的認識不僅有助於彼此合作，更能發揮「一加一大於二」的效果。莫布妮說：「現在每一件事我們會先取得共識。我們在經營協議裡寫明，萬一無法達成共識，就要一起諮詢企業治療師。凡是碰上錢和風險的事，就要誠實的攤開來講。真的出現衝突時，會先試著找出源頭、釐清原因。」

　　創業幾個月後，赫茲在穩定軍心上幫了大忙。那時，莫布妮第一次心臟病發，兩人只得暫停發展事業。後來，莫布妮還沒休養好就回辦公室上班，但很難維持以往的工作步調，並

在14個月後二度心臟病發。這次，他們徹底弄清楚哪些事最重要，其他的則決定放手。莫布妮與赫茲的核心價值觀相當契合。赫茲說：「我們不把意見不合上升到個人層面，而把重點擺在專心找出解決辦法。」兩人清楚明白彼此的差異，因此決定承擔兩人都認為值得的風險。

　　這樣的共識也有益於協助客戶問正確的問題：如果投入沒獲得回報，那麼客戶願意失去什麼？赫茲說：「我們大部分的客戶都是迴避風險類型，因此不一定會做出對自己或事業最好的決定。他們寧可為了獲得更多安全感而犧牲最想要的東西。」曾經有客戶在無數次堅持修改與重做商品目錄和網站，最後還是決定在產品發行前臨時喊停。另一位客戶則是租約和貸款都安排好了，卻在簽合約時消失無蹤。這類經驗讓莫布妮與赫茲學到，用考慮自己的風險為客戶設身著想有多麼重要。

　　兩人成立的公司 One Complete Business 完美示範了解風險動態是組織能成功的基本要素。雖然公司規模很小，但許多基本原則是相通的，同樣適用於大企業建立理想的風險文化。企業領袖必須意識到自身的風險態度，拿出同理心專注在最重要的事情上，專注在符合自身價值觀的事情上。此外，還必須制定流程，處理風險觀點發生歧異的時刻。

團體動力與組織衝突

　　根據顯示，有50%至80%的事業合夥人會分道揚鑣。研究者指出，最常見的拆夥風險因子包括：個性衝突、信任瓦

解，以及價值觀的不同。蘇珊‧沃德（Susan Ward）擁有一間IT顧問公司，她同時也是小型企業的專欄作家。她曾提醒讀者：「事業夥伴最大的優點是共同分擔風險、擁有互補的技能，但如果合夥人的性格彼此無法配合，難保事業不會出問題。」[1]沃德建議，打算與人合夥前，務必要問對方的重要問題是：「你喜歡冒險嗎？」

　　如果是合夥人數少的小型事業，風險性格與彼此期待之間的摩擦一下子就會呈顯出來。如果合夥人願意面對問題，相對來說很容易就能解決。但大型組織就沒那麼簡單了，員工數愈多或董事會規模愈大，協調與有效配合風險態度的挑戰會更大。不過，解決辦法可不是找一群態度、看法與行為都差不多的人，而是如同莫布妮與赫茲的夥伴關係，最聰明的企業會直接面對風險差異，試著把差異變成優勢。

　　此外，要意識到管理階層與員工的性格可能不一樣，設定該如何做風險決策的預期，培養風險技能，挑選或提拔能補足現有團隊的人員。也就是說，必須事先評估組織的風險文化，了解風險文化如何透過明智的冒險進行創新，以及你需要如何改造組織架構以達成目標。你必須以有效的方式向員工溝通：「為什麼該冒某些險」，以及「為什麼某些冒險太過頭」。

高風險家族事業

　　家族企業由於關係的羈絆（或是引進外部人士時缺乏這種連結），組織特別會受董事會與管理階層影響情緒與決策，尤

其世代差異更會引發內部問題，甚至造成家族不同分支的敵對情形。

　　迪亞哥（化名）的家族在中美洲握有不動產、農業與餐旅等五花八門的事業。他在40歲出頭時被指定接掌一間有120年歷史的家族企業，這也是領導權第三度交到新一代手中。迪亞哥發現，公司正在面臨存亡的挑戰，雖然可以維持現狀，但若是缺乏明確的改革前瞻計畫，這個家族企業有可能日薄西山。他不斷思考著該做些什麼，才能在21世紀持續交棒給下一代。然而，老一輩的長者可不這麼看。長輩們經歷過1980年代的內戰，在國有化與農業改革中失去很大一部分的資產。這間企業在他們苦心經營後獲得如今的成就，這導致他們極度迴避承擔新的風險。

　　迪亞哥接班時，試著了解所有的家族成員最心心念念的事。他需要知道每個股東對於家族事業所重視與期待的是什麼。果不其然，老一輩的長者希望保住老本，最重視的是家族和諧；年輕一代最希望獲得利潤成長。究竟該如何解決世代間的認知差異？我好奇的詢問迪亞哥，他的家族是否曾公開討論他們對於風險的總體態度，試圖了解各自的想法？迪亞哥聽了，頭上彷彿亮起一盞大燈泡。

　　幾個月後，我再度和迪亞哥聊天，他告訴我，在以不批判的開放態度理解眾人意見後，家族中第三代與第四代更能了解彼此關心的事與未來展望。長輩也願意說出心中的顧慮，並表達期盼家族事業繼續傳承的心意。年輕一代則表示他們已經摩

拳擦掌，渴望把握令人興奮的嶄新機會，讓這個乘載著百年努力與家族責任的事業鴻圖大展。在這樣的溝通基礎上，不同世代得以運用同理心面對彼此關切的事，並擬定出對所有人都適切的策略。

像迪亞哥的家族企業在世代接班後，因理念上的差異引起組織內部暗潮洶湧的案例其實很常見，其實不僅是世代差異，人口差異、經驗差異等各方面的不同都會帶來問題。一位在美國中西部擔任營業額達數十億美元的家族企業董事曾告訴我他的親身經歷。當時公司聘請外部人士管理公司，管理階層首先做的，就是和家族成員與股東共同協商各自不同的風險態度。結果發現，股東最關心短期的股利，至於公司的長期未來，他們認為等以後再說。這位董事建議，最好把議題拆開來討論，就事論事，不用急著在第一時間就統一態度：「沒必要讓大家都認同抽象的理念，只需要針對特定細節達成共識即可。」換句話說，不需要訂出一個大策略來改變整體的風險做法，只需要針對特定議題做出決定，或是在小的議題上投票。

上面這兩個例子充分說明團體動力如何深深的影響組織決策與風險行為，但保持自覺與發揮同理心也可以讓事情有所不同。團體的風險行為會隨著成員的自覺程度而改變。此外，當成員以團體身分做決定時，將不同於個人單獨做出的決定。在第 5 章曾討論到，當我們身處團體或獨自一人時，有可能做出截然不同的風險決策。一般而言，相較於獨立做出的選擇，團體決策更容易傾向過度冒險或高度謹慎。眾人一起冒險則會強

化動機，也加強成員間的連結。一旦冒險成功後更將引發大家躍躍欲試，反之則會讓大家更加謹慎。

不同類型的機構也會呈現不同的風險動態。例如迪亞哥的家族事業必須平衡南轅北轍的股東利益，化解家族內的世代差異。向來固定以某種方式做事的「老牌」大型企業，更可能以不健康的方式規避風險，卻在避免創新的同時，反而引發更多風險。相較之下，新創公司（尤其是吸引大量資本的「熱門」產業）雖然具有創新精神與創意，卻可能在冒很大的風險。

不過，即便是規模差不多、處於發展階段相近的兩間公司，也可能擁有完全截然不同的「風險文化」（Risk Culture），背後原因包括：執行長與董事會的態度、對於可接受的風險（acceptable risk）行為所做的決定、組織架構、評估與管理風險的流程，以及判斷可接受風險的架構等。因此，當企業進行購併時，如果忽視風險文化的評估，有可能為新組織蒙上陰影。

風險文化：組織在評估與管理風險時的態度、風險決策、接受的行為、架構與流程，以及組織對於「可接受風險」的定義。

企業的規模愈大，內部的風險動態就愈複雜，尤其是當企業收購或合併時。購併時，如果彼此的規模不對等或公司成熟度不同，事情將更加錯綜複雜。假設A、B兩家公司，A是老

牌的金融服務公司，成員清一色是不喜歡改變的嬰兒潮世代。
B是金融科技新創公司，員工全是衝勁十足的Z世代與千禧世
代。A買下B後，與其讓新創公司的文化配合老牌公司的文
化，不如讓B成為獨立部門，保有原本的文化。如果大企業很
難接受改變與不確定性，便很容易扼殺創新與創意，也浪費併
購新創公司為自己帶來的機會與價值，此時最好重新考慮，是
否真的該進行企業併購。企業該如何從風險差異的角度考量併
購案？首先，如同剛才提到的，企業應該明確考量雙方的風險
文化。第二，企業必須判斷嘗試整合兩個不同的組織文化是否
有意義。

　　不過，有時也要視情況而定。例如：成員是否自行選擇小
組與隊員，又或者是隨機湊在一起，或是被指定為一組？他們
是否信任彼此？對彼此有多熟悉？團體的多樣性如何？團隊成
員是否認為自己的意見會被聽到或受重視？這個團體重視的是
符合他人期待，還是願意讓事情變得更好而做出改變？當人們
認同所在環境，認為同事具備眼前任務需要的技能，感覺自己
的意見受到重視，就更可能做出更好的選擇。換句話說，他們
會更有信心去冒「好」的風險，更謹慎的留意「壞」的風險。

　　此外，團隊完成目標的動力有多大？是否在和另一組人馬
競爭？公司的規模、企業文化與使命感為何？所有的相關變數
都會影響組織風險決策的走向。[2]最後，「風險同理心」（Risk
Empathy）扮演著非常重要的角色。成員對於身旁的風險有多
大的意識？他們有多重視周遭人的想法與感受？遇到風險時，

當你知道身邊有人可以給你有信心時，更能成為彼此的後盾。

風險同理心：有能力理解與分享他人的風險感受。

高績效團隊的風險同理心

組織不僅必須意識到眼前的風險，也得留意團隊成員之間的風險動態，才能以明智的創新方式管理風險。這需要強大的人際能力，更重要的是，必須具備風險同理心。前文提過，了解你的顧客如何看待風險很重要，尤其當顧客是和你不同國家的人。風險同理心要從組織內部做起，例如既要考量避免冒欠缺考量的風險，又要鼓勵能刺激創新與創意的風險。

《同理心優勢》（*The Empathy Edge: Harnessing the Value of Compassion as an Engine for Success*）一書作者瑪麗亞・羅絲（Maria Ross）寫道：

> 如果你的組織文化讓人看到冒險不是一件好事，你就永遠不會創新。一般人出於害怕犯錯的心理，沒人願意去做勇敢的事。唯有當你真正了解人們，讓他們感到安全與受視，他們才會放膽去做創造性思考。我們必須從害怕與焦慮中解放出來，才會有「心智空間」做真正需要做的事，

而不必瞻前顧後的想著：「我有一個很好的點子。但見識過上一個有好點子卻失敗的人，我想就算了吧。」[3]

培養風險同理心很重要的環節是認識風險容忍度，不只思考自己的風險指紋，還要想一想如何與同事的風險指紋截長補短。羅絲告訴我：「我們通常會觀察人們的偏好，但很少會去了解他們的風險容忍度，而人們的動機往往與風險容忍度有關。從這個角度看事情，就能解答許多你想要探究的問題，並進一步思考別人行為背後的原因。」她接著說：「如果你有很高的風險容忍度，更要進一步了解那些與你不同的人：他們過去是否受某個專案影響，變得「一朝被蛇咬，十年怕草繩」？是否曾經因為失敗而丟了工作？」了解來龍去脈以後，下回當你碰上迴避風險的人，就會更有耐心的試著理解對方的狀況。

理解別人可以在許多時刻派上用場，包括：指導菜鳥同事、讓老闆或客戶開心、化解意見分歧等等。以團隊的風險態度來講，理解與對照自己和他人後，就能判斷你最適合扮演的角色。正如羅絲說的：「我會在某個團隊中扮演惡魔代言人，提醒大家：『等一下，這件事我們仔細思考過了嗎？』但在別的團隊，我會大聲說：『來吧，就這樣做！格局大一點。』這種事有如煉金術一般神奇，你把什麼樣的人放進某個團隊，你位於風險光譜上的哪個點，都會影響你需要扮演什麼角色才能讓團隊成功。」

我們在第5章看過，你的風險態度會隨身邊的人改變。

羅絲說：「有時碰上危機，身旁的人都嚇壞了，你反而會很鎮定。然而，如果每個人都一副天塌下來也無所謂的樣子，你就會覺得自己有理由焦慮一下。」總之，風險關係是動態的，會隨著你身處的組織與團隊而改變。當你和身邊的人愈能形成風險性格的生態系統，就愈能做出更理想的選擇、承擔更明智的風險。能否適應並解決這些差異，將決定一場會議是成功或令人沮喪；將影響團隊是有凝聚力與活力或是墨守成規；以及形勢改變時，組織是欣欣向榮或一蹶不振。

提供安全的風險溝通空間

想鼓勵團隊成員開口溝通，你必須先營造一個安全的環境，讓成員即便說出的話會讓人感到刺耳，依舊能安心的把話說出口。社會與組織心理學家在1960年代曾提出「心理安全感」（psychological safety）的研究，以描述承擔人際關係的風險後會出現的結果。大量證據顯示，組織如果認真看待員工的心理安全感，更能激發員工的創意與活力，有助於資訊分享與增加信任感。[4]

隨著領導者試圖促進學習與創新的方式，心理安全感的概念在近日又重新流行起來。[5]領導顧問提姆西·克拉克（Timothy Clark）與哈佛教授艾美·艾德蒙森（Amy Edmondson）寫道：「不確定性與改變必然會帶來人際風險，而心理安全感基本上是在降低人際風險。」兩人引用數份研究指出，在一個具信任、合作與心理安全感氛圍的組織中，員工

的績效會更理想，這兩者又會形成良性循環。此外，研究也證實把風險控管在同一個籃子裡，就能減少或去除負面風險，挪出空間冒更多的正面風險。在一間重視心理安全感的公司裡，員工會願意提出乍聽之下很瘋狂、但結局很美好的點子。即使新點子最終沒能獲得支持或是結果沒成功，提議者也不用擔心會受罰。這樣的氛圍會鼓勵員工願意站出來提出警訊，避免公司可能碰上的損失，員工也願意提供有建設性的回饋意見，讓產品好上加好。

　　若要建立心理安全感，營造健康的風險氣氛，就需要系統性尋求各方觀點，找出團隊原本狹隘視野裡沒留意到的風險與機會。芝加哥的 Table XI 公司想出一種趣味十足的方式，來鼓勵有建設性的辯論：他們用「大家一起來開會卡片」（Inclusion Meeting Cards），指定由團隊中的某位成員扮演魔鬼代言人（負責提出質疑的看法）與天使代言人（強迫長期唱反調的人採取不同觀點），大家輪流扮演不同角色。此外，有的人會在議題已經解決後依舊喋喋不休，或是說話容易離題，此時可以用「白費力氣卡」與「掉下兔子洞卡」，把會議導回正軌；「大聲說出來卡」鼓勵較為文靜的成員發言；以及「搶功卡」可以鼓勵愛邀功的人把功勞還給真正有功的人。[6]

　　聰明的企業鼓勵員工從不同角度看待挑戰，一有機會就讓員工參與公司的不同領域。BMW 汽車公司認為，管理不確定性是一種核心能力，也因此在進行領導力訓練時，讓受訓者輪調不同部門，促使他們踏出舒適圈。BMW 的前執行長克呂格

（Harald Krüger）告訴高階主管們：「我們的理念是，訓練員工學習掌握管理的不確定性、靈活性與模糊性。」克呂格自身經歷就相當豐富：他當過工程師，也待過人資、銷售與行銷、製造部門。[7]

　　重新思考組織結構圖也能鼓勵承擔明智的風險，事先防堵風險成真。碰上危機迫在眉睫，分秒必爭的情境，傳統的指揮與控制管理有可能妨礙快速行動。在此同時，人們需要一定程度的自由，創意與創新才會開花結果。許多公司因此不再採取科層體制，讓公司架構扁平化。前文提過的2019年勤業眾信研究指出，31%的受訪公司從科層體制改成團隊模式；65%則在現有的階層模式上，加入團隊合作的元素。

執行長與風險刻板印象

　　身為公司最高層，執行長立下的榜樣、傳達的訊息，以及獎勵與懲罰的行為，全都體現出公司最看重的風險文化。第5章和第6章曾提到，風險刻板印象是如何透過扭曲的認知對人們造成傷害。執行長就是再明顯不過的例子，這也能部分解釋為什麼某些執行長會做出前文提過的一些事。人們往往期待執行長（通常大眾會假設執行長會是白人男性，因為女性升遷到高位的過程異常緩慢）是一名冒險者，而這種假設卻會導致董事輕忽執行長的冒險行為。但這是相當危險的，因為不是所有的風險都會導致好的結果，有的風險會創造價值，有的則會摧毀價值。

　　現實情況反映出執行長的風險刻板印象，但這只反映出一定的程度。高階主管獵人頭公司羅盛諮詢（Russell Reynolds）曾研究6,000多份心理測驗，發現執行長遠比其他高階主管更願意承擔風險，但頂尖執行長在其他技能的分數也相當高，這平衡了他們的冒險行為，有助於他們判斷什麼是好風險與壞風險。此外，他們在判斷力的得分高，自我貼金的得分低。[8]

　　在風險態度方面，執行長呈現許多差異之處。研究小組為了尋找導致引發金融危機風險行為的背後原因，分析15年間165家美國銀行的1,500多位執行長與財務長，不僅分析其性格，還研究薪資、分紅、教育，以及銀行的財務架構等其他因子。結果發現，從這些高階主管做出的決策冒險程度來看，性格是造成最大差異的因子，相關度達72%。[9]

　　從層出不窮的企業高層冒險案例中可知，在「#MeToo」時代，有些企業或執行長直到踢到大鐵板才明白，個人的失控行為將威脅到他們的未來與命運。研究也證實，在個人生活中會冒重大風險的人，更可能在工作上冒負面風險。芝加哥大學2012年進行的一項研究中，計算交通罰單與家暴等其他違法行為，發現私德有問題的執行長，愈可能在財報上嚴重出錯，而任用揮霍的財務長，更會助長有害的企業文化。[10]

個人風險決定影響公司未來

　　Ashley Madison是已婚者尋找出軌機會的約會網站，一度遭到駭客入侵，導致3,000多萬名用戶的身分與資料曝光。德

州大學與艾文理大學（Emory University）的研究人員交叉比對公開紀錄與被駭資料，結果發現有1.1萬用戶的職業是名股票經紀人、高階主管、白領犯罪者與警員。[11]研究者提出的結論是，相較於控制組，出軌者違反專業行為準則的可能性是2倍以上。Ashley Madison的會員被指控違反證券法的可能性，更是控制組的4倍以上。這告訴我們，如果你在臥房裡不誠實，也愈可能在董事會冒不明智的風險。

　　近日眾家執行長曝光的花邊新聞與各種醜聞亦支持前述的研究結果。[12]共乘公司Uber和自家的創辦人崔維斯·卡拉尼克（Travis Kalanick）一向秉持「快速行動、打破陳規」（move fast and break stuff）的精神，對冒險採取滿不在乎的態度。許多投資人對於卡拉尼克的風險取向感到不安，導致Uber董事會在龐大壓力下，最終切割卡拉尼克。WeWork古怪自戀的執行長亞當·諾伊曼（Adam Neumann）以打赤腳走在曼哈頓、吸大麻、號稱追求長生不老而聞名。這間共享辦公室公司在籌備首次公開募股時，也碰上和Uber類似的命運。另一個例子是Overstock.com的執行長派崔克·拜恩（Patrick Byrne），他高調的與俄國間諜出雙入對，後來該間諜被指控干預美國2016年的總統大選。[13]董事會最後開除拜恩，因為財務長向董事會報告，如果公司繼續由拜恩掌舵，保險公司將不讓他們續保。

　　這些執行長醜聞讓眾家企業深刻意識到，個人的行為、道德與風險決定將直接影響到公司未來。目前也有愈來愈多公司

在雇人時會做盡職調查，觀察求職者的社群媒體，尋找個人行為是否端正、是否具有種族歧視與其他危險訊號的證據。

雖然執行長糟糕的風險決策是拖垮企業最具代表性的例子，不過執行長通常只是企業的徵兆之一，許多深層問題其實蔓延到整個組織層級的架構中。執行長是由董事會任用，董事會會決定放手讓執行長去做，或者不鼓勵執行長的行為，由雙方一起替整間公司定調。董事會對於個人風險行為以及其對於公司的整體商業影響會更加審慎以待。總部位於芝加哥的求職公司 Challenger, Gray & Christmas 副總裁安德魯 · 查里哲（Andrew Challenger）表示：「我們的確觀察到執行長離職人數不斷上升，某部分原因與個人行為不檢有關。」該公司發現，2019 年有 15 位執行長的離職原因是遭指控個人不法行為，包括：性行為不端、酒駕、種族歧視，以及不當的人事安排。2019 年時，1,640 名執行長離職，比 2018 年的數據多 12.9％，比 2017 年多 41.4％，這也是自 2002 年開始調查以來的史上新高。[14]

董事會與投資人正在以史無前例的方式關注高風險的個人行為。查里哲在電話上告訴我：「事情和 10 年前不一樣了，執行長被要求承擔更多責任，董事會的介入程度也更高。」查里哲的公司自 2013 年開始追蹤因醜聞離職的執行長情況，2017 年底，當時一連串的性醜聞登上新聞，導致許多女性在社群媒體上公開訴說自己的「#MeToo」遭遇。查里哲認為：「由於社群媒體的緣故，人們開始以不同於前一代的方式關注執行長

的個人行為。「#MeToo」運動是導火線之一，目前沒有跡象
顯示這種現象很快會消失。」即便撇去道德因素不談，正如前
面提到的，涉及此類行為的執行長通常也會涉入其他「不好
的」高風險行為。

　　盡職調查顧問公司前瞻風險（Forward Risk）共同創辦人
布蘭登・傅（Brendan Foo）指出：有一就有二，單一的問題
行為通常會伴隨其他各種問題。傅告訴我：「如果公司允許
執行長個人的不良行為，那麼影響範圍通常不僅限於個人生
活。」雖然執行長的不理想決策並未明顯違法，但距離理想狀
態還有一大段距離，例如：有問題的個人選擇、任人唯親、把
助理當成傭人使喚、作帳隱瞞個人的奢侈支出、說話帶有性別
歧視等等。這些行為通常會影響到全公司的人，只是人們可以
假裝視而不見，包括執行長在董事會裡的忠實支持者。只要這
群人站在執行長那邊，就會讓公司置身於危險的風險中。傅表
示：「這種事有很多幫兇。要不是有很多人沆瀣一氣，執行長
不可能為所欲為。」董事會如果都是待了很久的老面孔，便是
一個警訊，尤其是如果相較於公司市值與業界行情，公司執行
長領的報酬明顯偏高。

道德風險文化

　　董事會有責任留意執行長的冒險行為，但全公司上下的
職員若能適時挺身而出，也能幫助企業避免碰上重大風險與危
機。這無關乎員工的能力問題，而是執行長和資深領導者為公

司立下什麼樣的道德榜樣，讓員工打從心裡明白什麼是真正重要的事。不論是為了一己之私或理論上是為了公司好，上行下效後，員工有可能因此過分不把風險當一回事，對公司不利。

當員工只為了私利而冒險，例如：侵占公款、走捷徑，或進行欠缺考慮的交易，公司將承受打擊。[15]然而，有時情況則是理論上為了組織好，實際上則否，例如：隱瞞安全問題、道德過失與帳目錯誤。澳洲麥覺理商學院（Macquarie Business School）的幾位學者曾提出一種稱為「不道德的親組織行為」（unethical pro-organizational behavior），意思是指員工為了組織做出不道德行為，這種員工具有強大的自利動機，而且會深深依附著組織。麥覺理團隊建議企業可以採取幾種策略來遏止此類行為，包括：加強關注其他利害關係人，尤其是顧客；不能容忍違反公司政策的行為；養成日常規範，找出與處理真正需要關切的事項；確保管理者有效扮演風險管理的角色模範與支持者。此外，企業應該在關鍵績效指標、報酬政策、訓練、風險管理資源與溝通中加強道德價值觀，包括提出組織的價值觀宣言。

當我請教道德哲學家大衛・羅丹（David Rodin）這個問題：組織如何能建立道德風險文化。他的答案正好回應先前我們曾提到的觀念：把風險道德緊密連結起組織使命感。他提醒，即便是有益於他人的事，都會帶來一定的傷害風險，因此我們必須做出選擇，判斷對員工、股東或其他利害關係人的好處比潛在的傷害高出多少時，才該做那件事。羅丹力勸企業仔

細思考，在創造價值的同時，公司會因此製造出多少外部性（傷害到他人的風險）。舉例來說，銀行替社會貢獻良多，構成國家經濟的基石，但當事情出錯時，銀行造成的危害也遍及社會。羅丹說：「任何會產生風險的行動、制度、架構，都必須拿得出正當理由。」此處指的風險包括：營運風險、財務風險，或剛才提到的行為風險。

　　羅丹創辦的組織道德顧問公司 Principia 指出，最能預測道德風險行為或不當行為的因子，就是員工是否相信公司的使命，而且這個使命讓他們感到與個人休戚與共。這個研究證實我們先前提過的：當你把自己或組織使命感連結在一起，就可以降低風險。因此，第一步就是追蹤你的公司是否正一步步實踐自身使命。不過，在朝目標邁進的同時，還是得把對他人造成傷害的風險降到最低。羅丹呼籲企業捫心自問：「我們是否做好監督、理解與盡量減少自己在過程中引發的風險負面影響？」企業需要自訂一套指標與機制，讓所有的決定都能回應使命感。此外，公司不只該避免可能造成傷害的風險，也該迴避所有弊大於利的風險。

風險監督

　　那麼，剛才提到的指標與機制又是什麼？組織專家愈來愈留意組織各階層與董事會的團體風險與組織風險文化動態。2008 年金融危機過後，監理機關、投資者與企業領導者回應外界的強烈指責，企業與董事會完全未能辨識與管理風險，導

致次貸市場崩盤，骨牌效應一度讓全球經濟癱瘓。

　　監理機關明確表示將密切關注董事會，譴責監督不周的董事會。一連串的法律訴訟批評董事忽視風險。企業與董事會忙著設置監控機制，但人們依舊擔心雖然許多董事會要求做風險分析，只不過是虛應故事。監理機關、投資人與企業因此擴大觀察範圍，除了關注自己監督的風險，今日也更留意風險文化與決策。美國企業會員團體暨研究組織「經濟諮商會」（Conference Board）稱董事會的風險監督為「公司治理的下一個新領域」。

　　大衛・寇尼格（David Koenig）在2008年金融危機過後，創辦「董事與風險長團體」（Directors and Chief Risk Officers Group，簡稱DCRO）。他告訴我：「如果董事會真正懂如何拿捏風險，他們的組織將有更理想的表現。」為了朝此目標邁進，各家企業董事會紛紛增設風險委員會，以確保董事會成員中的風險專家達到關鍵多數，負責評估該以何種程度關注風險，了解文化動態如何影響風險決策。例如英國的監理機構便要求金融公司的董事會提出「風險偏好聲明」（risk-appetite statement，簡稱RAS），陳述他們的組織為求達成策略性目標，甘願冒哪些類別與程度的風險。風險偏好聲明如同其他工具，有效程度要看董事會與公司是否真心想做。RAS可以促成有意義的對話，也或者只是團隊為了配合規定，而寫出湊字數的一篇文章。

　　董事會協會（the Board Institute，簡稱TBI）的執行長蘇

珊‧蘇爾茲（Susan Shultz）表示：「我們通常會把風險與公司治理的其他事項分開看待，但有必要放在整個背景脈絡下檢視。」該協會在2018年推出工具「TBI董事會風險監督指標」（TBI Protiviti Board Risk Oversight Meter），協助董事會改善風險監督。「指標很重要，但知道在策略與文化等方面，董事在會議室裡發生什麼事也很重要。」蘇爾茲表示：「董事通常不清楚如何安排優先事項、有哪些風險，也不確定自身該扮演的角色。」

　　國際財資管理專業人士協會（The Association for Financial Professionals，簡稱AFP）在2020年初指出，大約37％的組織由專門的職能負責積極評估風險與定期報告；29％替部門設定評估與報告風險的辦法；23％的組織會評估風險。[16] 儘管如此，這個協會也提出警訊，多數企業距離擁有健康的風險文化，還有很長的路要走。該調查由威達信集團（Marsh & McLennan Advantage）負責執行，執行董事威登堡（Alex Wittenberg）在發布研究結果時指出：「很少有組織採取正式程序，讓資深領導階級與董事會加入，一起討論日益不確定的環境將如何影響策略決策。」

　　另一項工具是風險管理機構（Institute of Risk Management）提供的「風險成熟度模型」（Risk Maturity Model），主要用於辨識風險，評估風險報酬的利弊，了解領導者與員工接受與執行風險策略的程度。這個模型提供董事會與管理團隊應該問的幾個問題，例如：我們是否展現連貫、一致、永續與明確的領

導方式？我們如何由高層至基層員工替公司定調？我們如何獎勵與鼓勵合適的風險行為，反對過度避險與過分愛好風險的行為？我們目前的企業文化替組織製造出哪些風險？而風險文化又需要哪些元素，才能確保我們達成公司目標？員工能否在不擔心後果、也不怕被無視的氛圍下暢所欲言？以上都是至關重要的問題。

　　如今，投資人已經開發出追蹤公司治理的指數工具，了解董事會做各種決定的流程，包括董事會如何挑選成員。有跡象顯示，這類工具可以助投資人一臂之力。代理諮詢公司「機構股東服務」（Institutional Shareholder Service）2004 年被廣為引用的研究指出，相較於治理結構薄弱的企業，擁有良好公司治理的企業獲利較佳，股市報酬率與發放的股利也多，相對而言屬於風險較低的投資。

　　專責的風險委員會、董事會流程與文化的評估、風險偏好聲明與情境演練，也可以協助組織進一步了解自身的風險關係，透過相關資訊加強風險文化。然而究竟這些方法是否有效，還是得視董事會與企業如何運用新到手的洞見與資訊，包括：是否聘請並借重具備風險技能董事們的長才、公司是否提供董事會需要的資訊等等。董事會與管理階層必須攜手合作，在制定風險決策的過程中，包容各種風險態度，理解自身的強弱項，並做出最佳的決策。

跨文化團體的風險管理

大型企業的眾多部門各自負責不同的職能，或是旗下有大量位於不同地區與文化的分行或子公司，也因此經常會有風險態度分歧的問題。在跨文化的情境中，團體動力帶來的挑戰尤其大。清楚這點的企業，平日就會留意文化規範會型塑的風險反應，也會對每一種文化的差異特別敏感。風險同理心同樣是關鍵。首先，要認真聆聽合夥人、客戶或子公司最關切的風險，留意需要防患未然的危險與可能錯過的機會。此外，也要留意你的同儕帶有的風險刻板印象。他們有可能因為自身態度對其他國家或文化帶有偏見，因而聽不見重要資訊或誇大風險。

丹・夏普（Dan Sharp）的例子值得一談。他在和平工作團（Peace Corps）展開職業生涯，那裡的志願者會和地主國的人員建立深厚的情誼。夏普在1973年加入全錄（Xerox）、擔任公司拉丁美洲區的公關長時，碰上不小的文化衝擊。他發現公司總部的美國人並不信任各國的分公司管理者。全錄在每個國家的子公司都會指派一名當地人擔任總經理，這些總經理都清楚地方局勢，曉得他們的國家領導者需求的優先順序，但美國母公司的高層從來都沒興趣知道這些事。

夏普開始每季固定更新各國的子公司總經理建議總部的事項，包括他們的國家發生哪些事、政府與企業有哪些優先要務。夏普說：「我們把下令改成發問，這讓我們建立起雙方的

信任感，協助我們與政府合作，而不是在不理解當地國情的情況下，就試圖強制執行我們的目標。」此外，溝通也改變各國子公司與母公司之間的關係。多虧這種由下而上的做法，全錄在歐盟（European Community）成立時就已做好競爭準備，提早兩年重組公司在歐洲地區的事業，並在過程中省下數百萬美元。夏普的故事如今成為哈佛商學院的教學案例，不過夏普本身不喜歡被稱為「風險管理」，而傾向稱之為「積極尋找機會」。

團隊溝通的藝術

企業持續營運專家埃倫・亞斯蘭（Eren Aslan）曾與政府和私部門合作，協助他們培養風險認知等能力。當他試圖傳達替潛在的威脅做好規劃的急迫性時，最棘手的狀況往往是，人們通常不相信事情真的會那麼糟。畢竟風險不是大多數人的專業領域，他們可能一輩子也沒真正經歷過重大風險。亞斯蘭說：「人們拒絕接受風險觀念的原因是，他們對風險一無所知。」

亞斯蘭發現，試圖說服每個人支持你的論點之前，要先摸清楚團隊的社會動力學，尤其要同時找出公開的反對者與暗中的反對者。因此，亞斯蘭首先會私下去找公開的反對者，和他們分享資訊，在團隊下次開會前，先建立起這群人的風險知識庫。他說：「當團隊反對某個點子時，你需要重新召開會議。企業持續營運是一門社會科學。真正的挑戰在於，弄清楚人們

真正想說的意思，而不是他們說了什麼。」你通常得找出人們最在意的事，也得找出他們究竟需要哪些額外的資源，才能避開短期風險對判斷上的影響，審慎思考那些感覺上很遙遠、但若是忽視將帶給公司致命打擊的風險。

　　企業需要具有各種性格類型的成員才能成功，有的團隊成員願意追求機會，有的負責建立避險制度。不同的性格可能彼此碰撞，也可能意識到彼此的優點能互補。人們通常會按照自己的風險性格，自我篩選加入不同的部門，例如：風險趨避型的人會進入會計與法務領域，而喜歡冒險的人會進入銷售部門。正因如此，跨部門合作時更要留意彼此的差異。了解這樣的社會動力學不僅適用於商業團體，也適用於社會團體與家庭團體。當每一位成員替團體的風險關係盡的力愈多，愈試著了解團隊成員之間的風險關係，自然就會增進團隊的效率，達成自己及團隊雙贏的局面。

第 13 章
重塑你的風險指紋

　　寇斯・馬提（Coss Marte）22歲時在曼哈頓下城區販毒，一年賺進200萬美元，23歲被判處7年徒刑。當時他的體重超過104公斤，膽固醇與血壓數值高到破表，監獄醫療小組人員告訴他，他大概只剩5年可活，牢還沒坐完就得和世界說再見。馬提這才終於清醒過來，發誓「絕不要死在這個狹窄的監獄牢房」。馬提自創一套減重法，只運用自己的體重借力使力，就在6個月內瘦下32公斤。接著又協助其他20位獄友恢復身材，大家一共減少453公斤。馬提出獄時和很多更生人一樣，找不到工作。為了維持生計，他以個人訓練師身分四處推銷在獄中開發的健身課程，日後還參加美國電視節目《創智贏家》（Shark Tank）的創業競賽，獲得開健身房的機會，店址就在他當年販毒的同一個街角。

　　馬提與風險的關係，是說明負面與正面風險並存的絕佳案例。過去的他是個面臨嚴重健康風險的犯罪者，如今的他，搖身一變成為一位聘雇更生人的成功創業者；過去的他沉溺在「壞風險」之中，觸犯法律、忽視健康；現在的他則策略性擁

抱「好風險」，成為合法業者，對個人健康及人際關係做出正確選擇。負面風險與正面風險是一體的兩面。

「我不會建議承擔負面風險。」當我參觀馬提的健身房CONBODY時，他告訴我：「如果你冒的是正面風險，有可能得到好結果，也可能一無所獲，但風險絕對小於負債或入獄。」

改變的契機

馬提從小的家庭生活就充滿冒險。他的父親是創業者，在多明尼加共和國養蜜蜂，賺錢寄給人在紐約的妻子。馬提的母親也做起販售香氛產品的生意，馬提小時候常看到媽媽在街上或地鐵攔下路人，對著他們猛噴香水或塗乳液。馬提的父親在1991年跟隨妻子的腳步來到美國，開設一間雜貨店，這也是馬提的第一份工作。

馬提11歲時，遇到一群吸大麻的孩子。他的創業精神馬上發揮作用。他弄來一台呼叫器，開始供應大麻給朋友。馬提在13歲時頭一次被捕，警察抓到他的時候，他剛賣出兩袋大麻。買家晚上睡監獄，馬提則因為未成年而獲得緩刑。馬提告訴我：「這件事讓我學到犯了罪也沒關係。」

馬提15歲時，因為違反緩刑條件而在少年感化院待了一年，但出來後立即故態復萌。他剛進大學的第一個學期就因販毒被退學，重返紐約街頭。他把車子當成販毒基地，整天坐在車上繞行大街小巷，他的生意版圖快速擴張，腰圍也隨之增

加。馬提說：「我大概要繳 4 萬美元的違規停車罰單。」不過
比起每天現金滾滾而來，這點罰金根本算不了什麼。馬提幫自
己買下許多昂貴的衣服，卻忽視自己正在冒健康與自由的風
險，直到再度被捕，再也無法無視於那些風險。

馬提在 7 年後出獄，立即感受到就業市場對有犯罪紀錄者
是多麼不友善。雖然如此，他找到解決困境的方法，而且還做
得更多、更好。他開發出一套商業模式，雇用其他更生人，並
將這點變成他的品牌特色。

一開始，他加入「抗命創投計畫」（Defy Ventures，該創
投協助原本從事違法事業的更生人，走向正當創業之路），
在為期 18 個月、每週 25 小時的培訓中，學習財務、行銷、品
牌、人事管理、SWOT 分析、商業計畫、募資技巧等經營管理
關鍵技能，期間還拜訪賽斯‧高汀（Seth Godin）、提姆‧德
雷珀（Tim Draper）等創業導師。他在受訓期間同時靠替人打
掃過日子，時薪 8 美元，這樣的工資在物價昂貴的曼哈頓僅夠
糊口。

受訓結束後，馬提先在公園提供訓練課程。終於在 2014
年初存夠第一桶金，租下健身工作室，正式成立自己的公司。
後來他上 TEDx 談自身經歷，開始收到全球各地演講的邀約，
以及數十個加盟邀請。5 年後，馬提開設 CONBODY，簽下 8
年租約，搬到律勞街（Ludlow Street）更大的健身空間，地點
靠近下東區的威廉斯堡大橋（Williamsburg Bridge）。

我們在 2019 年 9 月見面時，馬提正在向投資人推銷擴張

計畫。然而，即便他目前經營得很成功，員工也保持著零再犯率的紀錄，但投資人依舊裹足不前，風險趨避到令人意外的程度。馬提告訴我：「人們雖然不會明說，但心裡仍不放心雇用更生人當員工。」

化危機為轉機

　　2020年時新的威脅來臨，讓馬提的生意暴露於風險之中。紐約市在疫情期間下令「就地避難」，健身房等事業被迫關閉，直到疫情趨緩才能重新開放。我在1年後聯絡馬提了解近況，CONBODY的工作室依舊無法開放，不過馬提和團隊很快就轉型成線上課程，一旦獲得政府許可，還可以提供戶外課程。馬提早期在公園提供健身課程的經驗，這時終於派上用場。他設計的課程原本就不需要特殊器材，很適合被困在家中、手邊沒有完整健身器材的民眾。馬提更準備推出新的數位平台，透過與使用者的個人穿戴裝置同步連線，讓用戶可以彼此競賽。

　　此外，CONBODY的線上營運模式有助於擴大服務範圍，達到實體課程難以企及的市場規模。即便如此，隨著凜冬將至，日照時間縮短，馬提說他有些擔心即將來臨的寒冷天氣。不過，馬提過去在艱困的環境中起家，他是處理不確定性與風險的老手。諷刺的是，過去的際遇讓他在面對疫情衝擊時，比其他小型企業主更知道如何有效應對。

　　哪些因素型塑著人與風險之間的關係？人們之所以會養成

不好的風險習慣，是因為所處環境與個人心態相結合所導致。「壞風險」生態系統吞噬青少年時期的馬提，而「好風險」生態系統又將他給拉了出來。人們需要一個激勵與催化的時刻以及典範楷模的支持，讓他們勇敢承擔起正面風險。

我們不必發生像馬提那樣戲劇性的故事，也能改變自己與風險的關係。你的轉變不一定需要如此高潮迭起，一旦下定決心要改善與風險的關係，試著改變態度、養成習慣與運用支持團體的力量，就有助於重塑你的風險指紋。

我聽過很多人談到他們是如何改善自己與風險的關係，我發現有幾個主題一再重複出現。首先，你需要定期走出自己的舒適圈，讓自己練習暴露在不習慣的環境之中。接著，要學習建立自信，關照自己的感受，學習何時該相信直覺、把握稍縱即逝的機會，何時又該停下來仔細思考，並以審慎態度面對風險。最後，你要把人生中的風險當成一個投資組合，記得要秉持多元化的投資源則，構築自己的安全網，支持你能夠適時去冒「好風險」。讓生活中的每一個決定，都成為優質的風險決策。

意識到自己需要改變

珍妮弗・巴克（Jennifer Barc）是馬里蘭州的生活與事業教練，她歸納出客戶做出必要改變的三大理由。第一個理由是在明確的動機與志向的驅策下，改變似乎是自然而然的事。第二個理由則是不得不改變，例如有位客戶被通知要在兩星期內

搬出目前住的公寓。第三個理由是突然意識到自己需要改變，因為某些因素讓他們發現這樣的現實，因此必須在事情變得更嚴重前採取行動。

　　第三種改變的理由，可以說是主動性與被動性的混合體。「他們的人生尚未到達谷底，但很有可能正往那個方向發展。」巴克告訴我：「這些案例都具有顯著的個人性。當事人與目前處境之間有著強大的情感連結，如果能讓他們意識到情緒對自己的影響，就更有可能做出改變。」這或許也正是她為何選擇從事這個行業的原因。

　　巴克原本是位資訊科技客服工程師，她的工作表現非常好，但發現那份工作不符合自己的性格。她的工作內容總是在四處滅火，出事了才來解決，不僅缺乏前瞻性，也沒機會發揮創意。後來她轉行到軟體開發公司，5年後，她再度感到改變的時刻到了，但不確定接下來該往哪裡走。正好在這個時候，許多朋友向她求助解決生活中碰上的難題。

　　巴克嘗試協助客戶改變時，她會尋找行為與習慣的模式與根本原因。思考客戶如何分類事情？（甚至是他們是否會分類？）客戶的優先順序是什麼？他們如何決定哪些事最重要？巴克協助一名客戶整頓家裡時，注意到屋內堆放大量塑膠袋。他們整理那些塑膠袋，整整堆到膝蓋那麼高，客戶自己都嚇了一跳。接下來，他們著手研究該如何處理那麼多袋子，以及當事人會留著那麼多雜物的原因，原來是客戶隱約感覺有一天這些袋子可以拿來再利用。一旦找到原因，就有辦法打破模式，

後來，當事人家中再也沒有多餘的塑膠袋。

巴克開始協助另一名客戶整頓他的小型事業。她表示：「除了文書工作，那間公司有太多事需要處理」，包括規劃或預算方面的工作都做得不夠，導致支出缺乏紀律，帳單沒繳，後勤混亂。她認為：「95%的客戶問題都出在雜亂無章。如果他們在財務方面缺乏組織，專案管理、採購與其他領域也會跟著出問題。」當客戶開始試著解決問題，便能帶來正面的骨牌效應：「他們解決一部分的問題後，連帶也看出其他有問題的地方。」

那次的小型企業主有心要改變，但慣性一下子就讓他怠惰。巴克表示：「起初是進兩步、退一步，接著是進三步、退兩步……」客戶故態復萌整整3個月後，巴克要他坐下來好好談一談。結果發現，要改變數十年來根深蒂固的習慣並不容易，但當事人無法接受沒能馬上看到成效。巴克指出：「你給自己挖的坑愈深，爬出來的時間自然也得愈久。」

想要立即見效的人注定會失望。有的人會因為改變速度不如預期就放棄。有的人則發現只要改變一個習慣，連帶也會更容易改變其他習慣，他們將大步前進，做出愈來愈多的改變。大有斬獲後，其他改變也將刻不容緩。

每個決定都是風險決定

或許你沒有意識到，但事實上你做的每一個決定，其實都在衡量風險，就連日常生活中的決定也是如此（例如晚餐要不

要嘗試新食譜）。每次你運用想像力，踏出舒適圈，愈從風險的角度評估碰上的難題，難題棘手的程度就會變低。一旦你明白自己每天都在冒險，你在處理每一個風險時就能更果決。你會讚美並獎勵自己做得很好。慢慢熟練後，你會變得更聰明、更有自信，有能力接受更大的風險挑戰。

辛蒂‧麥高文（Cindy McGovern）是舊金山的銷售團隊教練，她觀察到不論是處理客戶或難相處的同事，人們每一天都在努力平衡風險與報酬。麥高文輔導過一間金融服務公司，在業界的市占率高達第二。然而，儘管成績還不錯，那個銷售團隊最大的問題，在於即便他們提供物超所值的服務，他們還是不敢請目前的客戶多給一點生意。「他們認為要是開口要求更多生意，天就會塌下來，自己將失去一切。」麥高文告訴我：「風險其實很低，但他們依然難以啟齒。」

這似乎讓人感到有點訝異，畢竟銷售人員通常天生性格外向，習慣大膽表達意見。然而，銷售人員也高度重視客戶，他們努力簽下最多客戶，盡量避免流失客戶。此外，如果公司賦予的關鍵績效指標不符合重要顧客的利益，他們在面對客戶時，就會呈現出強烈的風險趨避傾向。

麥高文輔導的那間公司，提供客戶課程與簡報等加值服務，而且不論是大客戶或小客戶，舉辦那些活動成本都是一樣的，一毛錢也少不了。麥高文協助團隊成員克服不敢向客戶開口的問題，提醒他們提供客戶哪些價值，以及不開口會害自己與客戶蒙受多少損失。不論是每年貢獻1萬美元或50萬美元的

客戶，都能獲得相同的服務。過去 3 年來，服務不斷增加，但入門級客戶並未把更多業務交給他們，情況嚴重到繼續服務這些小客戶就會造成虧損。當麥高文詢問為什麼不要求這種類型的客戶升級，銷售團隊的回答千篇一律都是：「我不想失去這個客戶。」

路易莎是負責某間客戶的銷售代表。麥高文要路易莎計算，她在這個客戶身上花了多少時間，接著要她重新想像，如果要求這家客戶升級會發生什麼事，將會拿到更多生意還是失去這個客戶。麥高文問：「如果他們不再把業務交給你們會發生什麼事？」路易莎回答：「我會遭受很大的打擊，因為我在他們身上花了很多心血，一直很努力做好工作。」麥高文指出：「可是，你是在免費替他們工作。」聽到這句話，路易莎終於開竅了。

路易莎提起勇氣向客戶提出要求，客戶也真的決定終止合作。路易莎用電子郵件向麥高文報告結果：「萬歲！」路易莎不像想像中那樣大受打擊，反而鬆了一口氣。麥高文回想：「我們花了好長一段時間才走完這趟旅程，但路易莎終於了解到，那個客戶並無法帶來理想的投資報酬率。」

另一間公司面臨的挑戰，則是旗下有名員工多年前爭取到一大筆生意，但現在都是由其他員工負責服務那個大客戶。麥高文和團隊成員們見面時，意識到這名員工是問題所在。同事們都很不喜歡他，導致團隊士氣陷入低迷。麥高文提醒經理凱特，如果繼續留著史蒂夫，她將失去寶貴的團隊成員，但凱特

回答：「可是我們不能失去那筆生意。」麥高文追問：「史蒂夫拉到那個客戶是 10 年前的事。每天與客戶互動的人是史蒂夫嗎？你們能保有那筆生意，到底是史蒂夫的功勞，還是實際服務這間公司的同仁？」麥高文提醒凱特，她把史蒂夫高不高興看得比公司還重，是在冒失去其他團隊成員的風險。事情就這樣擱置了好幾個月。

　　大家沒料到的是，史蒂夫自己辭職了。你猜他們損失多少業務？如果你猜「一點影響也沒有」，恭喜你，答對了！史蒂夫的前同事舉杯慶祝。凱特說，史蒂夫離開後整個團隊士氣大振，和她擔心的結果完全相反。她因此學到同時考量情境的正面與負面結果很重要，這讓她和風險的關係出現轉變，她和團隊感受到漣漪效應。

跨出你的舒適圈

　　班傑明・瑞特（Benjamin Ritter）在高中和大學時代全心全意要成為職業足球選手，他注意飲食，不喝酒、不碰毒品、不出席無意義的社交活動，把時間都花在練習與競賽上。然而，一切夢想都因為運動傷害而毀於一旦。他被迫接受無法成為足球員的事實，試著重新尋找身分認同。但長久以來，瑞特的世界一直就只有足球、足球、足球。如今，他在社交場合總是感到不知所措。

　　瑞特下定決心拿出當初投入足球的那股勁，努力適應社交情境。既然覺得尷尬，那就尷尬到底吧！他在咖啡店或酒吧

挑選單人座位時，總是故意坐在兩位陌生人的中間。此外，瑞特打好幾份零工，逼自己走出舒適圈去接觸大量陌生人，他在酒吧和電影招待會上擔任品牌促銷大使，扮成殭屍與陌生人互動；他在音樂節上分發冰棒；還換上緊身熱褲，在芝加哥男孩鎮（Boystown）*的酒吧工作。瑞特在以往會受到驚嚇的情境中培養出自信。他研究人們的反應，培養出一流的看人功夫，只要看一眼身體姿勢，就能預測對方的回應。

瑞特從人生經驗中學到，你所冒的最大風險就是待在舒適圈。他指出：「人們防禦風險的種種措施，反而讓他們錯失眼前的機會。」令人感到諷刺的是，那些為減少風險所做的努力，反而都是在增添自己的人生風險。若想減少整體風險，就得習慣承擔生活中的小風險。瑞特後來取得組織領導教育博士學位，並將所學應用於醫療產業。現在他已經自行開業，透過「為你自己而活諮詢公司」（Live for Yourself Consulting），輔導人們管理生活與工作中的風險。瑞特用自己的故事，協助人們養成不斷拓展舒適圈範圍的習慣。瑞特建議：「你要習慣把自己扔進陌生情境。你可能會喜歡這個情境，也可能不喜歡，但你會知道自己有處理狀況的能力。」

瑞特力勸客戶要有使命感，不再徬徨不定，讓所有的風險決定都繞著那個目標打轉。注意到了嗎？在談風險時，「目標」兩個字一再出現。目標與價值觀是所有人際關係的關鍵。

---

* 譯注：LGBTQ社區。

我們會不會跑去做一件事，最終要看目標與價值觀。我們在選擇與培養正確的關係時，尤其得清楚自身的價值觀。瑞特表示：「如果你的價值觀不包含時間管理，那就別和看重時間的人約會。」

打造風險組合

風險組合（Risk Portfolio）是指在你人生中的所有領域，出現各種不同等級的風險與安全網。建立理想的風險組合時，關鍵元素是有支持你的人，讓你知道就算某個風險決策出錯，你依舊有別條路可走，背後會有靠山。風險組合讓你能在某些風險上，即便「跌倒」也沒關係，能夠趁機累積知識與經驗，增加下次可能成功的機率。

風險組合：如同投資組合的概念，你的風險組合是指在健康、財務、職涯、人際關係等領域中，你面對的一組類型與程度各有不同的風險。

胡昌然（Roger Hu）是位華裔連續創業家。我2019年認識他的時候，他的主要事業是輔導在美國上市的中國企業。胡昌然分享自己早期的創業故事，他曾經替亞洲各地的高爾夫球迷建立網路平台。[1]中國在2012年興起一股打高爾夫球的迷你熱潮，胡昌然趁機推出樂揮網（Teekart），運用數位行銷與打球時間預約服務，提供客戶高爾夫課程。中國的高爾夫在毛澤

東時代被禁，鄧小平主政後又在1980年代興起。雖然打高爾夫會對環境造成影響，還可能助長貪汙，充滿各種爭議，但高爾夫球場的數量在本世紀初快速增加。

胡昌然在2015年成功爭取到機構投資人，樂揮網開始迅速成長。但就在那年秋天，中國政府下令禁止高爾夫球俱樂部招募會員，主要投資人選擇撤資，胡昌然不得不把60名員工裁減至僅剩10人。儘管如此，他並沒有放棄高爾夫球事業，開使將眼光轉向其他亞洲國家，為頂級客群提供高爾夫球旅遊服務。

然而到了2017年1月，中國政府以環境顧慮為由，下令關閉111間高爾夫球場，正式壓垮胡昌然僅存的事業。[2]這次失敗使他大受打擊，開始反思自己對待事業與風險的方式。他告訴我：「創業跟成癮一樣，我在其中迷失自我。」後來他以維持健康的心理狀態為重，試圖東山再起。「事後回想起來，我認為非常重要的一課是找到事業與生活間的平衡。」胡昌然告訴我：「過去的我一星期七天、每天二十四小時，無論清醒或是在夢中，時時刻刻滿腦子全是樂揮網，這使我不免會做出錯誤決定。」後來胡昌然的妻子懷孕，這是兩人的第一個孩子，他們決定搬回美國，展開新的人生。

胡昌然重新起步，一邊擔任顧問，一邊打造自己的新事業。顧問工作帶來穩定的生活，胡昌然再度從中獲得成功。他說：「重點在於信心，你要相信自己。當你明白自己有能力創造價值，就能東山再起。」他將自己的成就歸功於商業人脈及

身邊友人,他們拉了他一把,幫助他找回信心並提供許多機會。他回想起自己最好的朋友、同時也是公司最大的投資人對他說的話:「他說:『你不曉得自己有多優秀。』還說我是個『怪物』,那是好的意思,因為他認為『厲害』還不足以形容我。」

胡昌然的經驗點出在重塑風險指紋的過程中,力量最強大的元素就是你身旁的人。如果你願意相信他們的見解,就能看見自己所沒看見的風險。遇上風險時,若能意識到自己有盲點而適時借重他人觀點,就能順利走出眼前迷宮。人生不順時,若能克服自尊心的阻礙,身旁的人總能拉你一把。誠如胡昌然所言:「信任在這樣的關係中格外關鍵。」

加速出現的意外好運

顧問麥克・賴羅薩(Mike LaRosa)是CoWorkaholic網站的創辦人。他在新冠肺炎疫情爆發前,一年跑20萬英里路,造訪過數十國的數百個共同工作空間,而且數量仍在持續增加。共同工作空間不只是賴羅薩的職業,他常講的一句話是「共同工作空間救了我一命」,成為共同工作社群的一員所帶給賴羅薩的幫助,遠遠超出12年私立學校教育、7年大學生活,以及無數小時心理諮商的總和。

在發現共同工作空間之前,賴羅薩經常處於煩躁、不安、憤世嫉俗的狀態。他曾擔任星巴克分店及零售商店的主管,也當過企業培訓師、舉辦過企業活動,但總是很快就覺得厭倦,

每份工作都做不了多久。他每次離職就斷了一條自己的後路，最後只好一邊與肥胖、憂鬱症、藥物濫用搏鬥，一邊試著在家經營他的活動企劃事業。他實在太缺錢，只好賣掉汽車改騎摩托車，結果在路上被高齡駕駛撞到而住進醫院。

可以這樣說，賴羅薩到華盛頓特特區第一家共同工作空間面試時，他的前途看起來不太妙。找到那個共同工作社群，成為賴羅薩的人生轉捩點，提供他需要的協助，他得以掙脫憂鬱，重新振作起來。首先，共同工作社群讓賴羅薩養成正常的作息，使開始習慣自律穩定的生活，進而擁有發揮創意與冒險的空間。更重要的是每個人都關心他，與他互動，提供實用的建議。如果賴羅薩在社群媒體上浪費時間，沒有好好工作，就會被大家發現，讓他了解自己必須當個有責任感的人。很快的，他發現自己並非註定是個一事無成的人，開始察覺到自己的天賦，他的能力也逐漸獲得大家的認可。口耳相傳下，賴羅薩找到新的職業。

賴羅薩稱這個人生轉捩點為「加速出現的意外好運」：他身處一個人們有衝勁、彼此支持、努力朝大目標邁進、快速建立信任感的地方。人際關係與社會互動會讓人生很不同。賴羅薩碰上一群設計師、管理顧問與教練。最重要的是，大家都有過類似的風險經驗，當賴羅薩分享自己面對的挑戰時，大家都知道他在說什麼，能夠幫忙出謀劃策。賴羅薩表示：「與擁有共同風險態度的人一起工作，讓我得以勇於冒更好、更聰明與更多的險，因爲我們有著相似的處境。」

　　此外，賴羅薩也因此獲得他需要的突破。一間網路電台的4名員工和賴羅薩在同一個空間工作，請他協助成立新的LIVE活動部門。賴羅薩表示，這與過去和人保持距離、仔細權衡權力關係的顧問工作截然不同，當彼此已經累積足夠信任，合作就這樣輕鬆自然的發生了。他告訴我：「這是一種截然不同的體驗，事情大概就是這樣開始的：『喔，我們認識你，過去3個月你一直坐在我們旁邊。我們知道你在做些什麼，那正我們需要的東西。』也就是說，在開始合作前就已經建立信任感，關係風險較低，因而更願意共同承擔眼前風險、抓住伴隨而來的嶄新機會。」

同儕團體的力量

　　不論是共同工作空間或其他地點，有一群提供忠告與支持你的朋友，不僅能讓你有信心承擔「好風險」，也會有人支持你戰勝「壞風險」。這群人能協助你釐清目標，確信自己有價值，或是在跌倒時協助你找到新道路。

　　你有那種喋喋不休、一心為你好的好友嗎？我想到兩位女演員，我很喜歡她們演的角色。一位是瓊安‧庫薩克（Joan Cusack）。庫薩克曾在浪漫喜劇電影《上班女郎》（*Working Girl*）與《新郎向後跑》（*In and Out*）裡飾演配角而提名奧斯卡獎。另一位是近日崛起的奧卡菲娜（Awkwafina），她在電影《瘋狂亞洲富豪》（*Crazy Rich Asians*）中擔任軍師，引導主角走過豪門的地雷區，周旋於一心想拆散她和新加坡最搶手單

身漢的各路人馬。

如果你在生活中沒有信任的人，沒人勇於對你說真話，那就把找到這樣的人當成你最重要的任務。你要讓身邊充滿一群有經驗、能協助你走過眼前挑戰的人，定期向他們討教，例如：人生教練、會計、私人教練、醫生、營養師、治療師、律師、約會教練，以及當然少不了會對你說實話的好友。參考各種聲音與觀點後，你將能做出更好的選擇。你可以把他們想成你個人的董事會。先從一個問題開始：誰能協助我釐清思緒？不同於傳統董事會的地方，在於這群人不會在同一個時間聚在一起，你必須逐一向他們請教。

找到一群能幫助你的人之後，可以考慮加入目標是讓每個人都成功的團體。研究顯示，人們身處團體時最可能達成目標，例如：減重或開創事業。

同儕當責團體（peer accountability group）讓人在追求與追蹤目標時能夠分享挑戰，彼此扶持。加入或建立屬於你的互助團體後，你將更能管理人生中的風險，包括：擬定時程表、設定目標與結果等。

我早在還不知道那叫當責團體之前，就獲得這種團體的協助。我在 1990 年代定期與一群作家朋友見面。有好幾年的時間，大家會不時聚會，挑一間自己知道好吃又不貴的餐廳，時間訂在人不會太多的時段。我們誠心建議彼此如何能改善寫作，也期待聽見別人的建議。

我在 2009 年加入「全球青年領袖論壇」（Forum of Young

Global Leaders，簡稱 YGLs），有幸成為這個高度專業、富同理心與互助精神的團體的一員。我無數次請其他的成員提供意見。這些年來，許多時候是非正式的交流，順便敘敘舊；但也有許多是在小組與高峰會上的正式互動。我們有很多人受惠於比爾・喬治（Bill George）的《領導的真誠修煉》（*True North*）及練習冊所提供的思考架構。[3] 事實上，我就是在參加相關小組時，決定再次把寫作當成優先任務，《灰犀牛》一書就是當時選定的主題。

　　上述經驗讓我體悟到成功合作的幾項關鍵原則。首先，建立相互理解與信任的氣氛很重要，大家必須知道何時該保密，不能隨意向外傳播團體聚會時講的話。此外，大家事先約定見面的頻率與目標，建立起當個好聽眾的共識，以及萬一有人霸占所有時間該如何處理。有個非常實用的做法是請團體成員簽署共同原則公約，進一步強化彼此的信任感。

　　想一想成員觀點上的差異（尤其是與風險有關的部分），以及每個人所能帶來的幫助。是否有某些團隊成員常常顯得強勢或唐突，即便是不經意流露出來的態度？是否有某些成員在特定領域有專長？每當聽見不想聽見的話，每個人多有風度？哪些人喜歡聽別人直接批評指教，哪些人則需要別人從旁加油打氣，讓他慢慢發現自己哪裡有問題？成員們是否想要離開自己的舒適圈？想一想什麼樣的綜合性做法，最能幫助到你們每一個人。設定目標，寫在紙上（電子檔也可以）。我們都會有過分專注於日常挑戰、忘記大方向的時刻，記得要彼此提醒。

　　想一想成員要如何為自己、為彼此負起責任。你們追蹤哪些事項？如果是寫作團體，那很簡單：你總得寫出點東西，大家才能給你建議，你也才能提供別人實用的意見。寫作團體的成員可能有其他目標，例如：要在某個日期前完成草稿，或是在某種媒介上發表作品。其他團體也會有各自的特定目標，需要用適當指標來追蹤成員進度，並在成員落後時採取合適策略協助他們回歸正軌。

　　橋水基金（Bridgewater）創辦人瑞・達利歐（Ray Dalio）在公司內部培養出嚴謹的意見回饋氛圍。暢銷作家亞當・格蘭特（Adam Grant）深受啟發，進而建立起自己的「挑戰網」（challenge network），為他提供真實的忠告。[4]另一位暢銷作家提姆・費里斯（Tim Ferriss）也在訪談中分享自己的類似做法。

　　另外有一種熱門的團體形式是「智囊團」（mastermind group），那是美國作家拿破崙・希爾（Napoleon Hill）提出的概念，他在《拿破崙・希爾成功定律》（*The Law of Success*，1925）與《思考致富》（*Think and Grow Rich*，1937）二書中詳細討論。智囊團會協助成員腦力激盪，分享資訊與資源，支持與鼓勵彼此，此外還讓成員負起責任。這一類的團體很小，人數約3到10人不等，他們會定期聚會，通常是造訪度假村，在放鬆的環境中密集工作。成員需要符合特定條件，例如：年收入或現任成員推薦。智囊團的主辦單位為了提供各種服務，安排合適的團體與聯絡專業人士，一般會收費，金額不一。[5]

　　另一種團體是「微型金融團體」。微型金融長期以來的原

則是仰賴小組彼此問責，增加貸款客戶的還款率，讓整個小組比較不可能違約。孟加拉鄉村銀行及其模仿者，貸款給微型創業者組成的小組，由小組成員確保彼此還錢。每個人的當責對象是彼此有人際關係的同儕，而不是概念上的公司。

在死亡咖啡館聊風險

「死亡咖啡館」（Death Café）是十分有趣的同儕團體，協助人們面對人生不可避免的命運。[6]當然，人終有一死，差別只在於**何時**及**如何**死去，沒有**會不會死**的問題。風險不在於有天你會離世，而在於你把混亂的財產與財務問題留給你愛的人，或是沒能在離世之前把愛說出口，留給世人你希望留下的遺澤。一般認為是瑞士的社會學與民族誌學者伯納德・克雷塔茲（Bernard Crettaz），2004年在納沙泰爾（Neuchâtel）創辦第一間死亡咖啡館（café mortel）。

死亡咖啡館的概念是提供一個空間，讓人們能以尊重的心情聚會，說出心底話，公開談論死亡，不必害怕被批評。喬恩・安德伍德（Jon Underwood）改造這個概念，開設英格蘭的死亡咖啡館，日後又成立組織來支持這個概念，以社會企業加盟模式拓展至73國，2020年6月前舉辦過11,000場以上的聚會。很不幸的是，安德伍德在2017年死於白血病，年僅44歲，現在是由他的母親、妹妹與妻子主持這個社會企業。

我是從芭芭拉・辛普森牧師（Barbara Simpson）那聽說死亡咖啡館的事。辛普森牧師是醫院的臨終關懷牧師，我因為一

位朋友而認識她。這位朋友患有退化性神經疾病，經歷漫長折磨後不幸英年早逝。辛普森牧師住在紐約市，感到人們需要學習如何談論死亡。小時候在英格蘭小村莊長大的她，2011 年因造訪北英格蘭而聯絡上安德伍德。返家後，便在紐約市舉辦一系列死亡咖啡館聚會，最初地點訂在她位於上西區的公寓，後來隨著規模擴大而搬到倫理文化協會（Ethical Culture Society）。

　　我和辛普森在她的公寓喝茶，聽她分享死亡咖啡館如何協助人們談論自己的恐懼，並設計出自己所期待的人生終點與遺澤。她有時帶著人們談論「臨終照護與醫療照護的事前指示」、「環保的綠色殯葬與喪禮安排」等人們過去最害怕接觸的實務性問題。不過，死亡咖啡館真正的價值，其實是形成一個團體，團體裡的人在乎彼此，以及彼此將留給這個世界的東西。「這其實是一個助人的社群。」辛普森告訴我：「我們要戰勝孤立。」社群的主要活動是分享故事與讀物，反思人們在乎的事。「死亡咖啡館帶來很多樂趣。」辛普森說：「我們經常大笑。」成員在分享與笑聲之中，培養出過去被低估的能力，能夠輕鬆的談論令人不安的主題。換句話說，隨著他們一再踏出舒適圈，也同時擴增舒適圈的範圍。

建立健康的風險圈

　　從證實有效的戒酒無名會（Alcoholics Anonymous），到智囊團與死亡咖啡館等新的做法，各種同儕支持團體證實，身邊

的人可以提供你風險緩衝。敞開心門、向外人吐露你遇上的挑戰和擔心的事，可能令人感到有風險；暴露自己的弱點不是容易的事。團體動力能協助你負起責任，提供社交圈，處理踏出舒適圈引發的恐懼，讓你得以體驗冒「好風險」所帶來的獎勵。

　　花點時間觀察你身邊的人的風險習慣，想想他們的觀點是如何影響你的風險態度。我們在第5章及第10章中，介紹過群體對個人風險態度的影響，身處做出糟糕風險決策的團體，有可能使你身不由己。同儕與環境的影響力是如此強大，因此請記得要養成習慣，隨時反覆確認你身旁的人的風險習慣與態度。近朱者赤，近墨者黑，若想在風險決策與行動上獲得理想的支持，你得先確認自己處於正確的團體。

　　正如我們在馬提的故事中所看到的，錯誤的團體很容易讓人陷入「壞風險」，需要刻意努力及許多人的幫助，才能讓你建立正面風險習慣。良好的風險習慣包括：確認你的目前的行為與人際關係，符合自己的價值觀與人生目的；從風險的角度看決策；一定要不時刻意跨出舒適圈；以及建立一個風險組合，讓你知道自己已經在某些生活領域做足準備，即便心中有些忐忑不安，你也能自由的去冒正確的風險。身旁的人可以協助你強化這些良好的風險習慣。

　　最後，加入或建立支持團體，將能有效降低人生中的風險。支持團體能讓你有機會避開盲目的行動，不再去冒「不想要」或「不必要」的險。此外，人脈能為你帶來所需的資源與機會，你將更有能力在不確定的世界中勇敢闖蕩。

第 14 章
全球風險，地方風險

　　這個世界益發令人提心吊膽。光是面對日常生活中種種風險，就經常讓人有應接不暇、難以著力的感受，更別說是地球必須面對的眾多風險了。病毒感染沒有國界，新冠疫情已經遍布全球。隨著地球平均溫度上升，氣候變得更加極端。科學家警告人類正在冒生態系統崩潰的風險，礁石、紅樹林沼澤或冰河，以及仰賴這些地理環境生存的生物岌岌可危。如同 2007 年至 2008 年的次貸風暴，單一產業或國家發生的金融危機，有可能在全球金融市場引發骨牌效應。具顛覆性的新科技與人工智慧已經改寫許多產業的定義，也改變全球貿易與就業趨勢，人們開始對未來的工作產生深層的焦慮，錯誤資訊與仇恨言論以超乎想像的速度四處散布。

　　即便國與國之間的不平等差距正在減少，各國國內的不平等程度卻上升，引發政治與社會動盪，導致人們對社會制度的不信任、種族緊張、民族主義與保護主義。如同我們在 2008 年與 2020 年 6 月[*]看到的那樣，單一國家的動盪有可能引發其他地方的抗議活動。

　　種種的一切交織成一個複雜的系統。世界經濟論壇創辦人克勞斯‧施瓦布教授（Klaus Schwab）與每月晴雨表平台（Monthly Barometer）的提利‧馬勒雷（Thierry Malleret）在合著的《新型冠狀病毒：大重啟》（*COVID-19: The Great Reset*）中寫道：

> 不論是經濟、地緣政治、社會或環境方面的風險，當單獨考量個別風險時，經常會帶來錯誤的印象，以為我們能加以控制或減緩；然而真實情況是，系統性的連結證實這是一個人為的結構。在唇齒相依的世界中，風險會彼此放大，引發連鎖效應。那也是為什麼孤立或圍堵，無法與互賴和共連共存。[1]

　　問題愈複雜，不確定性就愈高，也更加令人望而生畏。新冠疫情讓我們更加清楚看見全球議題息息相關，疫情為社會帶來的複雜性、不確定性與焦慮，已經將問題上升至一個全新層級，不僅彰顯出解決問題的困難度，也不斷提醒我們立即採取行動的必要性與迫切性。最辛苦的莫過於那群無力取得健康照護、無法在家工作的人，在疫情衝擊最為嚴重之際，他們為了養家活口而被迫暴露於風險之中，使得我們更加難以忽視長久

＊　編注：此處指的是非裔美國人佛洛伊德（George Floyd）因警察不當執法而死後，引發「黑人的命也是命」（Black Lives Matter，簡稱BLM）抗議運動。

以來的種族與經濟不平等問題。

　　然而，疫情卻也讓氣候變遷議題獲得更多關注。隨著經濟活動急速減少，碳排放量跟著遽減，天空和水質變乾淨了，這告訴我們，確實可以透過集體行動來達成減排目標。研究已證實，住在高汙染區與罹患呼吸疾病的民眾更容易受新型冠狀病毒等病毒影響。這使得減排的急切性日益增加，雖然溫室氣體與汙染物不完全一樣，但兩者間有著關係密切。

　　即便疫情帶來的巨大財政壓力讓跨國合作變得更加困難，但全球必須共同攜手合作，才可能解決眼前的迫切風險。這涉及全新層次的不確定性，我們必須學習和不熟悉的國家與人群合作，找出彼此間的共同利益。

　　相較於我們所擁有的有限情感、物質與經濟資源，氣候變遷、流行病、大規模毀滅性武器等全球性風險似乎已經大到我們無力招架。然而，當和世界各地聽眾談及汙染與環境等問題時，人們總會問我：我們可以做些什麼？如何因應機器人與人工智慧帶給工作的衝擊？如何走過不確定性？萬一經濟泡沫化，該如何保護自己？個人如何能扭轉全球不公不義的現象？或是在一定程度上減緩氣候變遷？民眾愈來愈擔心環境與安全議題，大部分的人對此感到無能為力，認為自己缺乏主導權與發言權，但他們依舊想知道：如何找出迫切需要處理的議題？更重要的是，是該如何盡到自己的本分，來減少這些全球性風險？

個人與集體的影響力

　　大約在 2016 年美國總統大選期間，大眾媒體開始經常提及「人類能動性」。這個冷僻的字詞，意思是指人類具有能獨立行動的特性。在我的記憶裡，該詞過去主要出現在枯燥乏味的學術期刊中，後來被新聞從業人員用來解釋民粹主義興起的原因（尤其是美國），以及民眾基於不信任政府，不惜任何代價只為讓自己感到有掌控感。後來，這個詞甚至熱門到出現在創辦 Goop 公司的女演員葛妮絲・派特洛（Gwyneth Paltrow）接受《紐約時報雜誌》（New York Times Magazine）的訪談中。[2]

　　每當想起流行病、氣候變遷等全球性威脅時，能動性概念總會浮上我的心頭。前文提過，我們對眼前問題的掌控感，會影響我們對風險程度的判斷，以及我們願意為此做出哪些因應行動。能動性主要展現在兩個面向，分別是「你覺得自己有能力透過個人行動來讓事情變得更好」以及「你覺得自己能與周遭的人（同儕、同城居民、同組織、同個政府）共同合作來讓結果有所不同」。「個人能動性」與「集體能動性」彼此密切相關，兩者結合時能夠發揮出更強大的力量。

　　當人看到其他人一起為共同目的而努力，就會渴望自己能夠參與其中，成為促成改變的一員。但前提是參與者需要達到關鍵多數，集合眾人力量一起改變自身行為，就能帶來愈強大的集體力量、對世界造成深遠影響。當參與者從中獲得良好感受，就更不容易因無力感而放棄努力。如此一來，就能減少先

前我曾提過的重大障礙：人們之所以不願行動，往往是因為覺得自己勢單力薄，做了也沒用。

這次疫情為我們帶來的一線希望，在於凸顯每個人做好自己本分的重要性：沒必要絕不出門；不得不出門則要維護公共衛生、保持社交距離、戴好口罩、做好洗手與清潔工作。緩解疫情的關鍵之一，就是必須從每個人自身開始做起。

我常聽人說，我們未能成功阻止氣候危機加速發生的原因之一，在於民眾感到自身力量過於渺小。媒體需要為此負一部分責任，因為太多報導在助長這種失敗主義思考方式，認為人們為減少排放溫室氣體所做的任何努力，無論是減少吃肉、改開電動車、騎腳踏車、搭乘大眾運輸工具或省水節能，總之一切都是徒勞無功。有些報導則宣稱，民眾努力做好自己的部分，只是在幫企業與政府擺脫解決問題的責任。甚至有報導主張，民眾將心思放在那些舉手之勞，就不會去支持足以拯救地球的更大改變。我甚至能想像報刊主編把這類文章分配給剛入行的菜鳥記者時，不忘吩咐他們：「給我一點違反直覺的東西！」

這些報導是錯的。我在參與環境組織、平日積極為公民議題奔走的經驗中體認到一件事：微小行動會促使人們做出更多的微小行動，小事逐漸累積發展，最終才能成就大事。「反轉地球暖化計畫」（Project Drawdown）致力於扭轉溫室氣體排放，列出各種可能達成目標的行動，估算每一種解決方案能帶來的影響。[3]「珍稀保護協會」（Rare）也致力於改變行為，

分析「反轉地球暖化計畫」舉出的與改變行為有關的辦法，例如：改採新型技術、少吃肉並增加植物性飲食、減少廚餘與堆肥、以視訊會議代替搭飛機開會、利用LED取代傳統燈泡、共乘與搭乘大眾運輸等等。協會的研究結果發現，舉手之勞所能產生的影響，其實遠遠超過那些菜鳥記者的想像。如果我們能大規模做到「反轉地球暖化計畫」列出的30項行為改變，就能減少20%至37%的溫室氣體，那是非常了不起的數字。

　　每個人都可以從舉手之勞做起，推動良性循環。我們愈相信自己有能力促成改變，就愈可能意識到問題並加以因應。我們愈相信政府能保護民眾、帶我們遠離風險，就愈可能支持政府政策。此外，公民對政府的影響力愈大，感受就會愈美好，也將減少人民的沮喪程度，不會因無力感而放棄改變。重大的全球風險，需要全球各地成千上萬的人站出來，一起讓改變成真，而一切的一切，得從讓人們相信自己有能力做到開始。

全球災難風險

　　全球挑戰基金會（Global Challenges Foundation）與ComRes市場調查公司合作，於2017年進行一個涵蓋8個國家、共8,000多名民眾的調查計畫，以了解受訪者對全球災難風險的態度，以及在風險因應上的準備度。[4]調查結果顯示，有75%的成人自認是全球公民，62%的成人認為他們能改變全球挑戰。在此同時，在「有效回應全球風險」這一項，所有的受訪國家都一樣，多數成人對組織與團體的信心高過個人孤軍奮

戰，而且年齡愈大的受訪者愈是如此。此外，這份調查中最驚人數字是，有將近58％的成人認為只需要單單一個人，就能破壞全球的風險合作；南非（68％）與美國（63％）民眾對這樣的破壞性更是深信不疑。此外，年輕人（66％）比年長者（49％）更可能認為自己有可能阻礙全球合作。

這種消極的能動性或許能解釋，為什麼有人會堅持拒絕相信人類是造成氣候變遷的元兇，甚至懷疑新冠疫情的真實性。他們可能感覺問題似乎嚴重到遠超出自己所能改變的範圍，因而拒絕改變行為，不僅不肯減少浪費與汙染、抗拒佩戴口罩，甚至襲擊要求他們保護自身與他人安全的醫療人員或商店員工。我們究竟該如何說服這個星球上的人們齊心協力，以減少全球性的災難風險？我們又如何能以正面的能動性取代負面的能動性？

具有建設性的改變

韓相震教授戴著一頂時髦的粗花呢貝雷帽，步伐矯健的走下台階迎接我，帶我走進他在首爾基金會的辦公室。距離我在哥倫比亞大學修韓教授的民主轉型研究所課程，已經過了四分之一個世紀。當時的他是訪問學者，後來他於2010年從首爾大學退休。韓教授的頭髮變得灰白了一些，但他依舊充滿活力。我和韓教授夫婦開心敘舊，一旁是他的共同研究者沈榮熙（Young-hee Shim）。我們意外發現這些年來，彼此的工作有不少重疊之處。

　　1995年，一連串事件震驚韓國社會。大邱地鐵氣爆事件奪走100多條人命；僅兩個月後，首爾一間百貨公司崩塌，死亡人數超過500人。此外，熱帶風暴珍妮斯（Janis）奪走人命，大地滿目瘡痍。再加上韓國政壇爆發貪汙醜聞，無不展現現代性（modernity）帶來的風險：漫不經心的人類活動所引發的後果。韓教授因此投入「風險社會」的理論研究，並與德國社會學家貝克密切合作，也與英國社會學家紀登斯一同研究全球風險。

　　風險社會理論著重的風險屬於成功現代化直接帶來的結果（即便通常是無意間造成），包括：氣候危機、科技、不平等、金融危機、恐怖主義。相較於早期社會源自大自然的風險，這類風險是出於人類自作自受。例如最早的穴居人冒的風險是被山獅吃掉、挨餓或是被洪水沖走；今日的「山獅」則像是人類破壞自身環境。今天我們看到有人因暴風雨而挨餓或溺水的新聞，八成是來自人類所導致的氣候變遷極端氣候所導致。如同貝克所言：「這個世界再也無力控制現代性造成的危險；或者我們應該這麼說，人們不再相信現代社會能控制自己製造的危險；那些危險並非來自於現代社會的失職或挫敗，而是來自於**勝利**。」[5]

　　韓教授的風險研究與社會學的「人類能動性」研究密切相關，這點與他的個人經歷有關。在韓教授念高中時，曾經歷1960年4月的學生運動，以及1961年5月的軍事政變。1964年，韓國學生抗議政府與日本恢復友好關係，韓教授成立讀書

會，希望找出具有建設性的前進道路。後來軍方解散這個團體，接著徵召他入伍。1971年，軍方逮捕韓教授。後來他獲得無罪釋放，到南伊利諾大學攻讀博士學位，接著又到德國比勒費爾德大學（Bielefeld University）做博士後研究。

韓教授在1981年返回首爾，任教於首爾大學，開始研究日後的「中民理論」（joongmin theory，「中」是指中產階級，「民」是指人民的力量），企圖建立更理想的架構以回應社會風險與全球風險。韓教授希望找出一條路，來調和儒家哲學的階級本質與草根運動的公民力量；換句話說，他希望謀求個人賦權與社群福祉間的平衡，以及公民與政府間具有建設性積極參與的關係。韓教授將「中民」定義為「一個偏好理性改革的參與團體」。他的研究格外引人矚目之處在於，結合西方與亞洲對於個人能動性與集體能動性的概念，以及政府的獨裁政體和民主政體。此外，他的研究也特別適合對風險高度敏感的南韓社會。

韓教授和貝克一樣，認為風險是現代化成功的展現，而不是失敗的結果。韓國過去30年來的經濟發展令人印象深刻，但也同時帶來一些負面影響，正如韓教授寫道：「每個人都想要更多、投資更多，並以超前規劃的速度完成任務、企圖擴張等等，卻沒考量到一路向前衝的品質與長期後果。也就是說，韓國在一心一意過分追求成長、速度與規模的同時，未能合理的思考可預見的風險，妥善處理風險與風險管理議題。」不過，貝克與共同研究者所說的「第二現代」（second modernity）來臨了！現在正是擁有全新的風險意識，發展新的社會與政治架構，從全球與地方的層面處理風險的時刻。

意識全球風險

　　南韓政府過去因為無法保護公民免於可避免的風險，而引發國內幾場威力強大的公民運動。例如南韓總統朴槿惠由於一連串的貪汙指控而被罷免，不過最讓韓國人民群情激憤的，是2014年4月發生「世越號沉船事件」後，總統消失7小時的不回應作為，這讓民眾無法原諒。這起沉船事件的死亡人數超過300人，絕大多數是學生。船長與3名船上幹部的行為觸怒社會大眾，他們後來被控謀殺，其他11名船員也因為棄船被起訴。此外，民眾憤怒世越號業者怠忽職守，違法改造船隻，也憤怒監管機構未能避免這場災難，更氣憤政府粉飾太平、不負責任。我在2017年10月漫步在首爾市中心的光化門廣場，幾個月前，那裡剛發生「大韓民國反朴槿惠示威運動」，廣場上依舊綁著顯眼的黃絲帶紀念船難受害者。那天稍晚時，光化門廣場上舉辦兩場對峙的抗議活動，一場支持受難者，一場支持被罷免的總統。

　　與此同時，川普與金正恩正在為幾星期前北韓的核武試驗而互相叫囂。美國新聞鋪天蓋的報導這場核子爭議，但可能成為攻擊目標的首爾民眾卻彷彿置身事外，新聞焦點依舊落在船難事件所留下的創傷。下午散步時我遇到一名高舉抗議海報的民眾，海報上川普聲嘶力竭的頭像被接在納粹的制服上，一旁

是核子雲，以及大致可翻譯成「狂人別插手！不要核戰！」的標語。不過，我對南北韓國界共同警備區沒開放感到失望，可惜沒能趁參觀非軍事區時順便看一眼。

整體而言，首爾民眾似乎沒有因為核武威脅而不知所措。我的韓國朋友問我，是不是訝異於他們對這場威脅如此鎮定。好問題！我猜部分答案在於，南韓人民長期生活在威脅中，久了也就麻木。不過更重要的原因是，他們的注意力放在與個人切身相關的地方議題。而與北韓有關的重大決定，大多是由華盛頓與北京來做，因此即使這件事關係到南韓的存亡，使其暴露於重大風險中，但人們的反應之小，仍令人感到訝異。

首爾的例子提供風險的重要一課：如何讓民眾關心並希望參與議題。當我們告訴人們，全球風險是可以透過一同參與並獲得解決時，民眾才更可能會採取行動，一起推動議題的討論。不過首爾的情況的確有一點不尋常。首爾民眾同時低估地方風險與全球風險，或許原因出在，這是他們唯一能度過每一天的方法。他們無力掌控近在眼前的明確風險，造成他們高度關注更可能由自己控制的風險。

韓教授讓我對貝克的理論產生興趣，讓我一回芝加哥便一頭鑽進去。貝克濃厚的學術性寫作風格，再加上從德文翻譯成英文，無疑讓閱讀變得難上加難。但貝克的文章不時出現真知灼見，值得多花點力氣，可惜我無法在此完整呈現。他談到現代性如何製造出跨國界的威脅，那是「威脅的全球社群」（global community of threats），需要全球共同回應。貝克在

2008年的《處於風險的世界》（*World at Risk*）中寫道：「需要具備世界的視野，才能意識到全球風險。」[6]他的意思是讓其他國家的公民也參與可能會受到影響的風險決策。舉例來說，像是氣候或金融風險議題的決策與行動，都有可能讓任何國家在過程中受到重創。

這不全然是利他主義，因為在相互連結的經濟中，相關風險有可能回過頭來影響源頭。舉例來說，遭受打擊的國家會減少購買商品與服務。此外，還可能造成大量移民湧入經濟與社會收容能力有限的國家。貝克寫道：「一方面，全球的風險、危機與威脅，被視為全球意識能夠成長的動力。另一方面，不平等的社會影響與脆弱性，將引發堅持抗拒任何全球標準化的風險衝突。」

涉及全球風險的決策不得不仰賴國家與地方政府，而政府又得仰賴民眾觀感，輿論必須支持有時並不容易的決策。貝克相信這種思維終將改變，他寫道：「矛盾的是全球威脅帶來的挑戰，同時也引發新一波全球道德行動。」貝克認為未來的社會架構，不是聖經中的大衛對抗巨人歌利亞，而是兩者共存。貝克認為新型的全球世界願景，同時需要震撼與淨化來推一把。新型冠狀病毒是否將擔此重任？

從「我」到「我們」

彼得·艾沃特（Peter Atwater）是威廉瑪麗學院（William & Mary）經濟系的兼任教授與Financial Insyghts顧問公司的創

辦人。他追蹤在面對不確定性時，社會情緒與信心之間的關聯，接著研究風險認知動態帶來的效應，以及民眾有多願意思考自己的未來是如何與他人息息相關。你可以把「社會情緒」想成「群體信心」的同義詞。兩者都混合了我們的信念、想法與感受，加以投射後形成未來的展望。社會情緒與信心因此左右著我們認為哪些事是確定的、哪些則不是。

　　艾沃特指出在不確定的年代，人們喪失信心，視野變窄，腦中只有「此時此地的我」（me-here-now）。也就是說，我們主要關注的是自己在當下的短期風險。我們希望事情盡量明確。心中愈害怕，我們的世界就愈小。相較之下，在國泰民安的年代，人們眼界開闊，著眼於「永遠四海一家的我們」（us-everywhere-forever），抽象思考的能力增加。此外，社會情緒與信心愈上升，我們心中也更加踏實。然而，如同貝克的願景，若要消除風險，尤其是在危機時刻，將需要「永遠四海一家的我們」的做法。從社區、全球與長期的視野看待自身利益，將是對抗今日與未來風險的重要步驟。

　　社會情緒上升時，我們會意識到風險影響著身邊的人，著眼於未來，但不一定如此，事實上還可能產生副作用，過度自信，做出危險的決策。艾沃特在《情緒與市場》（*Moods and Markets*）一書中，談到時代精神（史上某個特定時刻最主要的精神或情緒）如何影響人們看待風險的方式。艾沃特寫道：「許多最上層的企業領袖，公開嘲弄公司的內部風險管理者妨礙做生意；許多執行長甚至公開駁回風險團隊的建議，不肯採

取避險做法，簽下大膽的長期合約，以為永遠都會大幅成長／價格永遠會上漲。」董事會附和高層，監管單位與信評機構也和稀泥，「最上層的人集體放棄風險管理。」[7]

我和艾沃特談社會情緒與信心指數如何影響風險舉動。「這個世界目前的確定性其實不比以前多，也不比以前少。」艾沃特告訴我：「真正改變的是你如何看待這個世界。以911事件為例，你在2001年9月10日那天被幻覺給蒙蔽，感覺世界充滿希望；而9月12號那天同樣被幻覺給蒙蔽，然而感覺卻是一切都很悲觀。這時你該做的事，就是回過頭來提醒自己：不是周遭的世界變了，而是我們對世界的看法變了。」

我們普遍認為那些遙遠未來發生的事，確定性遠遠不如眼前發生的事（這的確是事實），因此我們通常對眼前事情所做的判斷較具信心。艾沃特表示：「符合以下兩個條件時，就會讓人感到自信：認為這件事情相對而言確定性較高，而且認為自己對這件事情能有一定程度的掌控性。」這兩個條件影響著我們會坦然面對或恐懼某個風險。

艾沃特用四個象限來表示人們進行風險決策時的信心程度。在「高確定性—高掌控性」的環境中，高漲的信心會帶來「永遠四海一家的我們」思維，這時我們非常樂於冒險，而且有時還會不小心冒過多的險。相對而言，若是處於「低確定性—低掌控性」的環境，我們會出現「此時此地的我」思維，自信不足時往往會傾向風險趨避。

右上方的象限（高確定性—高掌控性）代表我們的舒適

圈，大家都喜歡可預測、可控制的感覺。左下方的象限（低確
定性—低掌控性）則是非舒適圈，大家都厭惡難以預測與無能
為力，而兩者加在一起情況自然更是糟糕。右下方的象限是指
我們無法控制，情況還算得上可預測（例如：搭飛機或獄中生
活），不過狀態十分脆弱（一旦遇到亂流，會讓人恐慌到立即
進入祈禱模式）。左上方的象限就像是賭場，你可以控制自己
要不要賭，但無從預測賭博結果。艾沃特告訴我：「然而，如
果你和賭徒聊聊，會發現他們自認有預測能力，手氣正好的人
常說：『這一把我鐵定會贏。』」這種情況不只發生在賭場，
金融市場也極力說服人們相信市場趨勢可以預測，然而事實並
非如此。

　　這些集體態度會帶來艾沃特研究的社會情緒，社會情緒接
著又會決定風險範圍以及該如何處理：看是每個人自行處理，
或是一同面對挑戰。從艾沃特的「此時此地的我」與「永遠四
海一家的我們」的角度來看，目前的全球事態令人擔憂。風險
愈複雜，這個世界的不確定性就愈高。然而，隨著不確定性增
強，也愈難堅持在處理風險時，堅守有必要的「永遠四海一家
的我們」態度。換言之，帶來不確定性的形勢本身也會讓我們
更難有信心找出解決之道。

全球風險分擔預備金

　　氏族、部落與最終演變成國家的城邦，最初是為了是共同
分擔風險，保護成員，讓一群人有信心在危機四伏的世界裡活

下去。雖然有很長一段時間，多數人把公民身分和單一的民族國家聯想在一起，許多人今日也依舊這樣看，那種思維已經過時。

在這個陷入危機的世界，我們需要更上一層樓。我們在降低全球風險時，有必要把自己視為多面向的公民：我們是社區公民、國家公民，也是所有人共同居住的這顆地球的公民。多邊組織在20世紀持續演變，但抱持始終如一的目標與體認：地球公民面對的風險，只能透過合作來解決。

「我們的傲慢無法抵擋全球風險。」印度能源、環境與水資源委員會（Council on Energy, Environment and Water，簡稱CEEW）的執行長安納巴・葛許博士（Arunabha Ghosh），在聯合國永續發展高階政治論壇（High-level Forum on Sustainable Development）的演講上表示：「我們或許成為這顆星球的主人——但我們依舊很脆弱。」葛許博士指出，今日最重大的隱憂是「極端風險」（tail risk），也就是發生機率極小，但可能引發重大災難，例如：新冠肺炎疫情與嚴峻的氣候衝擊：「環境與健康壓力愈大，這種災難性事件發生的頻率八成會增加，雪上加霜，有可能超出國際與各國的應變能力。」[8]

葛許指出，各國達成共識的議題通常依舊難以實現，因為有的國家擔心別國會搭便車，或是因為其他原因而無法採取集體行動。這是政治科學家所說的典型「公地悲劇」（tragedy of the commons）：有的人放任不管，等著別人出面解決問題，而其他人也不想吃虧，跟著不願出力，一路惡性循環，直到沒

人花任何力氣解決問題。很不幸，只要有任何國家不肯盡力控制全球風險，世界上其他地方也會隨之遭殃。

葛許主張的公地悲劇解決方案，不強調合作能讓各國共同享有的好處，而是反過來「把焦點擺在避免共同的災難（common aversion，我們全都希望避免的後果），讓局勢走向通力合作。人人都必須遵守相同的規則，才能避免發生車禍。從流行病、極端氣候事件到作物歉收，與地球上每一個人都息息相關。」

葛許因此提議成立「全球風險分擔預備金」（Global Risk Pooling Reserve Fund），作為對抗氣候、環境與健康風險的保險。保險業的整體基本概念是：若能將所有人對抗風險的資源集中起來，將資源分配給受到風險影響的人，那麼每個人就能用更少的成本獲得更多的保障。全球風險分擔預備金也是基於同樣的原則。地球上的每一個人都面臨全球風險，有的國家是製造風險的罪魁禍首，有的國家比較有能力保護自己（兩者不一定是相同的國家）。集中資源後，各國就能以遠遠較低的成本保障國民，遠離全球風險的衝擊。其效果將勝過單一國家的努力，能夠確保災難**必然**（而不是**萬一**）臨頭時有足夠的資源加以因應。

這樣的風險分擔預備金將如何運作？請大家耐心聽我解釋，一定得讓各位知道這是可行的方案。成立保險基金，提供保險給各種與氣候相關的風險，例如：沿海或河川氾濫盆地遭受的洪災損失、內陸乾旱、野火、作物歉收、地下水不足或城

市缺水。各國把自己一部分的「國際貨幣基金組織特別提款權」（International Monetary Fund Special Drawing Rights）放進預備金。特別提款權是一種創立於1960年、充當國際準備資產的準貨幣，價值由五種貨幣組成的一籃子貨幣決定。預備金接著透過私人的再保險人，或是多邊發展銀行／國家發展銀行，把自己的資源拿來再保險。各國發生一定門檻以上的氣候災難事件時（例如：3級颶風或超過多少天的旱災），可以提取預備金。開發中國家由於受到保護，得以抵禦氣候引發的金融衝擊，進而以成本更低的方式，取得潔淨能源、電動車、永續農業等永續基礎建設計畫的基金，降低氣候變遷帶來的風險。

此外，葛許還提議繪製開發中國家的氣候風險地圖，以衡量各國因氣候變遷而蒙受損失的可能性，以及目前取得的進展。這項建議是基於以下兩個關鍵考量：一、誠如剛才所言，各國風險降低時，國家及當地企業將能以更低的成本取得資金，能夠在降低風險危害及促進經濟發展上進行更多投資。

二、更重要的是，這樣的追蹤工具能協助世界各地的人觀察各國進展，證明公民與國家**的確**有能力共同面對問題，讓事情變得更好。此外，民眾與政府也將更難責怪其他國家不行動，無法再把這當成藉口，不肯盡自己的一份心力。氣候危機之所以會發生，就是因為有些人、有些國家喜歡搭便車，只想坐享其成，把苦差事全扔給別人。就像新冠疫情中那些不遵守防疫政策的人，讓我想起大學時修過一門用數學模型研究社會

科學議題的課程，我是我們那組數學能力最弱的，但整份流行病學報告到最後幾乎都是我一個人做的（我們那次分數不是很好看，但對我來說比拿到高分還自豪）。都每個人的努力都被追蹤時，就比較難混水摸魚搭便車。

最後，追蹤工具可以把氣候挑戰縮小成個別的任務，讓每個國家更感到有可能處理。達成目標時，也更容易慶祝成果，各國得以理直氣壯表示這是自己的功勞，而慶祝進展可以帶來持續努力的動力。

嶄新的全球世代

2019年5月，我在科羅拉多州的亞斯本（Aspen）待了幾天，參加地球召喚組織（Earth's Call）的成立大會，該組織的宗旨是支持氣候危機的創新解決方案。與會者包括：社會創業家、上了年紀的嬉皮、皮膚曬得黝黑的慈善家、科技創業者、火人節（Burning Man Festival）*常客、美國原住民領袖、藝術家、音樂家與氣候社運人士，大伙兒齊聚一堂。然而一連幾場大雷雨，讓旅程最後一段的丹佛至亞斯本的航班大亂，我慶幸終於抵達會場，一屁股輕鬆的坐在沙發上。這時，一名熱情洋溢的少女跑來向我自我介紹，她有著溫暖的棕色眼睛、一頭棕色長髮，全名是海溫・寇爾曼（Haven Coleman）。寇爾曼當時12歲，是美國「青年為氣候罷課」（Youth Climate Strike）

---

* 編注：自1986年開始每年夏天在美國內華達州舉辦的藝術狂歡盛典。

的共同執行董事。她向我解釋這趟旅程有爸爸陪著她，因為她年齡還太小，不能一個人出門。她不僅活潑可愛，談話更深具感染力。

　　隔天是這位就讀於七年級的學生，在2019年一整年中，人不是待在家鄉丹佛的政府機關或商店店門口前，舉著全球青年運動的抗議牌，要求正視氣候變遷的第一個星期五。這位全球運動的著名人物是瑞典的葛莉塔·通貝里（Greta Thunberg），參加者每星期翹課一次，靠「罷課」來呼籲採取更聰明的氣候政策。就在兩個月前，125國超過百萬學生加入超過2000場罷課。到了那年9月，全球150國超過四百萬學生，加入一系列的4,500場罷課。世界各地的年輕人的全球串連，帶給氣候運動力量，讓世人看到拯救地球時，沒有國家能置身事外。

　　寇爾曼因為嘗試說服科羅拉多州的民選代表，從否認有氣候變遷一事，改成投身解決問題，在2017年上了新聞。[9]該年4月，她在科羅拉多州的共和黨眾議員藍博恩（Doug Lamborn）舉辦的市民大會上發聲，催促藍博恩擁抱再生能源，接著邀請他加入隔週的自然課（議員拒絕了）。幾個月後，寇爾曼慷慨激昂地向科羅拉多州的共和黨參議員賈德納（Cory Gardner）陳情。賈德納的競選活動由化石燃料公司支持。寇爾曼爬上講台，站在市民大會的麥克風前，請賈德納在國會的黨團會議上，提出氣候解決方案，對抗氣候變遷。「符合良知的做法是挺身而出解決問題，你的孩子和我長大時才不必受苦。」寇爾

曼呼籲：「如果你是因為碳汙染者提供的金錢而猶豫，我可以組織孩童、成人與資金，我們可以運用社群媒體，從事草根運動。」[10]

那次的亞斯本活動除了寇爾曼，參加者還包括其他幾位來自全球各地的社運人士（不過年齡大部分都沒有寇爾曼**那麼小**）。維森姐妹（Melati and Isabel Wijsen）談她們成功發起運動，讓印尼峇里島禁用一次性的塑膠袋。馬蒂內（Xiuhtezcatl Martinez）生於美國，在墨西哥長大，他除了是氣候社會運動人士，也是饒舌歌手，代表青年地球守護者（Earth Guardians Youth）出席。馬蒂內是控告美國政府的兩場氣候訴訟的共同原告，分別是「朱利安娜訴美國政府案」（*Juliana v. United States*）與「馬蒂內訴科羅拉多石油天然氣保護委員會」（*Martinez v. Colorado Oil and Gas Conservation Commission*）。

全球的年輕人與學生齊心協力，以我們這些「大人」都辦不到的方式，企圖讓世人關注氣候危機。他們的未來承受的氣候風險比我們大，怎麼會不挺身而出？相較於年輕世代，年長世代的我們反而比較不管長遠的事，遲遲不肯解決風險，因為感到自己還不會受到影響。但無論是千禧世代、Z世代，以及不論要如何稱呼再之後的新世代，我們的下一代將有遠比我們更多的時間，天天生活在極端氣候與氣候變遷之中。我們能繼續這樣視若無睹嗎？

大家在同一條船上

我們需要一個能跟上時代的新型全球風險生態系統，每個國家都得擔負起責任，集中管理風險，慶祝降低風險的進展，同時鼓勵公民運用個人的能動力，共同支持朝向集體目標前進。

矛盾的是，在大型全球高峰會上成功傳達訴求的社運人士愈多，就有愈多民眾感到事不關己、無能為力。氣候變遷或大規模毀滅性武器成為聯合國、G7、G20，或是任何當下熱門團體的責任。那就是為什麼持續溝通與分享全球性的災難風險知識十分重要。然而，要真正達到效果的話，我們必須提供策略讓每個公民都能參與，盡自己的一分力，讓他們感到自己的參與可以帶來改變，那麼個別力量的影響範圍遠超出自己所處的社群。

全球主義者必須理解，對於一輩子沒搭過飛機、沒出過國的人而言，全球化的世界是讓人害怕的。目前已經有大約42%的美國人有護照，[11] 相較於過去30年間成長8倍以上，但依舊遠低於英國人的76%、加拿大的66%；僅20%的美國人能以兩種以上的語言交談，遠低於歐洲的56%。[12]

我的老家在威斯康辛州，在那裡，「與眾不同」不是一句讚美的話。但我那位在比利時出生的母親，從小就在我的繪本《你是我媽媽嗎？》（Êtes-vous ma mère?）裡貼上索引卡時，讓我意識到世界上還有其他的國家、語言與文化。我16歲時

第一次出國，在德國和比利時待了一個夏天。大學住在多明尼加共和國。我還記得在搭機踏上那些旅程之前，自己有多興奮和緊張。從那時起，我環遊各地，與世界領袖見面，吃各國食物，冒險無數。我很幸運能在全球各地都有朋友與事業人脈。我的職涯很多時候是在努力拉近兩端的距離：一頭是我今日生活的世界，一頭是我成長的世界；一邊是國際與全球視野，一邊是道地的美國人心態。我發現兩者都有價值，也都能向對方學習。

　　你能做的最重要的事，就是盡量增加對全球風險的認識。正如前文提過的，知識能帶來掌控感，也能給你力量，讓你在自身影響範圍內盡己所能。不論是在日常生活或你的社群中改變自身行為，兩者都能帶來最直接、具體與令人滿意的結果。此外，你也能在政府做出困難決策、預防未來的災難時，一起挺身而出，表達支持。

第 15 章
未來世界的風險語彙

　　藝術家朱兒‧片岡（Drue Kataoka）是片岡工作室（Drue Kataoka Studios）的創辦人。當她談起風險，談的不只是藝術這一行所涉及的商業或創意層面的風險，同時也包含身體所面臨的風險，例如她的創作「天斧之後」（*After the Celestial Axe*）。片岡率領團隊成員將一棵倒下的巨型橡木（直徑寬達約兩公尺）切出27個斷面，數千枚鏡子碎片被排列、鑲嵌其中，構成一件光彩奪目、令人讚嘆不已的巨型森林雕塑品。片岡為了實現心中閃閃發亮的「林中珠寶」，必須學習駕駛兩台牽引機，還雇用兩名彪形大漢操作長達2公尺的大型電鋸。製作過程中，巨大斷木砸中其中一人頭部，導致他一路滾下山丘。此外，片岡在製作名為「天空蕾絲」（celestial lace）的鏡面拋光不銹鋼雕塑系列作品時，必須處理熔態金屬，就藝術而言，這不是件容易的事，而且創作者還得夠膽識才行。

　　不僅如此，她還不斷探索藝術與科技的交會點，她一幅畫作的局部畫面被送入國際太空站，舉辦人類史上第一場零重力藝術展。這件展品裁切自一張大型畫布，根據愛因斯坦狹義相

對論中的時間膨脹效應，這塊畫布返回地球後，將比留在家中的其他部分稍微「年輕」一點。

　　風險、不確定性以及勇敢跳進未知世界，是藝術與創意的基本核心。「在其他的領域，你主要關切的事通常是替自己的觀點辯護，想辦法進一步鞏固自己的地位。」片岡告訴我：「然而身為藝術家，你要刻意離開自己的軀殼，跑進別人的身體，從他們的角度看事情。」她表示：「當你開始這麼做的時候，知道自己的前期嘗試很有可能完全徒勞無功，但不斷嘗試不同事物、不同技巧、不同流程，反覆實驗、測試與修改，最終一定能獲得重大發現。你得親自走過一條條非線性的道路，才能看見那些原本沒有意識到的事。寶貴的新技巧與新點子將不斷的湧出，成為邁向更多嶄新可能的出發點。」

理想的風險生態系統

　　片岡的時間膨脹藝術作品「*Up!*」完成太空之旅返回地球後，她迷上另一種時間旅行：**不朽之作**（immortal works）。在片岡的定義裡，不朽之作是指極具巔覆性，因而能夠穿越時間限制的藝術作品。想要創造出不朽之作，在財務、情緒、創意以及身體上都必須承受很大的風險。「我回顧米開朗基羅或達文西等藝術家留給我們的作品，以及收藏於故宮、羅浮宮、梵蒂岡的眾多藝術傑作，」片岡告訴我：「如果那些作品能延續這麼長的時間，是什麼因素讓它們成為不朽，讓我們至今依舊感到共鳴？是什麼環境孕育了文藝復興時期巔峰造極的創作？

藝術家們是怎麼辦到的？」延伸來看，那些藝術家當時到底冒了哪些風險？他們又為什麼願意承擔這些風險？

想想西斯汀禮拜堂的天花板，這件曠世傑作是米開朗基羅的個人天賦、風險指紋，以及外在生態系統的結合。這個生態系統包括：願意承擔藝術風險的贊助者，以及孕育他偉大創造天賦的文藝復興時代。禮拜堂天花板上的巨大壁畫，對米開朗基羅而言不僅是體力上的嚴峻挑戰，更面臨著龐大的創作風險，因為在這之前，他是以大理石雕塑作品而聞名，並沒有繪製濕壁畫的經驗。對他的梵蒂岡贊助者而言，則承擔著極其龐大的財務風險。

片岡生於東京，母親是美國人，父親是有武士血統的日本人，她從小在東西方文化的薰陶下成長。片岡從小的夢想就是成為一名藝術家，但在舊金山灣區讀高中時所做的兩個決定，讓導師和朋友都說她瘋了。她的第一個決定是，放棄傳統藝術學院而選擇史丹佛大學，第二個決定是，不像一般初出茅廬的藝術家選擇去紐約或巴黎發展。片岡說：「在藝術與創意上，我總是採取跨領域的做法。我知道傳統藝術學院無法讓我做好準備，去面對不斷快速變動的世界。」

於是，片岡跟隨著自己的直覺，認為如果要回應科技帶動的社會與經濟潮流，矽谷才是藝術家該待的地方。她說：「當時我說矽谷將成為世界創意與文化的震央，大家都取笑我。時至今日，可以明顯看到矽谷傳播出的一道道強大創意與文化震波，正一步步以顛覆性的方式影響這個世界。」選擇矽谷是一

個違反常識的重大職涯風險，但最終證實片岡的直覺是對的。

在高中畢業前，片岡就已經精通日本水墨畫，並累積大量櫻花、竹葉、朦朧風景等傳統主題作品，接著，她開始運用傳統技巧捕捉截然不同的主題，包括美國爵士樂手、運動員與政治人物等等。對她來說，現今的世界早已不是禪師於千年前所見的如詩如畫景象，活在當下、捕捉這個時代的精神，才真正符合古老的禪宗傳統。

史丹佛大學的體育指導員聽說片岡的作品，邀請她展出50幅作品，結果大受歡迎，展期從原訂的6個月，一路延長為4年。她的賣畫所得足以全額支付在史丹佛的學費，畢業後更被畫廊簽下，踏上許多藝術家嚮往的理想道路。

然而，片岡很快就發現，與畫廊簽約是個明顯的錯誤，她的收入大幅減少，還喪失創作的主導權。「大家通常聽到後會很訝異，每成交一件作品畫廊都要抽取五成佣金，而且藝術家的所有作品都必須交給畫廊直到售出為止，也就是說風險全由藝術家承擔。」片岡補充說，這些條款是所有行業中最糟糕的。「此外，畫廊會在創意上限制藝術家。他們會說：『嘿，你為什麼不多畫些保證賣得好的「安全」作品，少做些具有藝術價值但「有風險」的東西？』其實畫廊的本質就是零售業，標準化產品遠比那些差異化、獨樹一格、獨具匠心的作品更好賣。如果當初米開朗基羅遇上的是畫廊經理，他聽到的將是：『千萬別畫什麼濕壁畫，我們知道市場需要什麼，也知道你最擅長的是什麼，繼續做你的大理石雕塑就對了。』」

於是一年後，片岡又做出另一個讓大家跌破眼鏡的冒險決定。即使她的作品在畫廊賣得很好，但她依然決定走出畫廊，正式成立自己的工作室，直接與收藏者面對面互動，販售她的作品。她說：「打從一開始，我就以矽谷新創公司的方式經營工作室，遵守精簡、敏捷與顛覆的精神。少了中間商，就能把更多資源投入昂貴的素材及創新研發。」她同時承擔著創意風險與商業風險：「我的藝術工作室從成立第一天起，就冒險下注這個世界會改變。」片岡說：「如果你用固有思維想事情，所謂風險就是發生變化；然而對我、對我們的工作室來講，風險則是沒有發生變化。」

片岡著眼於當今世界所潛藏的結構性變化，她不僅看到不確定性，也看到可能性：如同文藝復興時期般探索與創造的機會。「我覺得我們回到一個充滿活力與創造力的年代。就像是文藝復興時期擁有像達文西、米開朗基羅這樣的偉大人物，推動不同領域間的對話與交流，」片岡表示：「這就是造成創新與思維躍進的真正關鍵所在。」

文藝復興是一個充滿不確定性與複雜思想的時代，隨處可見雄心壯志與巨大風險。從某方面來講，有點像第一個橫越尼加拉瀑布的泰勒當時置身的世界，或是其他動盪不安但也出現重大進展的時期。記者提姆·魏納（Tim Weiner）在《歡迎光臨天才城市》（*The Geography of Genius*）一書中寫道：「希臘的創世神話帶有無秩序的元素，起初沒有光，只有混沌，而那不一定是壞事。」魏納在書中探索創意天才如何在特定的時空

大放異彩及其背後原因：「對希臘人而言（我後來發現印度人也這樣認為），混沌是創造的動能。」[1]

這樣說來，在新冠肺炎疫情之後，我們將獲得強大的創造動能。對今日的我們來講，挑戰在於：我們是否能夠運用這些動能帶來重大進展，借鏡其他時空文化、經濟與社會的生態系統，創造米開朗基羅這樣融貫藝術、科學等多元領域的人才？我們能否利用這個不確定的年代，創造出更好的東西？

如果我們要在今日世界實現一個如文藝復興般強大的風險生態系統，那麼這個系統應該會是什麼樣子？當時的藝術贊助者提供堅實的財務安全網，讓米開朗基羅得以冒很大的險，但那不過是給才華已經被證明者的個人風險保護傘。如果我們要創造的系統，讓**每一個人**都能自由發揮潛能呢？沒錯，我們需要偉大的藝術作品來啟發我們。然而，每一個人都會在人生中冒大大小小的險，我們需要那些風險帶來的好處；我們每一個人都需要有人願意相信我們，並樂意在我們身上冒險。

在這個理想的生態系統中，我們每一個人都更勇於接受失敗的可能性。我們知道失敗為成功之母，失敗並不是壞事。只要是值得的努力，即便失敗也該獲得包容，這不該只有天之驕子才擁有的特權。當每一個公民都具備更好的風險素養，有能力判斷發生危險的可能性，依照實際情況調節自己的情緒反應，並懂得在適當時刻冒適當的風險，我們將以公平的方式補償人們為共同利益冒所承擔的風險，以公平的方式為風險定價。我們具備風險同理心，能夠留意自己與他人的風險指紋，

理解彼此對風險的看法與感受。

那麼，我們該如何能抵達這個創意與創新百花齊放、公民欣欣向榮的天地？我們需要展開新的風險對話型態，意識到風險是我們的性格、認知與行動的決定性因素。這場對話必須思考個人、組織與社會，以及這三者的決定與行為如何相互影響，並隨時間改變。最重要的是，這場對話必須使用同時擁抱機會與危險的新詞彙，意識到理性與感性一起在風險決策中扮演的角色，並納入道德考量，關切自身和他人交錯的風險。此外，還要考量時間流逝、情緒變動與觀點演變所帶來的變化。

新的風險對話型態

什麼是「風險」？如同片岡的作品《天斧之後》中的鏡子碎片，風險的樣貌會隨著你的觀點產生變化。風險可能是威脅、可能是機會，或兩者皆是。風險的意思是碰運氣，那是一種可能性，或是估算出來的機率。風險是肌肉。風險代表著餘裕。風險是你熱愛或恐懼的東西。從你願意冒險失去什麼，就看得出你心中的使命。每一個風險都是一個選擇；每一個選擇都帶有風險。

當你從風險角度看待自己的決定，你的看法將有所不同。你是否正冒著可能失去健康或財務的風險？這樣的風險可能發生在現在還是未來？讓你甘願冒著風險的是普普通通的東西，還是不惜一切也要維護或實現的重要事物？當你在評估眼前的風險時，記得要問：「和什麼相比有風險？」不只要問：「我

該如何採取行動？」也要考量「不做這件事會有什麼風險？」

我們迫切需要展開新的風險對話，而上述問題是對話的重要內容。衷心期盼讀者在閱讀本書的過程中，已經理解相關重要詞彙，包括：「風險指紋」、「風險同理心」、「風險能動性」、「風險素養」、「風險肌肉」、「風險組合」、「風險保護傘」、「風險文化」等。這些詞彙有助於我們討論如何進行風險選擇，並把握住其中潛藏的機會。

風險指紋

你的性格、你的教養、你的經歷、你的環境、你的群體，共同構成你的風險指紋。你的風險指紋包含你的目標。我與各界冒險家的多場對話清楚證明，若要以恰當的方式談風險，不能忽略我們本人或我們所屬群體的價值觀與目標。

最基本的問題是，你得知道自己正在冒什麼險，以及為什麼要這個冒險。當你釐清自己行動背後的目標，就能在不確定性的洪流中站穩腳步，知道該如何做出一個又一個困難的正確選擇，從此不再舉棋不定。在本書的第2章到第9章中，逐步探索影響個人、團體與社會風險指紋的因素，當你了解這些因素的重要性及忽視它們所需要付出的代價，你將更有能力管理風險，憑著你對自己與他人風險態度及風險行為的理解，做出更好的決定。

你是否喜歡憑著自己的直覺，來判斷眼前的風險是好風險、壞風險或中性的風險？你是否傾向承擔積極風險，例如：

極限運動、賭博、創業、蛇行、結婚生子、購買表弟推薦的雞蛋水餃股？你是否傾向承擔消極風險，例如：發現健康、財務、關係或職涯上出現明顯的「壞風險」，卻沒有即時處理；或是看見「好風險」帶來的機會，卻沒有即時採取行動？當你意識到這點，將有助於檢視自己的行為模式，做出更好的選擇。

風險同理心

留意身旁的人的風險指紋，可以協助你從他們的角度看事情。這樣做不僅可以增進家族、社群、政治的內部關係，甚至有助於維繫跨文化或跨世代的關係。並沒有所謂絕對「理想」的風險類型，因此你可以尋找風格與你互補的合作夥伴或諮詢對象，彼此截長補短往往能獲得更大的幫助。當你意識到彼此風險態度差異時，請發揮風險同理心來化解歧見，別讓偏見帶來阻礙，以刻板印象認定某類人就一定願意冒特定風險。千萬別低估開誠布公的價值，當你不確定對方如何看待風險時，那就去問本人，好好談談彼此是如何看待風險，不要單憑臆測。最後，記得要弄清楚「**風險趨避**」與「**具有風險意識**」的區別，以及為什麼這點非常重要。

風險能動性

能動性是指你感到有能力掌控情境，或至少在某些方面能夠施力。一旦了解自身能掌控的事，或是有信心當權者將努力

阻止危機發生，你將更有能力處理不確定性。預先設想可能發生的狀況，計畫好要如何處理，就愈不可能一步錯，步步錯。你在不得不面對風險時，保持用現實的眼光評估自己的能動性（你能影響周遭世界的能力），或許將是你手中最大的資產。此外，知道自己無力掌控哪些事也很重要。每個人或許感到自己很渺小，但聚沙成塔。要是少了感到自己有能力做到的關鍵多數，我們無法解決全球問題。今日的全球風險，愈來愈需要數十億人主動站出來才能解決問題。我們在第12到第14章看過，哪些行為與習慣可以協助你更能掌控生活中的風險。

風險素養

　　大部分的人在談風險素養時，其實是在談較為片面的事，也就是去理解有可能傷害我們的特定事件。然而，我們真正需要的是整體的風險素養，了解風險的本質，以及我們與風險的關係。人類的確需要以更嚴肅的態度，看待這個世界面臨的眾多特定危機，但首先我們需要建立更穩固的風險關係。展開新型對話、暢談共同風險的時刻到了。我們要把風險意識當成協助我們成功的強大工具，更加坦然的接受失敗與不確定性。

風險肌肉

　　前文反覆提到，能否「慧眼識風險」與經驗有關。如同肌肉的道理，風險認知與風險反應相輔相成，多練習就會增加力量。你愈運用風險肌肉，就愈能做出理想決定，採取聰

明的行動。我們在第9章探索過如何區分「客觀／理性風險認知」與「主觀／情緒風險認知」，但也要明白兩者對健康的風險決策來講都很重要。意識到情緒的力量，你就擁有彌補情緒的工具。我們在第10章看過，意識到自己的身體碰上壓力龐大的決策情境時的反應，可以協助你同時掌控身心反應，掌握自己的風險情緒，不讓情緒支配你。此外，我們在第13章看過，養成良好習慣能帶來更大的掌控感，你因此更能坦然面對風險與不確定性。不過，也要定期確認這些習慣是否讓你變得自滿。矛盾的是，保險、安全帶、安全帽等許多降低風險的努力，反而會增加有風險的行為。

風險組合

如同財務顧問會適度配置你的儲蓄與投資，你需要意識到生活與事業上的各種風險，並加以調整成一個多元的風險組合。如果你願意這樣做，就能在將能在安全性較高的領域勇敢承擔更多好的風險，避免因再三猶豫而錯失良機。同時，還能在危險性較高的領域創造緩衝空間，讓決策流程慢下來，避免做出輕率的風險決定。你要盡量以最理想的方式，組合個人、職涯、健康、財務與安全等方面的風險態度與行為，讓自己能沒有後顧之憂，冒更大的險、追求自己最在乎的事。

風險生態系統

你是廣大風險生態系統裡一個獨特的點。你的風險關係離

不開文化、社群、國家與你居住的地球。政府、企業與公民形成的回饋迴圈，將奠定共同的風險價值觀與信念。教育、聰明規則、資訊與安全網的正確組合所帶來的風險環境，將以最大的程度支持創意、彈性、創新與生產力，鼓勵健康的冒險，處罰不負責任的行為。

風險保護傘

風險保護傘是風險生態系統的重要元素，在逆境中保護著我們。政府與企業提供健康、失業、災難復原與其他類型的保險時，有如提供了傘骨。個人替自己購買保險時，強化了這把傘，但除此之外，傘面可說是由促使我們前進的目標、支持我們的社群，以及我們仰賴的技能所組成。

不過，對話不是談完就結束了；雖然我們需要共同的詞彙，行動能以更強大的方式展現概念，也因此在本書的最後，我希望以兩位了不起的人士的故事作為結尾。他們每天都身體力行，活出我們剛才提到的風險詞彙，兩人先前做過與持續在做的風險決定，提供了最好的示範。

化解歧見的風險對話

馬克・普拉克（Mark Pollock）在2009年成為史上第一位到南極跑馬拉松的盲人。他在5歲時因為視網膜問題而失去右眼視力，22歲時又因為左眼視力減退而動手術。手術失敗後，連僅剩的視力也沒了。普拉克重新學習如何獨立生活，並

靠著大學時代擅長的划船，在2002年大英國協運動會中代表
北愛爾蘭順利奪牌。重新獲得自信的他，開始投入極限馬拉
松，不僅在中國的戈壁沙漠7天內跑6場，還參北極和聖母峰
的賽事。

　　普拉克在失明的10週年，決定要征服南極。他募得10萬
歐元贊助，和兩名陪跑員一起接受密集訓練，為這場在零下
50度跑43天的長征做足準備。普拉克必須克服重重困難才可
能完成這趟南極之行，這幾乎是一項不可能的任務，因為這場
比賽本來就不是為盲人而設計的。

　　普拉克喜歡引用尼采的話：「知道為什麼而活的人，幾乎
能忍受任何的苦難。」對普拉克而言，活著的理由是競賽、堅
忍不拔、克服困難，以及更重要的是勇敢面對失敗的風險。他
從小必須適應視力受損，長大後因為失去剩餘的視力，又必須
再度適應。普拉克不斷面對幾乎都不是自己能掌控的人生打
擊，學著在大部分的人會感到恐懼緊張的情境下，有條不紊的
把風險降到最低。

　　普拉克說：「許多人會從事『極限』運動，而當我也是其
中一員，常會聽到別人對我說：『你根本是在找死。』然而，
我認識的極限運動人士，他們大部分當然是在冒險，但那是經
過計算的風險。所以，或許我們可以說，他們（或者該說我
們）其實奮力避開風險。我們接受訓練，多加練習，替各種狀
況計畫好該怎麼做。舉例來說，我們替南極洲做準備時，學習
如何安全的穿越冰層裂口，盡一切所能，減少可能害自己受傷

的事，所以我談風險時，是在談失敗的風險，而不是死傷的風險。」由於有失敗的風險，普拉克的選擇才有了意義，這也加深了他的成就感。他表示：「要是完全沒有失敗的風險，最終會索然無味。」

　　普拉克的動機、技巧與習慣，將使他第三度撐過改變人生的重大衝擊。那次不是因為他冒險而嚐到苦果，而是碰上殘酷的意外。普拉克達成南極成就僅一年後，以及還有四星期就要結婚的前夕，他摸索著走出一間臥室，有一扇平時緊閉的窗子，不知道為什麼開著，普拉克就這樣從3樓的窗戶，不小心摔至一樓的混凝土地面，頭骨破裂，脊髓兩處受損，腰部以下癱瘓。而這次，不只是普拉克要面對這項可怕的事實，他的未婚妻席夢‧喬治（Simone George）也必須面臨抉擇。這將位兩人開啟一段風險同理心之旅。

　　席夢表示，兩人相識於普拉克「僅僅只是」失明的時候，普拉克請她教他跳舞。兩人日後在2018年到TED演講，談發生墜樓意外後，以及在兩人在展開求醫之路、希望在找出癱瘓療法之前的有生之年，在「接受」與「希望」之間尋找正確平衡的挑戰。我是在兩人演講前認識他們，聽完演講後深受感動，並與他們保持聯絡，希望能了解他們（以個人身分與夫妻身分）的風險認知如何影響著他們的決定，為他們提供度過絕望的指引。

　　普拉克與席夢都屬於愈挫愈勇型的人；從那個角度來看，兩人有十分相容的風險胃納，程度高到席夢說他們應該找公正

的第三方，放慢兩人的速度。不過，兩人的冒險方式十分不同。普拉克井井有條，席夢則遵從直覺，有什麼事立刻去做，一生與不可能對抗：「我是律師，我工作時最喜歡做的事，就是接下能維護正義、但每個人都說太難打的案子。」

普拉克因墜樓而住院時，他無時無刻想到自己變成這樣，席夢該怎麼辦。普拉克回想：「你知道的，我想了想，我是脫不了身了，但席夢不一樣，有辦法的話，她該離開。」普拉克的母親與席夢的父親同樣也很擔憂。

普拉克不希望席夢離開他，但席夢的未來才是最重要的。他給席夢離開的機會，談到即將到來的婚禮，告訴她：「你快跑，離得愈遠愈好。」

「你要跟我分手？」席夢問他。

雙方最後各退一步：席夢告訴普拉克，只要他和他的背還需要她，她就不會離開。普拉克終於讓步。如果情況發生變化，到時候他們再重新商量這件事。

兩人講起當時的情形，惹得我們所有人眼眶含淚。「你人躺在加護病房，靠嗎啡止痛，後腦勺需要固定，腰部以下沒知覺，卻仍以我想像不到的方式，替我們兩個人著想。」席夢告訴普拉克：「你太讓我生氣。」席夢這時才了解，普拉克願意冒著犧牲自身幸福的風險，保護她的幸福。普拉克則明白，席夢認為冒著和他在一起的風險是值得的。「如果你愛一個人，你的確是在冒著會受傷的風險。」席夢表示：「你知道的，你冒的風險包括有一天你愛的人會死去，那種傷痛的風險很大。

然而，我當時如果離開，那種傷痛也很巨大。」

　　普拉克和席夢的風險生態系統分為三部分：一、兩人的風險指紋帶有強烈的使命感，而且他們了解自己；二、技能與經驗增強了他們的風險肌肉；三、深深的風險同理心，有助於兩人探索彼此的關係，齊心協力面對挑戰。從某方面來講，兩人最大的風險挑戰在於他們的關係：風險不只是他們可能失去彼此那麼簡單，而是兩個人都可能因此喪失核心的身分認同。「身分認同一旦發生任何變化，全都伴隨著風險。」普拉克表示：「我認為身分認同對我們所有人來講都很重要。」

　　普拉克和席夢努力平衡接受與希望。他們要把人生奉獻給癱瘓治療嗎？席夢會不會變成「看護」，人們忘掉她是才能出眾、認真負責的律師？席夢再度順從直覺，義無反顧，尋找答案，探索可能性，她發現：或許她有辦法替癱瘓治療做出貢獻。

　　「我猜風險在於我們可能讓希望多過接受。當時，我整天沉迷於尋求解藥，一聽說可能有什麼辦法可治，就一頭栽進去。」席夢說：「如果我們把所有的熱情、精力與時間，全都投入癱瘓治療，沒照顧到人生或我們的關係中的其他部分，我們會有一天醒來，或許的確對癱瘓領域做出了一些貢獻，但完全沒去想為什麼要這麼做，以及接著我們會有精神崩潰的風險。你懂的，那種質疑『這一切究竟是為了什麼？』。萬一忙了半天，自己的癱瘓依舊毫無起色，也沒因此幫到其他任何人，我們這麼努力，結果徒勞無功，打碎其他每一個人的希望

與美夢？」

　　普拉克在醫院躺了16個月，最後兩人靠著現實主義繼續前進。他們的結論是不必平衡接受與希望，而是雙管齊下。兩者都需要健康的風險關係。普拉克一如往常，他的回應方式是做規劃。席夢也和平日一樣，依憑直覺帶來的衝勁。他們身為個人與夫妻時與冒險的關係，替他們指明了方向。兩人一起擬定計畫，而計畫本身就是一種帶有眾多風險的東西。那個計畫同時適合他們兩個人，配合他們的性格與身分認同，抱持雄心壯志，努力在我們的有生之年，就找到癱瘓的解藥。

　　普拉克和席夢和世界各地的頂尖脊髓專家、醫生、科學家到工程師見面，籌募數百萬資金並投入研發，讓研究成果商業化，也努力為脊髓受傷者發聲。普拉克在 Ekso Bionics 外骨骼機器人的協助下，走了超過150萬步。兩人與UCLA大學的科學家艾格頓博士（Reggie Edgerton）合作，對普拉克的脊髓施予電力刺激，自意外發生後，普拉克首度能感受到雙腿。普拉克與席夢在實驗室住了3個月，穿著外骨骼裝置做實驗，最後普拉克有辦法在脊髓受刺激時，把膝蓋貼近胸前。

　　「我看見普拉克有能力帶來的價值。他已經有公共平台：他能發聲，人們聽見他說出的故事。我們在脊髓病房認識的許多人，沒有這樣的管道，也因此某方面來講，他們的治療需求有賴於我們採取行動。」席夢表示：「此外，我們在其他方面的風險也比較小，因為我們有能力替療法募款，而且臉皮夠厚，有辦法到哈佛這樣的地方，敲神經科學家的門，對他們

說：『我們想知道你們在做什麼研究？』，並且問：『我們如何能協助你？』我們是幸運兒；教育與能力讓我們得以那麼做。」

　　普拉克和席夢的確是社會上幸運的那群人，但也被殘酷的現實包圍。真要說的話，他們其實和冒著生命危險遠渡重洋的難民一樣，因為其他的選項更糟糕。對於在海峽裡拚命前進、九死一生的人來講，嚴格來講那不叫冒險，因為根本沒有其他可行的選項。諷刺的是，由於他們盤算過不迎向挑戰的風險，重重限制反而創造奇蹟。

　　「或許是因為我從事過耐力訓練運動，所以有辦法踏上尋求癱瘓療法的道路，因為耐力賽需要你定義任務，召集具備正確技能的團隊，並且說出故事，讓大家明白發生了什麼事，而增進大眾的認識又有助於募款。尋找癱瘓療法需要採取相當類似的方法，主要的差別在於找不到療法的風險比較高。」普拉克表示：「然而，正是因為有失敗的風險，所以更值得去做。如果不費吹灰之力，你做的事八成不是大事。挑戰在於如何同時接受有成功或失敗的可能性。我們衡量自身價值的方式，理應是看有多願意嘗試，不以成敗論英雄，如此一來便沒有失敗後名聲會受損的風險。接受嘗試原本就是未知數的挑戰，就有可能成功，不過成功永遠不是必然的。」

　　換句話說，一旦感到自己是為有價值的目標而努力，對於風險的恐懼就會消失。風險成為人生的一部分。由你選擇在關係到核心身分認同的時刻，你要避開或擁抱風險選項。

謝詞

　　在此，我要冒著⋯⋯嗯，有可能漏掉恩人的風險，感謝讓本書得以成真的所有人。

　　感謝全球各地的讀者，催促我探索「個人的灰犀牛」與風險性格。

　　感謝福斯特・費諾斯（Fausto Fernos）與馬克・費利昂（Marc Felion）提醒我安妮・埃德森・泰勒（Annie Edson Taylor）的故事，也謝謝麗莎・弗洛吉（Liza Frolkis）幫忙牽線，讓我得以認識他們。

　　謝謝傑瑞德・李奧納多・寇罕教授（Gerald Leonard Cohen）協助我詞源學的部分。

　　感謝艾莉西・坎貝爾（Ailish Campbell）、約翰・迪布蕭（John DeBlasio）、吉姆・迪洛區（Jim DeLoach）、迪亞哥・迪索拉（Diego De Sola）、麥克・德瑞勒（Michael Drexler）、索拉曼・郭拉尼（Soulaima Gourani）、努特・哈瑪紹（Knut Hammarskjold）、戴夫・亨利（Dave Hanley）、賈斯汀・哈羅（Justin Harlow）、索尼・卡普爾（Sony Kapoor）、

戴夫‧藍斯特（Dave Landsittel）、萊斯利‧米蘭森（Leslie Millenson）、奧立佛‧奧里爾（Olivier Oullier）、羅吉戈‧裴瑞薩羅索（Rodrigo Perezalonso）、賈奎斯菲力普‧皮維傑（Jacques-Philippe Piverger）、普拉薩‧拉曼尼（Prasad Ramani）、莫瑞喬‧拉米瑞斯（Mauricio Ramirez）、艾柏莉‧萊恩（April Rinne）、穆拉特‧薩拉里（Murat Sarayli）、嘉麗‧薛培茲（Carrie Scherpelz）、法蘭克‧森薩布雷納（Frank Sensenbrenner）、丹‧夏普（Dan Sharp）、蘇珊‧蘇爾茲（Susan Shultz）、盧非‧席迪奇（Lutfey Siddiqi）、大衛‧泰盾（David Teten）慷慨撥出時間，提供深刻的風險與人類發展潛能等各方面的見解。特別感謝傑洛米‧塔格（Jérôme Tagger）、拉吉‧塔莫塞倫（Raj Thamotheram）與可免突發狀況網絡（Preventable Surprises network）。

　　謝謝所有大力提出封面設計建議的朋友，尤其是希拉蕊‧克拉吉（Hillary Claggett）與凱倫‧戈登（Karen Gordon）。謝謝臉書社群上的大家提供多元且有用的回饋意見。感謝鄰居一路上鼓勵我，在本書突破進展時一起慶祝。

　　謝謝東尼‧曼迪拉（Tony Mendiola）及人類公民工作坊（Human Citizen Workplace）的所有朋友，尤其是強納森‧博曼（Jonathan Perman）、約翰‧考瓦寇斯基（John Kowalkowski）、偉達利‧諾凡克（Vitaly Novok）的友誼。

　　感謝《策略與商業》（*strategy+business*）雜誌最厲害的作家編輯丹‧葛羅斯（Dan Gross）。謝謝你支持我的風險探索，

耐心的將我的專欄內容穿插在書中。本書部分內容曾以相當不同的形式出現在《策略與商業》。

謝謝丁元（Yuen Ting，音譯）與牛溫蒂（Wendy Niu，音譯）提供的研究協助。

感謝我再傑出不過的演講經紀人普莉西亞・陳（Priscilla Chan），也感謝中信出版集團的盧瑞庭（Lu Ruiting，音譯）與安娜・戴（Anna Dai）。感謝商業出版（Business Books & Co.）的金妮・朴（Jinny Park）協助我擊敗時差，帶來亞洲各地的新視野與新洞見。

感謝我的「女作家」成員給予的建議與鼓勵、支持與打氣，以及在許多方面提供的寶貴意見，我實在不知道該如何表達感謝才好。

感謝世界經濟論壇（World Economic Forum）、全球青年領袖論壇（Young Global Leaders）與全球型塑者（Global Shapers）等社群，尤其是芝加哥小組。你們是我的靈感來源與支持系統，帶來本書中多則精彩萬分的故事。

感謝超過60人花時間接受正式採訪，慷慨分享故事與洞見，也感謝許多私下和我暢談風險的人士。你們提供的故事是我意想不到的收穫，你們是我最佳的智囊團。

感謝席・亞希（Si Alhir）、布蘭登・傅（Brendan Foo）、茱莉亞・葛拉罕（Julia Graham）、丹・葛瑞森（Dan Grayson）、大衛・寇尼格（David Koenig）、羅瑞・米雪兒・列文（Lori Michelle Leavitt）、Q・麥考藍（Q McCallum）、朴圭賢（Yuhyun

Park）、比爾・鮑爾斯（Bill Powers）、喬伊・瑞斯（Joy Rains）與艾美・沃德曼（Amy Waldman）硬著頭皮讀完尚不成熟的多版草稿，提供各種深入的坦率回饋，大刀闊斧改善本書。

謝謝豪爾・席普曼（Hal Shipman）數十年來的友誼（與美味餐點），以及拍攝好看的作者照片。

感謝才華洋溢、一針見血的編輯潔西卡・凱斯（Jessica Case）讓初稿更強而有力，也感謝 Pegasus 大力支持的全體團隊。

謝謝我的經紀人安德魯・史都華（Andrew Stuart）推廣《灰犀牛》背後的概念，從一開始就支持本書。

當然，我要感謝親朋好友多年來的友誼與厚愛，以及慷慨提供的書籍。在此就不一一唱名。

最後要把最深的謝意，獻給英年早逝的傑夫・李奧納多（Jeff Leonard）。您的友誼、指導、鼓勵與洞見，推動「灰犀牛」的理論探索，也奠定本書基石。這個世界因為有您而變得更美好。

引用書目

Adams, John. *Risk*. Philadelphia, PA: Routledge, 1995.

Austin, Linda S. *What's Holding You Back?: Eight Critical Choices For Women's Success*. New York: Basic Books, 2000.

Aven, Terje. *Foundations of Risk Analysis: A Knowledge and Decision-Oriented Perspective*. New York: Wiley, 2003.

Bauman, Zygmunt. *Notes from Liquid Times: Living in an Age of Uncertainty*. London: Polity, 2006.

Beck, Ulrich. *Risk Society: Towards a New Modernity*. Los Angeles: SAGE Publications Ltd, 1992. Originally published as *Risikogesellschaft: Auf dem Weg in eine andere Moderne*. Frankfurt: Suhrkamp, 1986.

Beck, Ulrich. *World at Risk*. Cambridge, UK: Polity Press, 2009. Originally published as *Weltrisikogesellschaft*. Frankfurt: Suhrkamp, 2007.

Bernstein, Peter. *Against the Gods: The Remarkable Story of Risk*. New York: Wiley, 1988. Boholm, Åsa. *Anthropology and Risk*. New York: Earthscan/ Routledge, 2015.

Brooks, Kim. *Small Animals: Parenthood in the Age of Fear*. New York: Flatiron Books, 2018.

Coates, John. *The Hour Between Dog and Wolf: How Risk Taking Transforms Us, Body and Mind*. New York: Penguin, 2012.

Cohen, Michael, and Micah Zenko. *Clear and Present Safety: The World Has Never Been Better and Why That Matters to Americans*. New Haven, CT: Yale University Press, 2019.

Croston, Glenn. *The Real Story of Risk: Adventures in a Hazardous World*, Amherst, NY: Prometheus, 2012. www.realstoryofrisk.com

Damasio, Antonio R. *Descartes' Error: Emotion, Reason, and the Human Brain*. New York: Putnam Publishing, 1994.

Davis, Bridgett. *The World According to Fannie Davis*. New York: Little, Brown and Company, 2019.

DeLoach, James W. *Enterprise-wide Risk Management: Strategies for Linking Risk and Opportunity*. London: *Financial Times*, 2000.

Douglas, Mary and Aaron Wildavsky. *Risk and Culture*. Berkeley, CA: University of California Press, 1982.

Fabiansson, Charlotte, and Stefan. *Food and the Risk Society: The Power of Risk Perception*. London: Routledge, 2016.

Fischhoff, Baruch. *Judgment and Decision Making*. New York: Routledge, 2012

Fischhoff, Baruch. *Risk Analysis and Human Behavior*. New York: Routledge, 2012.

Galbraith, J. K. *The Age of Uncertainty*, New York: Houghton Mifflin, 1977.

Gardner, Dan. *Risk: Why We Fear the Things We Shouldn't—and Put Ourselves in Greater Danger*. New York: Dutton Adult, 2008.

Gelfand, Michele. *Rule Makers, Rule Breakers: How Tight and Loose Cultures Wire Our World*. New York: Scribner, 2018.

George, Bill. *True North: Discover Your Authentic Leadership*. San Francisco: Jossey-Bass, 2007.

Gray, George, and David Ropeik. *Risk: A Practical Guide for Deciding What's Really Safe and What's Really Dangerous in the World Around You*. Boston: Houghton Mifflin Harcourt, 2002.

Halstead, Paul, and John O'Shea (eds.) *Bad Year Economics: Cultural Responses to Risk and Uncertainty*. Cambridge, United Kingdom: Cambridge University Press, 2009.

Han, Sang-jin. *Beyond Risk Society: Ulrich Beck and the Korean Debate*. Seoul: SNU Press, 2017.

Heffernan, Margaret. *Uncharted: How to Navigate the Future*. New York: Avid Reader Press/Simon & Schuster, 2020.

Heffernan, Margaret. *Willful Blindness: Why We Ignore the Obvious at Our Peril*. New York: Bloomsbury USA, 2011.

Hill, Napoleon. *The Law of Success*. Revised and expanded by Arthur R. Pell. New York: Tarcher Perigee, 2005 (1925).

Hill, Napoleon. *Think and Grow Rich*. Shippensburg, PA: Sound Wisdom, 2016 (1937).

Hofstede, Geert. *Culture's Consequences: International Differences in Work-Related Values*. Beverly Hills, CA: Sage, 1984.

Hofstede, Geert, Gert Jan Hofstede, and Michael Minkov. *Cultures and*

Organizations: Software of the Mind, 3rd edition. New York: McGraw-Hill Education, 2010 (2003).

Huntington, Samuel P., and Lawrence E. Harrison. *Culture Matters: How Values Shape Human Progress*. New York: Basic Books, 2001.

Huston, Therese. *How Women Decide: What's True, What's Not, and What Strategies Spark the Best Choices*. New York: Houghton Mifflin Harcourt, 2016.

Keynes, John Maynard. *A Treatise on Probability*. London: Macmillan, 1921.

Knight, Frank H. *Risk, Uncertainty, & Profit*. Boston and New York: Houghton Mifflin, The Riverside Press, 1921.

Koenig, David. *The Board Member's Guide to Risk*. Minneapolis, Bright Governance Publications, 2020.

Marti Konstant. *Activate Your Agile Career: How Responding to Change Will Inspire Your Life's Work*. Chicago: Konstant Change Publishing, 2018.

Krakovsky, Marina. *The Middleman Economy: How Brokers, Agents, Dealers, and Everyday Matchmakers Create Value and Profit*. New York: Palgrave Macmillan, 2015.

Lee, Kai-fu. *AI Superpowers: China, Silicon Valley, and the New World Order*. Boston: Houghton Mifflin Harcourt, 2018.

Levy, Jonathan. *Freaks of Fortune: The Emerging World of Capitalism and Risk in America*. Cambridge, MA: Harvard University Press, 2012.

Lewis, Michael. *Flash Boys: A Wall Street Revolt*. New York: W.W. Norton & Company, 2015.

Lightfoot, Cynthia. *The Culture of Adolescent Risk-Taking*. New York: Guilford Press, 1997.

Liu, Yang. *East Meets West*. Berlin: Taschen, 2016.

MacCallum, Lisa, and Emily Brew. *Inspired INC: Become a Company the World Will Get Behind*. Crowd Press, 2019.

Mercier, Hugo and Dan Sperber. *The Enigma of Reason*. Cambridge, MA: Harvard University Press, 2017.

Meyer, Erin. *The Culture Map: Breaking Through the Invisible Boundaries of Global Business*. New York: PublicAffairs, 2014.

Motet, Gilles and Corinne Bieder, editors. *The Illusion of Risk Control: What Does It Take to Live with Uncertainty?* Basel: SpringerOpen, 2017.

Nasr, Vali. *The Rise of Islamic Capitalism: Why the New Muslim Middle Class Is the Key to Defeating Extremism*. New York: Council on Foreign Relations Books/Free Press, 2010.

Nelson, Julie. *Gender and Risk Taking: Economics, Evidence, and Why the Answer Matters*. New York: Routledge, 2018.

Nisbett, Richard E. *The Geography of Thought: How Asians and Westerners Think Differently . . . and Why*. New York: Simon & Schuster, 2003.

Piscione, Deborah Perry. *The Risk Factor: Why Every Organization Needs Big Bets, Bold Characters, and the Occasional Spectacular Failure*. New York: St. Martin's Press, 2014.

Ropeik, David. *How Risky Is It, Really? Why Our Fears Don't Always Match the Facts*. New York: McGraw-Hill Education, 2010.

Ross, Lee, and Richard E. Nisbett. *The Person and the Situation: Perspectives of Social Psychology*. London: Pinter & Martin, 2011 (McGraw Hill, 1991).

Ross, Maria. *The Empathy Edge: Harnessing the Value of Compassion as an Engine for Success*. Vancouver: Page Two Books, 2019.

Schillace, Brandy. *Death's Summer Coat: What the History of Death and Dying Teaches Us About Life and Living*. New York: Pegasus Books, 2016.

Schwab, Klaus, and Thierry Malleret. *COVID-19: The Great Reset*. Geneva: Forum Publishing, 2020.

Sigman, Mariano. *The Secret Life of the Mind; How Your Brain Thinks, Feels, and Decides*. New York: Little, Brown, 2017.

Slovic, Paul. *The Perception of Risk*. London and Sterling, VA: Earthscan Publications, 2000.

Tulloch, John, and Deborah Lupton. *Risk and Everyday Life*. Los Angeles: SAGE, 2003.

Weiner, Tim. *The Geography of Genius: Lessons from the World's Most Creative Places*. New York: Simon & Schuster, 2016.

Ian Wilkinson. *Risk, Vulnerability and Everyday Life*. New York: Routledge, 2010.

Edwin Wong. *The Risk Theatre Model of Tragedy: Gambling, Drama, and the Unepected*. Victoria, British Columbia: Friesen Press, 2019.

注釋

第1章

1. David Whalen, "The Lady Who Conquered Niagara," http://web.archive.org/web/20191026141437/http://bay-journal.com/bay/1he/people/fp-taylor-annie.html.
2. 公共領域圖片。來源請見：https://commons.wikimedia.org/wiki/Category:Annie_Taylor#/media/File:Queen-of-the-Mist.jpg.
3. Marvin Kusmierz, "Anna Edson Taylor (1839–1921) Bay City teacher was first person to go over Niagara Falls," *Bay Journal*, (Added Feb. 2003; Updated March 2010), https://web.archive.org/web/20191026141437/http://bay-journal.com/bay/1he/people/fp-taylor-annie.html.
4. Stateside Staff, "Annie Taylor's trip over Niagara Falls," Michigan Public Radio. Oct. 27, 2014, http://www.michiganradio.org/post/annie-taylors-trip-over-niagara-falls; Jess Catcher, "10 Surprising Facts About the First Person To Survive Going Over Niagara Falls In A Barrel." *Little Things*, undated, accessed October 25, 2020, https://www.littlethings.com/annie-edson-taylor-niagara-falls/2; Patrick Sirianni, "Annie the Brave," Oakwood Niagara Cemetery website, October 23, 2015, https://oakwoodniagara.org/annie-edson-taylor/; Kate Kelly. "Annie Edson Taylor (1838–1921): American Daredevil," March 2, 2014, https://americacomesalive.com/2014/03/02/annie-edson-taylor-1838-1921-american-daredevil/; Stephen W. Bell, "Going Over Niagara Falls in a Barrel: Quaint Stunt Still a Challenge to Daredevils," *Los Angeles Times*/Associated Press, April 13, 1986, https://www.latimes.com/archives/la-xpm-1986-04-13-mn-4454-story.html.
5. Peter Fischer, Tobias Greitemeyer, Andreas Kastenmüller, Claudia Vogrincic, Anne Sauer, "The effects of risk-glorifying media exposure on risk-positive cognitions, emotions, and behaviors: a meta-analytic review,"

Psychological Bulletin. May 2011, 137(3): 367–90. doi: 10.1037/a0022267; Peter Fischer, Evelyn Vingilis, Tobias Greitemeyer, Claudia Vogrincic, "Risk-taking and the media," *Risk Analysis,* May 2011, 31(5): 699–705, doi: 10.1111/ j.1539-6924.2010.01538.x; Peter Fischer, Jörg Kubitzki, Stephanie Guter, and Dieter Frey, "Virtual driving and risk taking: do racing games increase risk-taking cognitions, affect, and behaviors?" *Journal of Experimental Psychology: Applied,* March 2007, 13(1): 22–31. doi: 10.1037/1076-898X.13.1.22.

6. Chris Michael, "'Lagos shows how a city can recover from a deep, deep pit': Rem Koolhaas talks to Kunlé Adeyemi," *The Guardian,* Feb. 26, 2016. https:// www.theguardian.com/cities/2016/feb/26/lagos-rem-koolhaas-kunle-adeyemi; Pooja Bhatia, "Koolhaas Takes Silicon Valley, *Ozy,* Dec. 8, 2014, https:// www.ozy.com/provocateurs/rem-koolhaas-takes-silicon-valley/36643; Oliver Wainwright, "Rem Koolhaas's Venice Biennale will 'Be about architecture, not architects,'" *The Guardian,* March 12, 2014, https://www.theguardian. com/artanddesign/architecture-design-blog/2014/mar/12/rem-koolhaas-venice-biennale-architecture.

第2章

1. Henry and Renée Kahane, "Byzantium's Impact on the West: The Linguistic Evidence," *Illinois Classical Studies,* 6(2, fall 1981): 389–415, https://www. jstor.org/stable/23062525.

2. Peter L. Bernstein, *Against the Gods: The Remarkable Story of Risk* (New York: Wiley, 1996).

3. Abraham de Moivre, (1711) De mensura sortis, ("On the Measurement of Chance"), *Philosophical Transactions* 27: 213–264 cited in Terje Aven, "A Conceptual Foundation for Assessing and Managing Risk, Surprises and Black Swans," in G. Motet and C. Bieder (eds.), *The Illusion of Risk Control,* Safety Management, doi 10.1007/978-3-319-32939-0_3.

4. Jonathan Levy, *Freaks of Fortune: The Emerging World of Capitalism and Risk in America* (Cambridge, MA: Harvard University Press: 2012).

5. Paul Slovic, *The Perception of Risk* (Sterling, VA, and London: Earthscan Publications, 2000), xxxvi.

6. Iain Wilkinson, *Risk, Vulnerability and Everyday Life* (London: Routledge, 2010), 61.

7. Jens O. Zinn, "The meaning of risk-taking—key concepts and dimensions," *Journal of Risk Research,* 22: 1, 1–15, doi: 10.1080/13669877.2017.1351465.

8. Frank Knight, *Risk, Uncertainty and Profit,* (Boston, MA: Hart, Schaffner & Marx; Houghton Mifflin Company, 1921).

9. Michael Emmett Brady, "Adam Smith, Not J. M. Keynes or Frank Knight, Was the First Scholar to Make the Uncertainty—Risk Distinction Explicitly and Apply it Rigorously," (September 5, 2015). *Scholedge International Journal of Management & Development*, 2(9): 24–36. https://ssrn.com/abstract=2656667.

10. John Maynard Keynes, A *Treatise on Probability* (London: Macmillan & Co., 1921).

11. Yasuhiro Sakai, "J.M. Keynes and F.H. Knght: How to Deal with Risk, Probability, and Uncertainty." *Center for Risk Research*, Chiga University, CRR Discussion Paper A-15, March 2016.

12. John Maynard Keynes, *The General Theory of Employment, Interest and Money* (New York: Macmillan, 1936).

13. Ulrich Beck, *World at Risk* (Cambridge, UK: Polity Press, 2009), 12. Originally published as *Weltrisikogesellschaft,* (Suhrkamp, 2007).

14. Robert B. Pojasek, *How New Risk Management Helps Leaders Master Uncertainty* (New York: Business Expert Press, LLC, 2019).

15. Benjamin Zimmer, *Language Log* (blog), March 27, 2007, http://itre.cis.upenn.edu/~myl/languagelog/archives/004343.html; Victor Mair, "Danger + opportunity ≠ crisis: How a misunderstanding about Chinese characters has led many astray," http://www.pinyin.info/chinese/crisis.html; "As Usual, American 'Linguists' Like Robert Lane Green and Geoffrey Nunberg Have No Idea What They Are Talking About," https://patenttranslator.wordpress.com/2011/04/03/as-usually-american-linguists-like-robert-lane-green-and-geoffrey-nunberg-have-no-idea-what-they-are-talking-about/.

16. Benjamin Zimmer. "CRISIS = DANGER + OPPORTUNITY: THE PLOT THICKENS," *Language Log*, March 27, 2007. http://itre.cis.upenn.edu/~myl/languagelog/archives/004343.html.

17. Roger T. Ames 安樂哲, The *Great Commentary* (*Dazhuan* 大傳) and Chinese natural cosmology, *International Communication of Chinese Culture* 2, 1–18 (2015), https://doi.org/10.1007/s40636-015-0013-2.

第3章

1. US Parachute Association, "Skydiving Safety," accessed October 25, 2020, https://uspa.org/Find/FAQs/Safety.

2. Brendan Cole, "Half of All Skydiving Deaths in the U.S. This Year Have Happened at the Same Airport," *Newsweek*, July 2, 2019, https://www.newsweek.com/half-all-skydiving-deaths-us-this-year-have-happened-same-airport-1447060.

3. National Safety Council, "What Are the Odds of Dying From..." accessed July 2019, https://www.nsc.org/work-safety/tools-resources/injury-facts/chart.

4. Eben Harrell, "A Brief History of Personality Tests," *Harvard Business Review,* March–April 2017, https://hbr.org/2017/03/the-new-science-of-team-chemistry.

5. R. B. Cattell, "The description of personality: basic traits resolved into clusters," *Journal of Abnormal and Social Psychology*, 38(4): 476–506, http://dx.doi.org/10.1037/h0054116.

6. Anja Alide Jolijn Hendriks, "The construction of the five-factor personality inventory (FFPI)," Groningen: s.n., 2009, https://www.rug.nl/research/portal/files/14667781/A.A.J.Hendriks.PDF.

7. Ronnie L. McGhee, David J. Ehrler, Joseph A. Buckhalt, and Carol Phillips, "The Relation between Five-Factor Personality Traits and Risk-Taking Behavior in Preadolescents," *Psychology* 3(8, 2012): 558–561, http://dx.doi.org/10.4236/psych.2012.38083.

8. Richard E. Vestewig, "Extraversion and risk preference in portfolio theory," *Journal of Psychology*, 97(2d Half): 237–245.

9. Andreas Oehler and Florian Wedlich, "Influence of Extraversion and Neuroticism on Risk Attitude, Risk Perception and Return Expectations," Conference Proceedings, *Semantic Scholar*, 2017, https://pdfs.semanticscholar.org/c9b1/23816eaa00dc326ac37067ee57e7 ebaa1696.pdf.

10. James M. Honeycutt. "Personality traits explain whether you follow or flout coronavirus mask-wearing and social-distancing guidelines." Marketwatch, July 15, 2020. https://www.marketwatch.com/story/personality-traits-explain-whether-you-follow-or-flout-coronavirus-mask-wearing-and-social-distancing-guidelines-11594822706.

11. The Standard Chartered Investor Personality Study 2020; https://av.sc.com/corp-en/content/docs/investor-personality-report-2020.pdf.

12. Greg B. Davies, "New Vistas in Risk Profiling," CFA Institute Research Foundation Brief, 2017, http://www.cfapubs.org/doi/pdf/10.2470/rfbr.v3.n5.1.

第4章

1. *The New York Times,* "AFTER THE WAR; 3 Journalists Missing in Iraq."

April 11, 1991. https://www.nytimes.com/1991/04/11/world/after-the-war-3-journalists-missing-in-iraq.html.; "AFTER THE WAR; 2 Missing Journalists Are Released by Iraq," Reuters, April 17, 1991; https://www.nytimes.com/1991/04/17/world/after-the-war-2-missing-journalists-are-released-by-iraq.html; Frank Smyth, "Remembering a Friend Lost to Saddam's Terror," *International Herald Tribune*, June 3, 2004, https://cpj.org/2004/12/remembering-a-friend-lost-to-saddams-terror.php.

2. Hongwei Xu, Martin Ruef, "The myth of the risk-tolerant entrepreneur," *Strategic Organization* 2(4, 2004): 331–355, https://doi.org/10.1177/1476127004047617.

3. J. Sorensen and O. Sorenson, "From Conception to Birth: Opportunity Perception and Resource Mobilization in Entrepreneurship," *Advances in Strategic Management* 20: 8. Cited in Xu and Ruef.

4. In fact, those who M. H. Bazerman, *Judgement in Managerial Decision-Making*, 2nd edition (New York: Wiley, 1990); D. Kahneman and A. Tversky, "Subjective Probability: A Judgment of Representativeness," *Cognitive Psychology* 3: 430–435.

5. John Pinfold, "The Expectations of New Business Founders," *Journal of Small Business Management,* 39: 279–285.

6. Arnold C. Cooper, Carolyn Y. Woo, and William C. Dunkelberg, "Entrepreneurs' perceived chances for success," *Journal of Business Venturing*, 3(2, 1988): 97–108, https://doi.org/10.1016/0883-9026(88)90020-1.

7. Robert H. Brockhaus, "The Psychology of the Entrepreneur," *Encyclopedia of Entrepreneurship* 1982, 39–57, https://ssrn.com/abstract=1497760.

第5章

1. James A. F. Stoner, "Risky and cautious shifts in group decisions: The influence of widely held values," *Journal of Experimental Social Psychology,* 4(4, 1968): 442–459; https://doi.org/10.1016/0022-1031 (68)90069-3.

2. Richard Zeckhauser, "Horizon Length and Portfolio Risk," *Journal of Risk and Uncertainty*, 2002.

3. Mrinalini Krishna, "Millennials Are Risk Averse and Hoarding Cash," *Investopedia*, June 25, 2019, https://www.investopedia.com/news/millennials-are-risk-averse-and-hoarding-cash/; Neil Howe, "Yes, Millennials Are A 'Risk Averse Generation.'" *Hedgeye*, July 18, 2018, https://app.hedgeye.com/insights/68981-millennials-are-a-risk-averse-generation; T. Rowe Price

Investment Services, "Overcome Risk Aversion to Optimize Millennial Investment Behavior," December 2017; https://www.troweprice.com/content/dam/fai/Collections/DC%20Resources/Next%20Generation%20Thinking/optimize-millennial-behavior.pdf.

4. Steven Albert and John Duffy, "Differences in risk aversion between young and older adults," *Neuroscience and Neuroeconomics*, 2012.

5. Steven Albert and John Duffy, "Differences in risk aversion between young and older adults," *Neuroscience and Neuroeconomics*, 2012, citing L. L. Carstensen, J. A. Mikels, and M. Mather, "Aging and the intersection of cognition, motivation, and emotion," in J. Birren and K. W. Schaie (eds), *Handbook of the Psychology of Aging*, 6th ed., 342–362 (San Diego: Academic Press, 2005); B. De Martino, O. Kumaran, B. Seymour, and R. J. Dolan. "Frames, biases, and rational decision-making in the human brain," *Science* 313, 684–687; G. R. Samanez-Larkin, A. D. Wagner, and B. Knutson, "Expected value information improves financial risk taking across the adult life span," *Social Cognitive and Affective Neuroscience*, doi: 10.1093/scan/nsq043.

6. Sumitava Mukherjee, "Revise the Belief in Loss Aversion," *Frontiers in Psychology*, December 3, 2019, doi: 10.3389/fpsyg.2019.02723; D. Gal and D. D. Rucker, "The loss of loss aversion: will it loom larger than its gain?" *Journal of Consumer Psychology*, 28:497–516, https://ssrn.com/abstract=3049660.

7. Ulrike Malmendier and Stefan Nagel, "Depression Babies: Do Macroeconomic Experiences Affect Risk-Taking?" National Bureau of Economic Research, March 2008, http://nber.org/conferences/2008/si2008/AP/malmendier.pdf.

8. "Weighing Down Workplace Engagement," Padilla Infographic, January 10, 2017, https://padillaco.com/the-news/news-items/weighing-down-workplace-engagement-infographic/.

9. Jean Twenge, *iGen: Why Today's Super Connected Kids Are Growing Up Less Rebellious, More Tolerant, Less Happy—And Completely Unprepared for Adulthood (and What that Means for the Rest of Us)* (New York: Atria Books, 2018).

10. William H. Frey, "The millennial generation: A demographic bridge to America's diverse future" (Washington, DC: Brookings Institution, 2018), https://www.brookings.edu/research/millennials/.

11. United States Census Bureau, https://www.census.gov/data/tables/time-series/demo/families/marital.html; accessed October 31, 2020.

12. Motoko Rich, "Craving Freedom, Japan's Women Opt Out of Marriage," *The New York Times,* August 3, 2019, https://www.nytimes.com/2019/08/03/world/asia/japan-single-women-marriage.html?searchResultPosition=1.

13. Victor Kiprop, "Countries With the Oldest Average Marrying Age," WorldAtlas, Sept. 10, 2018, https://www.worldatlas.com/articles/countries-with-the-oldest-average-marrying-age.html.

14. Johnny Wood, "The United States divorce rate is dropping, thanks to millennials," World Economic Forum Agenda, October 5, 2018. weforum.org/agenda/2018/10/divorce-united-states-dropping-because-millennials/.

15. Philip N. Cohen, "The Coming Divorce Decline," *SocArXiv,* September 14, doi: 10.31235/osf.io/h2sk6; Marisa Lascala, "The U.S. Divorce Rate Is Going Down, and We Have Millennials to Thank," *Good Housekeeping,* Feb. 27, 2019; https://www.goodhousekeeping.com/life/relationships/a26551655/us-divorce-rate/.

16. Ned Sublette, "Something to Lose," *Cowboy Rumba,* Palm Pictures, 2006.

17. Ruth Hill, "Using Stated Preferences and Beliefs to Identify the Impact of Risk on Poor Households," *Journal of Development Studies,* 45(2):151–171, January 2009. doi: 10.1080/00220380802553065. Statistically, white men: M. L. Finucane, P. Slovic, C. K. Mertz, J. Flynn &

18. T. A. Satterfield, "Gender, race, and perceived risk: The 'white male' effect," *Health, Risk & Society,* 2, 159–172.

19. Paul Slovic, "Trust, Emotion, Sex, Politics and Science: Surveying the Risk Assessment Battlefield," *The Perception of Risk,* 390–412, citing Flynn, et al., 1994.

20. Sheryl Ball, Catherine C. Eckel, and Marcia Heracleous, "Risk Aversion and Physical Prowess: Prediction, Choice and Bias," *Journal of Risk and Uncertainty,* 41(3, 2010): 167–93, referenced in Huston, 2016.

第6章

1. Malin Malmström, Aija Voitkane, Jeaneth Johansson, Joakim Wincent, "VC Stereotypes About Men and Women Aren't Supported by Performance Data," *Harvard Business Review,* March 15, 2018, https://hbr.org/2018/03/vc-stereotypes-about-men-and-women-arent-supported-by-performance-data.

2. Andrea Weber and Christine Zulehner, "Female hires and the success of start-up firms," *American Economic Review,* 100, 358–361; https://www.researchgate.net/publication/45143436_Female_Hires_and_the_Success_of_Start-up_Firms.

3. Johnnie E. V. Johnson and P. L. Powell, "Decision Making, Risk and Gender: Are Managers Different?" *British Journal of Management*, 1994, 5, 123–138.

4. Ingrid Waldron, Christopher McCloskey, and Inga Earle, "Trends in gender differences in accident mortality: Relationships to changing gender roles and other societal trends," *Demographic Research*, 13, 415–454, https://www. demographic-research.org/volumes/vol13/17/13-17.pdf.

5. Context matters: Elke U. Weber, Anne-Renee Blais, and E. Nancy Betz, "A domain-specific risk-attitude scale: Measuring risk perceptions and risk behaviors," *Journal of Behavioral Decision Making*, 15, 263–90.

6. A much cited: James P. Byrnes, David C. Miller, and William D. Schafer, "Gender Differences in Risk Taking: A Meta-Analysis," *Psychological Bulletin* 125(3, 1999): 367.

7. But there are problems: Julie A. Nelson, *Gender and Risk-Taking: Economics, Evidence, and Why the Answer Matters* (New York: Routledge, 2018).

8. Nelson makes a compelling case: Julie A. Nelson, "Are Women Really More Risk-Averse than Men?" GDAE Working Paper, No. 12–05: September 2012.

9. Gerald A. Hudgens and Linda Torsani Fatkin, "Sex differences in risk taking: repeated sessions on a computer simulated task," *Journal of Psychology*, 119 (3): 197–206.

10. Therese Huston, *How Women Decide: What's True, What's Not, and What Strategies Spark the Best Choices* (New York: Houghton Mifflin Harcourt, 2016), 146.

11. Victoria L. Brescoll, Erica Dawson, and Eric Luis Uhlmann, "Hard Won and Easily Lost: The Fragile Status of Leaders in Gender-Stereotype-Incongruent Occupations," *Psychological Science*, 21(11, 2010): 1640–1642, https://doi. org/10.1177/0956797610384744.

12. Similarly, relationships: Linda S. Austin, *What's Holding You Back?: Eight Critical Choices For Women's Success* (New York: Basic Books, 2000).

13. Renate Schubert, Matthias Gysler, Martin Brown, Hans-Wolfgang Brachinger, "Financial Decision-Making: Are Women Really More Risk-Averse?" *American Economic Review*, 89: 381–385.

14. Marco Castillo, Ragan Petrie, Maximo Torero, "Gender differences in risk preferences of entrepreneurs," World Bank draft working paper, December 2017.

15. Sallie Krawcheck, *Own It: The Power of Women at Work* (New York: Currency, 2017).

16. Penelope Wang, "Brokers still treat men better than women," *Money*, 23(6,

1994): 108–110.

17. Stanley Atkinson, Samantha Boyce Baird, and Melissa Frye, "Do female mutual fund managers manage differently?" *Journal of Financial Research,* 26(1): 1–18.

18. Peggy Dwyer, James Gilkenson, and John List, "Gender differences in revealed risk taking: Evidence from mutual fund investors," *Economic Letters,* 76(2002): 151–158.

19. Ajay Palvia, Emilia Vähämaa, Sami Vähämaa, "Are Female CEOs and Chairwomen More Conservative and Risk Averse? Evidence from the Banking Industry During the Financial Crisis," *Journal of Business Ethics*, 131(3, 2015): 577–594, https://www.jstor.org/stable/24703627.

20. Christopher Caldwell, "The Pink Recovery: Why Women Are Doing Better," *Time*, August 24, 2009, Vol. 174, No. 7, 13.

21. Mara Mather and Nichole Lighthall, "Risk and Reward Are Processed Differently in Decisions Made Under Stress," *Current Directions in Psychological Science*, 21(2012): 36–41, doi: 10.1177/0963721411429452.

22. K. C. Mishra, Mary J. Metilda, "A study on the impact of investment experience, gender, and level of education on overconfidence and self-attribution bias," *IIMB Management Review*, 2015, 27, 228–239, http://dx.doi.org/10.1016/j.iimb.2015.09.001.

23. Deborah Tannen, "The Power of Talk: Who Gets Heard and Why," *Harvard Business Review,* September–October 1995, https://hbr.org/1995/09/the-power-of-talk-who-gets-heard-and-why.

24. Mary A. Lundeberg, Paul W. Fox, and Judith Puncochár, "Highly Confident but Wrong: Gender Differences and Similarities in Confidence Judgments," *Journal of Educational Psychology*, LXXXVI, 1994: 114–121.

25. Barber and Odean argue: Brad Barber and Terrance Odean, "Boys will be boys: gender, overconfidence, and common stock investment," *The Quarterly Journal of Economics*, 116: 261–292.

26. Barber and Odean citing Fischhoff, Slovic, and Lichtenstein 1977; Lichtenstein, Fischhoff, and Phillips, 1982; Yates, 1990; Griffin and Tversky, 1992.

27. Ellen Lenney, "Women's Self-Confidence in Achievement Settings," *Psychological Bulletin*, LXXXIV (1977): 1–13.

28. Ingrid Waldron, Christopher McCloskey, and Inga Earle, "Trends in gender differences in accident mortality: Relationships to changing gender roles and other societal trends," *Demographic Research*, 13, 2005: 415–454, https://

www.demographic-research.org/volumes/vol13/17/13-17.pdf.

29. Catherine C. Eckel and Philip Grossman, "Sex Differences and Statistical Stereotyping in Attitudes Toward Financial Risk," *Evolution and Human Behavior,* 23(4): 281–295, 2002.

30. Catherine C. Eckel and Philip J. Grossman, "Men, Women and Risk Aversion: Experimental Evidence," *Handbook of Experimental Economics*, January 2008.

31. Cited by Eckel and Grossman: K. A. Schulman, J. A. Berlin, et al., "The effects of race and sex on physicians' recommendations for cardiac catheterization," *New England Journal of Medicine*, 340: 618–626; S. Saha, G. D. Stettin, and R. F. Redberg, "Gender and willingness to undergo invasive cardiac procedures," *Journal of General Internal Medicine*, 14(1999): 122–125.

32. Priyanka B. Carr and Claude M. Steele, "Stereotype Threat Affects Financial Decision Making," *Psychological Science*, 21 (10, 2010): 1411–1416, https://www.jstor.org/stable/41062498.

33. Joseph A. Vandello, Jennifer K. Bosson, Rochelle M. Burnaford, and Jonathan R. Weaver, "Intrepid, Imprudent, or Impetuous?: The Effects of Gender Threats on Men's Financial Decisions," *Psychology of Men & Masculinity,* 14(2, 2013): 184–191, https://doi.org/10.1037/a00 27087; Joseph A. Vandello, Jennifer K. Bosson, Dov Cohen, Rochelle M. Burnaford, and Jonathan R. Weaver, "Precarious manhood," *Journal of Personality and Social Psychology*, 95(6), 2008: 1325–1339, doi: 10.1037/a0012453.

34. A. P. McKenna, A. E. Waylen, and M. E. Burkes, "Male and female drivers: How different are they?" Reading (UK): The University of Reading, Foundation for Road Safety Research, 1998.

35. Do-Yeong Kim and Junsu Park, "Cultural differences in risk: The group facilitation effect," *Judgment and Decision Making*, 5(5, 2010), http://journal.sjdm.org/10/91115/jdm91115.pdf.

36. R. Ronay & D-Y Kim, "Gender differences in explicit and implicit risk attitudes: A socially facilitated phenomenon," *British Journal of Social Psychology*, 45(2006): 397–419.

37. Michelle K. Ryan and S. Alexander Haslam, "The Glass Cliff: Evidence that Women are Over-Represented in Precarious Leadership Positions." *British Journal of Management*, 16(2, 2005): 81–90, doi: 10.1111/j.1467-8551.2005.00433.

第7章

1. Amanda Taub, "Why Are Women-Led Nations Doing Better With Covid-19?" *New York Times*, May 15, 2020, https://www.nytimes.com/2020/05/15/world/coronavirus-women-leaders.html; Supriya Garikipati, Uma Kambhampati, "Women leaders are better at fighting the pandemic," *Vox EU*, June 21, 2020, https://voxeu.org/article/women-leaders-are-better-fighting-pandemic.

2. Louise Champoux-Paillé and Anne-Marie Croteau, "Why women leaders are excelling during the coronavirus pandemic," May 13, 2020, *The Conversation,* https://theconversation.com/why-women-leaders-are-excelling-during-the-coronavirus-pandemic-138098.

3. Catherine Mei Ling Wong and Olivia Jensen (2020) "The paradox of trust: perceived risk and public compliance during the COVID-19 pandemic in Singapore," *Journal of Risk Research*, 2020, doi: 10.1080/13669877.2020.1756386.

4. Noah Smith, "'A Team of Five Million' How New Zealand Beat Coronavirus," DirectRelief, August 3, 2020, https://www.directrelief.org/2020/08/a-team-of-5-million-how-new-zealand-beat-coronavirus/.

5. Ipsos MORI. "The Perils of Perception 2018," https://www.perilsofperception.com/.

6. Ipsos MORI. "The Perils of Perception 2017," https://www.perilsofperception.com/.

7. Pew Global Attitudes Survey 2017, https://www.pewresearch.org/global/dataset/spring-2017-survey-data/.

8. CEOs' curbed confidence spells caution," PWC 2019. https://www.pwc.com/gx/en/ceo-survey/2019/report/pwc-22nd-annual-global-ceo-survey.pdf.

9. Future of Humanity Institute, "When Will AI Exceed Human Performance? Evidence from AI Experts," May 2017, https://arxiv.org/abs/1705.08807.

10. Han, Sang-jin. "The Historical Context of Social Governance Experiments in East Asia: The Challenges of Risk Society," *Korea Journal*, 58(1, 2018): 12–40.

11. Paul B. Thompson, "How we got to now: why the US and Europe went different ways on GMOs," *The Conversation*, November 5, 2015, https://theconversation.com/how-we-got-to-now-why-the-us-and-europe-went-different-ways-on-gmos-48709.

12. C. Ford Runge, Gian-Luca Bagnara, and Lee Ann Jackson, "Differing U.S. and European Perspectives on GMOs: Political, Economic and Cultural Issues," *Estey Centre Journal of International Law and Trade Policy*, 2(2,

2001): https://www.iatp.org/sites/default/files/Differing_US_and_European_ Perspectives_on_GMOs.htm.

13. Joan Conrow, "EU opposition to GMOs is overstated, new survey reveals," Alliance for Science, August 3, 2019, https://allianceforscience.cornell.edu/ blog/2019/08/eu-opposition-gmos-overstated-new-survey-reveals/.

14. Cary Funk, Brian Kennedy, and Meg Hefferon, "Public Perspectives on Food Risks," *Pew Research* (blog) November 19, 2018, https://www.pewresearch. org/science/2018/11/19/public-perspectives-on-food-risks/.

15. Robert N. Bontempo, William P. Bottom, and Elke U. Weber, "Cross-cultural differences in risk perception: A model-based approach," *Risk Analysis,* 17(4), 1997: 479–88, http://dx.doi.org/10.1111/j.1539-6924.1997.tb00888.x.

16. World Bank, 2016, "World Development Report 2016: Digital Dividends," Washington, DC: World Bank, doi: 10.1596/978-1-4648-0671-1.

17. Global Challenges Foundation and ComRes, "Attitudes to Global Risk and Governance Survey 2018," https://globalchallenges.org/initiatives/analysis-research/surveys/.

18. Gallup and Lloyd's Register Foundation. *Lloyd's Register Foundation World Risk Report 2019*, London: 2020, https://wrp.lrfoundation.org.uk/.

19. Geert Hofstede (2011). "Dimensionalizing Cultures: The Hofstede Model in Context." *Online Readings in Psychology and Culture*, 2(1, 2011): https://doi. org/10.9707/2307-0919.1014.

20. Older European cultures: Harry C. Triandis, "The self and social behavior in differing cultural contexts," *Psychological Review*, 96(3, 1989): 506–520, https://doi.org/10.1037/0033-295X.96.3.506.

21. Junsu Park, Do-Yeong Kim, and Chong Zhang, "Understanding Cross-National Differences in Risk Through a Localized Cultural Perspective," *Cross-Cultural Research*, 50(1, 2016): 34–62.

22. Christopher Hsee, "Researching risk preference," *Chicago Booth Review*, June 1, 2008; https://review.chicagobooth.edu/behavioral-science/archive/ researching-risk-preference-0.

23. Elke U. Weber and Christopher Hsee, "Cross-cultural Differences in Risk Perception, but Cross-cultural Similarities in Attitudes Towards Perceived Risk," *Management Science*, 44(9, 1998).

24. S. Yamaguchi, M. Gelfand, M. Mizuno, and Y. Zemba, "Illusion of Collective Control or Illusion of Personal Control: Biased Judgment about a Chance Even in Japan and the U.S.," paper presented at the second conference of the Asian Association of Social Psychology, Kyoto, Japan (1997); cited in Nisbett

2003.

25. Nisbett 2003, 104–106.

26. M. Keith Chen, "The Effect of Language on Economic Behavior: Evidence from Savings Rates, Health Behaviors, and Retirement Assets," *American Economic Review*, 103(2, 2013): 690–731, http://dx.doi.org/10.1257/aer.103.2.690.

27. "Support in Principle for US-EU Trade Pact," Pew Research Center, Washington, DC, April 2014, https://www.pewresearch.org/global/wp-content/uploads/sites/2/2014/04/Pew-Research-Center-Bertels mann-Foundation-U.S.-Germany-Trade-Report-FINAL-Wednesday-April-9-20142.pdf.

第8章

1. Matthew 25:14–30; https://www.whatchristianswanttoknow.com/22-bible-scriptures-about-risk-taking/#ixzz5gNwKCa54.

2. Matthew 6:27.

3. Matthew 6:34.

4. Hans-Werner Sinn, "A Theory of the Welfare State," National Bureau of Economic Research, Working Paper No. 4856, 1994, https://www.nber.org/papers/w4856.pdf.

5. "The Social Responsibility of Business Is to Increase Its Profits," Milton Friedman, *New York Times*, September 13, 1970, https://www.nytimes.com/1970/09/13/archives/article-15-no-title.html; Milton Friedman, *Capitalism and Freedom* (Chicago, IL: University of Chicago Press, 1962).

6. Business Roundtable, "Statement on the Purpose of a Corporation," https://opportunity.businessroundtable.org/; August 19, 2019, Signatures updated September 2020.

7. "Council of Institutional Investors Responds to Business Roundtable Statement on Corporate Purpose," August 19, 2019, https://www.cii.org/aug19_brt_response.

8. Colin Mayer, Leo E. Strine Jr, and Jaap Winter, "50 years later, Milton Friedman's shareholder doctrine is dead," *Fortune*, September 13, 2020, https://fortune.com/2020/09/13/milton-friedman-anniversary-business-purpose/.

9. Joe Nocera, "Old habits die hard," Bloomberg, September 18, 2020, https://www.bloomberg.com/amp/opinion/articles/2020-09-18/milton-friedman-was-wrong-look-at-income-inequality.

10. Lisa MacCallum and Emily Brew, *Inspired INC: Become a Company the*

World Will Get Behind. (Crowd Press, 2019).

11. Leaders on Purpose 2019 CEO Report, https://www.leaders onpurpose.com/ceo-research.

12. Marina Krakovsky, *The Middleman Economy: How Brokers, Agents, Dealers, and Everyday Matchmakers Create Value and Profit* (New York: Palgrave Macmillan, 2015).

13. JP Morgan Institute Small Business Dashboard, https://www.jpmorganchase.com/institute/research/small-business/small-business-dashboard; accessed October 25, 2020.

14. Robert Cull, Tilman Ehrbeck, and Nina Holle, "Financial Inclusion and Development: Recent Impact Evidence," World Bank and CGAP (Consultative Group to Assist the Poor), April 2014, http://www.cgap.org/sites/default/files/FocusNote-Financial-Inclusion-and-Development-April-2014.pdf; Cyn-Young Park and Rogelio V. Mercado Jr., "Financial Inclusion, Poverty, and Income Inequality In Developing Asia," ADB Economics Working Paper Series Number 426. Asian Development Bank, 2015, http://www.adb.org/sites/default/files/publication/153143/ewp-426.pdf.

15. Bridgett Davis, *The World According to Fannie Davis* (New York: Little, Brown and Company, 2019).

16. Sophie Quinton, "The Immigrant Lending Circles That Pave the Way to Citizenship," *Atlantic*, July 8, 2013, https://www.theatlantic.com/business/archive/2013/07/the-immigrant-lending-circles-that-pave-the-way-to-citizenship/425991/.

17. Oscar Perry Abello, "Small Loan Funds for Underserved Businesses Join Forces," *Next City*, November 26, 2019, https://nextcity.org/daily/entry/small-loan-funds-for-underserved-businesses-join-forces.

18. Devin Thorpe, "Using Biomimicry This Activist Is Turning Impact Investing Upside Down to Erase Racial Wealth Gaps," *Forbes,* July 5, 2019, https://www.forbes.com/sites/devinthorpe/2019/07/05/using-biomimicry-this-activist-is-turning-impact-investing-upside-down-to-erase-racial-wealth-gaps/#3d6e5c2742d4.

19. Vali Nasr, *The Rise of Islamic Capitalism: Why the New Muslim Middle Class Is the Key to Defeating Extremism* (New York: Council on Foreign Relations Books/Free Press, 2010).

20. Bernardo Vizcaino, "Islamic finance sees mixed growth, buoyed by capital market—study," Reuters, November 27, 2018; https://www.reuters.com/article/islamic-finance-report/islamic-finance-sees-mixed-growth-buoyed-by-

capital-market-study-idUSL8N1Y20D3.

21. Mahmoud El-Gamal, "An Economic Explication of the Prohibition of Gharar in Classical Islamic Jurisprudence," May 2, 2001. Paper prepared for the 4th International Conference on Islamic Economics held in Leicester, UK, August 13–15, 2000.

22. David Welch. "Hertz Killing Share Sale Ends Unusual Bid to Fund Bankruptcy," Bloomberg, June 18, 2020, https://www.bloomberg.com/news/articles/2020-06-18/hertz-shares-halted-amid-rethinking-of-stock-sale-in-bankruptcy.

23. Yasmin Khorram and Kate Rooney, "Young trader dies by suicide after thinking he racked up big losses on Robinhood," CBNC, June 18, 2020, https://www.cnbc.com/2020/06/18/young-trader-dies-by-suicide-after-thinking-he-racked-up-big-losses-on-robinhood.html.

第9章

1. Sven Ove Hansson, "Risk: Objective or Subjective, Facts or Values," *Journal of Risk Research* 13(2, 2010): 231–238, doi: 10.1080/13669870903126226.

2. Kristin Hugo, "Cancer Risk Claims: 'Take No Notice' Unless Something Is Proven to Be 'Dangerous Rather Than Simply Frightening,' Says Cambridge Professor," *Newsweek*, July 19, 2018, https://www.newsweek.com/2018/07/27/cancer-cancer-risk-causes-professor-david-spiegel halter-coffee-bacon-1031134.html.

3. Ron Howard, "Risky Decisions" (Slide show), Stanford University, https://archive.is/20120714164305/http://stanford-online.stanford.edu/sdrmda61w/session10b/slides/sld031.htm.

4. Cambridge Ideas video, https://www.youtube.com/watch?v=a1PtQ67urG4. There's more about Professor Risk at his website, www.understandinguncertainty.org.

5. Paul Slovic, *The Perception of Risk* (London and Sterling, VA: Earthscan Publications, 2000), 392.

6. Taylor Romine, "An ER doctor who continued to treat patients after she recovered from Covid-19 has died by suicide," CNN, April 28, 2020, https://www.cnn.com/2020/04/28/us/er-doctor-coronavirus-help-death-by-suicide-trnd/index.html.

7. Chauncey Starr, "Social Benefit versus Technological Risk," *Science*, New Series, 165(3899, 1969): 1232–1238, https://www.jstor.org/stable/1727970.

8. Lennart Sjöberg, Bjørg-Elin Moen, Torbjørn Rundmo, "Explaining Risk

Perception: An evaluation of the psychometric paradigm in risk perception research," *Rotunde* 84 (Trondheim: Torbjørn Rundmo, 2004), citing Langer, 1975 and McKenna 1993.

9. Justin Kruger and David Dunning, "Unskilled and unaware of it: How difficulties in recognizing one's own incompetence lead to inflated self-assessments," *Journal of Personality and Social Psychology*, 77(6, 1999): 1121–1134, https://doi.org/10.1037/0022-3514.77.6.1121.

10. Sjöberg, et al., 2004.

11. B. Barber, T. Odean, "Boys will be boys: gender, overconfidence, and common stock investment," *Quarterly Journal of Economics*, 116(2001): 261–292.

12. Joop Hartog, Ada Ferrer-i-Carbonell, Nicole Jonker, "On a Simple Measure of Individual Risk Aversion," TI 2000-074/3 Tinbergen Institute Discussion Paper, 2000.

13. Ben "Lucky" Schlappig, "Am I Rebooking My American 737 MAX Flight?" *One Mile at a Time,* March 13, 2019, https://one mileatatime.com/rebooking-american-737-max-flight/.

14. Lennart Sjöberg, Bjørg-Elin Moen, Torbjørn Rundmo, "Explaining Risk Perception: An evaluation of the psychometric paradigm in risk perception research," *Rotunde* 84 (Trondheim: Torbjørn Rundmo, 2004); R. Poulton, S. Davies, R. G. Menzies, J. D. Langley, and P. A. Silva, "Evidence for a non-associative model of the acquisition of a fear of heights," *Behaviour Research and Therapy*, 36 (1998): 537–544.

15. R. Poulton, S. Davies, R. G. Menzies, J. D. Langley, and P. A. Silva, "Evidence for a Non-associative Model of the Acquisition of a Fear of Heights," *Behaviour Research and Therapy*, 36(1998): 537–544.

16. Slovic, 2000, 37.

17. Slovic, 2000, xxxiii.

18. Daniel Kahneman, *Thinking, Fast and Slow*, (New York: Farrar, Straus, and Giroux, 2011).

19. J. Metcalfe & W. Mischel, "A hot/cool-system analysis of delay of gratification: Dynamics of willpower," *Psychological Review*, 106(1999): 3–19; Bernd Figner and Elke U. Weber, "Who Takes Risks When and Why? Determinants of Risk Taking," *Current Directions in Psychological Science*, 20(4, 2011): 211–216, http://www.jstor.org/stable/23045774.

20. Colin Camerer, "Three Cheers—Psychological, Theoretical, Empirical—For Loss Aversion," *Journal of Marketing Research*, 42(2, 2005): 129–133, https://www.jstor.org/stable/30164010.

21. Bernstein 1996, 99–111. 白努利在1738年的論文提出「效用」的概念，由聖彼得堡帝國科學學會（Imperial Academy of Sciences）出版，源自他在1731年的演講。

22. Bernd Figner and Elke U. Weber, "Who Takes Risks When and Why? Determinants of Risk Taking," *Current Directions in Psychological Science*, Vol. 20, No. 4 (August 2011), 211–216, http://www.jstor.org/stable/23045774.

23. Raquel Laneri, "I went to jail for leaving my baby outside a restaurant," *New York Post*, November 25, 2017, https://nypost.com/2017/11/25/i-went-to-jail-for-leaving-my-baby-outside-a-restaurant/; Tony Marcano, "Toddler, Left Outside Restaurant, Is Returned to Her Mother," *New York Times*, May 14, 1997, https://www.nytimes.com/1997/05/14/nyregion/toddler-left-outside-restaurant-is-returned-to-her-mother.html.

24. Kim Brooks, *Small Animals: Parenthood in the Age of Fear* (New York: Flatiron Books, 2018), 106–109.

25. Kim Brooks, *Small Animals: Parenthood in the Age of Fear* (New York: Flatiron Books, 2018), 103.

26. Ellen Barry, "In Britain's Playgrounds, 'Bringing in Risk' to Build Resilience," *New York Times*, March 10, 2018, https://www. nytimes. com/2018/03/10/world/europe/britain-playgrounds-risk.html.

27. Hanna Rosin, "The Overprotected Kid," *Atlantic*, April 2014, https://www. theatlantic.com/magazine/archive/2014/04/hey-parents-leave-those-kids-alone/358631/.

28. "COVID-19 Technical Report: Wave I," Risk and Social Policy Working Group, June 22, 2020, https://static1.squarespace.com/static/5ec4464f22cd13186530a36f/t/5efcdd3f10bf462e5c8102b8/1593630019832/FINAL_techreport_wave1.pdf https://www.riskandsocialpolicy.org/.

29. World Health Organization, "Estimating mortality from COVID-19," August 4, 2020, https://www.who.int/news-room/commentaries/detail/estimating-mortality-from-covid-19.

30. "Mortality Risk of COVID-19," Our World in Data, https://ourworldindata. org/mortality-risk-covid.

第10章

1. Xue Wang, Liuna Geng, Jiawen Qin, and Sixie Yao, "The potential relationship between spicy taste and risk seeking," *Judgment and Decision Making*, 11(6, 2016): 547–553.

2. Wang et al., (2016) citing (Ji et al., 2013) on Chinese preferences; Rozin &

Schiller, 1980 on Mexico; and Byrnes & Hayes, 2013 on US stereotyping; T. T. Ji, Y. Ding, H. Deng, J. Ma & Q. Jiang, "Does 'spicy girl' have a peppery temper? The metaphorical link between spicy tastes and anger." *Social Behavior and Personality*, 41(8, 2013): 1379–1385; N. K. Byrnes & J. E. Hayes, "Personality factors predict spicy food liking and intake," *Food Quality and Preference*, 28 (2013): 213–221; P. Rozin & D. Schiller, "The nature and acquisition of a preference for chili pepper by humans," *Motivation and Emotion*, 4(1, 1980): 77–101.

3. Otto Muzik, "Cold comfort: exposure to chilly temperatures may help fight anxiety," World Economic Forum Agenda, May 7, 2019, https://www.weforum.org/agenda/2019/05/brain-over-body-hacking-the-stress-system-to-let-your-psychology-influence-your-physiology.

4. Max Planck Society, "Risk-taking behavior depends on metabolic rate and temperature in great tits," *Phys.org*, September 30, 2014, https://phys.org/news/2014-09-risk-taking-behavior-metabolic-temperature-great.html.

5. Mariano Sigman, *The Secret Life of the Mind; How Your Brain Thinks, Feels, and Decides* (New York: Little, Brown, 2017).

6. Researchers have, in fact, identified Edriving.com, September 18, 2019, https://www.edriving.com/three60/study-identifies-new-driving-risk-factor-beats-per-minute/. Elizabeth Walshe, "Can Loud Music Affect Driving Performance?" Children's Hospital of Philadelphia Research Institute, April 16, 2018, https://injury.research.chop.edu/blog/posts/can-loud-music-affect-driving-performance.

7. Kandhasamy Sowndhararajan and Songmun Kim, "Influence of Fragrances on Human Psychophysiological Activity: With Special Reference to Human Electroencephalographic Response," *Scientific Pharmaceutica*, 84(2016): 724–751; doi: 10.3390/scipharm84040724.

8. W. Kip Viscusi and Joni Hersch, "Cigarette Smokers as Job Risk Takers," *Review of Economics and Statistics*, 83(2, 2001): 269–280.

9. Glenn W. Harrison, Andre Hofmeyr, Don Ross, and J. Todd Swarthout, "Risk Preferences, Time Preferences and Smoking Behavior," *Southern Economic Journal*, 85(2018): 313–348.

10. Glenn W. Harrison, Andre Hofmeyr, Harold Kincaid, Don Ross, and J. Todd Swarthout, "Addiction and Intertemporal Risk Attitudes," Online working paper, March 2019; https://www.academia.edu/38518772/Addiction_and_Intertemporal_Risk_Attitudes.

11. Eyal Ert1, Eldad Yechiam, Olga Arshavsky, "Smokers' Decision Making:

More than Mere Risk Taking," PLOS ONE 1 July 2013, Volume 8, Issue 7, e68064.

12. John Coates, *The Hour Between Dog and Wolf: How Risk Taking Transforms Us, Body and Mind* (New York: Penguin, 2012), 121.

13. Julia Spaniol, Francesco Di Muro, Elisa Ciaramelli, "Differential Impact of Ventromedial Prefrontal Cortex Damage on 'Hot' and 'Cold' Decisions Under Risk," https://pubmed.ncbi.nlm.nih.gov/30535630/; doi: 10.3758/s13415-018-00680-1.

14. Arwen B. Long, Cynthia M. Kuhn, and Michael L. Platt, "Serotonin shapes risky decision making in monkeys," *SCAN*, 4(2009): 346–356, doi:10.1093/scan/nsp020.

15. Coates, 2012, 120–125.

16. Yan Lu and Melvyn Teo, "Do Alpha Males Deliver Alpha? Testosterone and Hedge Funds," January 12, 2018, http://dx.doi.org/10.2139/ssrn.3100645.

17. Economist Data Team, "Are alpha males worse investors?" *The Economist*, February 20, 2018, https://www.economist.com/graphic-detail/2018/02/20/are-alpha-males-worse-investors.

18. Richard Karlsson Linnér, Pietro Biroli, [...] Jonathan P. Beauchamp. "Genome-wide association analyses of risk tolerance and risky behaviors in over 1 million individuals identify hundreds of loci and shared genetic influences," *Nature Genetics*, Vol. 51, 245–257 (2019), https://www.nature.com/articles/s41588-018-0309-3; "Study Identified Numerous Genes Associated with Risk Tolerance and Risky Behaviors," *Neuroscience News*, January 14, 2019, https://neurosciencenews.com/risk-behavior-genetics-10530/.

19. "The Genetics of Taking Risks," 23andMe company blog, January 14, 2019; https://blog.23andme.com/23andme-research/the-genetics-of-taking-risks/.

20. Anna Dreber, David G. Rand, Nils Wernerfelt, Justin R. Garcia, J. Koji Lum, Richard Zeckhauser, "The Dopamine Receptor D4 Gene (DRD4) and Self-Reported Risk: Taking in the Economic Domain," Cambridge: Harvard Kennedy School Faculty Research Working Paper Series RWP11-042, November 2011; https://pdfs.semanticscholar.org/c410/64de783adc10c99327d f1cc622f53 ecbcf82.pdf.

21. Kelley McMillan Manley, "What Makes Risk Takers Tempt Fate?" *National Geographic*, August 15, 2016, https://www.nationalgeographic.com/adventure/features/extreme-athletes-risk-taking/; Cynthia J. Thomson, Rebecca J. Power, Scott R. Carlson, Jim L. Rupert, and Grégory Michel, "A comparison of genetic variants between proficient low-and high-risk sport

participants," *Journal of Sports Sciences* 33(18, 2015): 1861–1870, https://doi.
org/10.1080/02640414.2015.1020841.

22. Richard J. Haier, Benjamin V. Siegel Jr., Andrew MacLachlan, Eric Soderling,
Stephen Lottenberg, and Monte S. Buchsbaum, "Regional Glucose Metabolic
Changes After Learning a Complex Visuospatial/Motor Task: a PET Study,"
Brain Research, 570(1–2, 1992): 134–43.

23. Coates, 94–96.

24. Andrew W. Lo and Dmitry V. Repin, "The Psychophysiology of Real-Time
Financial Risk Processing," *Journal of Cognitive Neuroscience*, 14(3, 2022):
323–339.

25. Brett Steenbarger, "Best Practices in Trading: Using Biofeedback to Manage
Trading Stress," *Traderfeed*, January 24, 2015, http://traderfeed.blogspot.
com/2015/01/best-practices-in-trading-using_24.html.

第11章

1. American Express, *Redefining the C-Suite: Business the Millennial Way*, 2017.

2. VirtuAli and Workplace Trends, *The Millennial Leadership Survey*, 2015,
http://web.archive.org/web/20200308073536/https://workplacetrends.com/
the-millennial-leadership-survey/.

3. *World Development Report 2019: The Changing Nature of Work*, Washington,
DC: The World Bank, 2018; Rong Chen and Simeon Djankov, "Gig
economy growth pains," December 20, 2018, https://blogs.worldbank.org/
developmenttalk/gig-economy-growth-pains.

4. Edelman Intelligence, "Freelancing in America," Upwork and Freelancers
Union, September 2017, https://www.upwork.com/i/freelancing-in-
america/2017/.

5. Edelman Intelligence. "Freelancing in America." Upwork and Freelancers
Union, September 2017, https://www.upwork.com/i/freelancing-in-
america/2017/.

6. MBO Partners, 2019 State of Independence in America, https://www.
mbopartners.com/state-of-independence/.

7. MBO Partners 2019 State of Independence in America, https://www.
mbopartners.com/state-of-independence/.

8. Coworking Resources, "Global Coworking Growth Study 2020," July 2020,
https://www.coworkingresources.org/blog/key-figures-coworking-growth.

9. Juliet B. Schor, *After the Gig: How the Sharing Economy Got Hijacked and
How to Win It Back* (Oakland: University of California Press, 2020).

10. International Labour Office, *Women and men in the informal economy: a statistical picture (third edition)* (Geneva: ILO, 2018).

11. Bureau of Labor Statistics, September 2018, https://www.bls.gov/news.release/tenure.nr0.htm.

12. Aaron E. Carroll, "The Real Reason the U.S. Has Employer-Sponsored Health Insurance," *New York Times*, September 5, 2017, https://www.nytimes.com/2017/09/05/upshot/the-real-reason-the-us-has-employer-sponsored-health-insurance.html.

13. Ari Levy and Alex Sherman, "Vox Media to cut hundreds of freelance jobs ahead of changes in California gig economy laws," CNBC, December 16, 2019, https://www.cnbc.com/2019/12/16/vox-media-to-cut-hundreds-of-freelance-jobs-ahead-of-californias-ab5.html.

14. Dara Khosrowshahi, "I Am the C.E.O. of Uber. Gig Workers Deserve Better," *The New York Times*, Aug. 10, 2020, https://www.nytimes.com/2020/08/10/opinion/uber-ceo-dara-khosrow shahi-gig-workers-deserve-better.html.

15. Deloitte Insights, "Leading the Social Enterprise: Reinvent with a Human Focus: 2019 Deloitte Global Human Capital Trends," Deloitte Development LLC, 2019, 6, https://www2.deloitte.com/content/dam/insights/us/collections/HC-Trends2019/DI_HC-Trends-2019.pdf.

16. Jeanna Smialek, Ben Casselman, and Gillian Friedman, "Workers Face Permanent Job Losses as the Virus Persists," *The New York Times*, October 3, 2020, https://www.nytimes.com/2020/10/03/business/economy/coronavirus-permanent-job-losses.html.

17. *The Economist*, "Special Report: Competition: Trustbusting in the 21st Century," November 15, 2018, https://www.economist.com/special-report/2018/11/15/dynamism-has-declined-across-western-economies; https://www.economist.com/special-report/2018/11/15/across-the-west-powerful-firms-are-becoming-even-more-powerful.

18. Kai-Fu Lee, *AI Superpowers: China, Silicon Valley, and the New World Order* (Boston: Houghton Mifflin Harcourt, 2018).繁體中文版為：李開復，《AI新世界》，天下文化出版，2019。

19. Ashlee Vance, "This Tech Bubble Is Different," Bloomberg, April 14, 2011, https://www.bloomberg.com/news/articles/2011-04-14/this-tech-bubble-is-different.

20. Robert Dur and Max van Lent, "Socially Useless Jobs," Tinbergen Institute Discussion Paper TI 2018–034/VII, March 31, 2018, https://papers.tinbergen.nl/18034.pdf.

第12章

1. Susan Ward, "Why Business Partnerships Fail and How to Succeed," *The Balance Small Business*, November 20, 2019, https://www.thebalancesmb.com/why-business-partnerships-fail-4107045.

2. Gary Bornstein, Uri Gneezy, and Rosmarie Nagel, "The effect of intergroup competition on group coordination: an experimental study," *Games & Economic Behavior*, 41 (2002): 1-25, https://rady.ucsd.edu/faculty/directory/gneezy/pub/docs/inter-group.pdf.

3. Maria Ross, *The Empathy Edge: Harnessing the Value of Compassion as an Engine for Success* (Vancouver: Page Two Books, 2019). Psychological safety has taken on: Amy C. Edmondson and Zhike Lei, "Psychological Safety: The History, Renaissance, and Future of an Interpersonal Construct," *Annual Review of Organizational Psychology and Organizational Behavior* 1 (March 2014): 23–43, https://doi.org/10.1146/annurev-orgpsych-031413-091305.

4. Deloitte Insights, "Leading the Social Enterprise: Reinvent with a Human Focus: 2019 Deloitte Global Human Capital Trends," Deloitte Development LLC, 2019, 6, https://www2.deloitte.com/content/dam/insights/us/collections/HC-Trends2019/DI_HC-Trends-2019.pdf.

5. Amy C. Edmondson and Zhike Lei, "Psychological Safety: The History, Renaissance, and Future of an Interpersonal Construct," Annual Review of Organizational Psychology and Organizational Behavior 1 (March 2014): 23–43, https:// doi. org/ 10. 1146/ annurev- orgpsych -031413- 091305.

6. Michele Wucker, "How to Make Your Zoom Meetings More Inclusive," *LinkedIn Pulse*, April 20, 2020, https://www.linked in.com/pulse/how-make-your-zoom-meetings-more-inclusive-michele-wucker-/.

7. "Purpose-Driven Leadership for the 21st Century: How Corporate Purpose is Fundamental to Reimagining Capitalism," Leaders on Purpose, 2019, https://www.leadersonpurpose.com/ceo-research.

8. Dean T. Stamoulis, Melissa Swift, Erin Marie Conklin, Molly Forgang, "Inside the Mind of the Chief Executive Officer," Russell Reynolds Associates, April 20, 2016, https://www.russellreynolds.com/en/Insights/thought-leadership/Documents/ITMO_CEO.pdf.

9. Jens Hagendorff, Anthony Saunders, Sascha Steffen, and Francesco Vallascas, "The Wolves of Wall Street: Managerial Attributes and Bank Business Models," August 17, 2018, http://dx.doi.org/10.2139/ssrn.2670525; Laura Noonan. "Personalities key in shaping banks' risk taking, study says," *Financial Times,* June 9, 2016, https://www.ft.com/content/0116059a-348c-

11e6-ad39-3fee5ffe5b5b.

10. Robert H. Davidson, Aiyesha Dey, and Abbie J. Smith, "Executives' 'Off-the-Job' Behavior, Corporate Culture, and Financial Reporting Risk," Chicago Booth Research Paper No. 12–24, Feb. 27, 2013; Fama-Miller Working Paper, https://ssrn.com/abstract=2096226.

11. Matt Robinson, "CEOs Who Cheat in the Bedroom Will Cheat in Boardroom, Study Shows," Bloomberg, August 9, 2019, https://www.bloomberg.com/news/articles/2019-08-09/ceos-who-cheat-on-spouse-twice-as-likely-to-cheat-at-work-study; John M. Griffin, Samuel Kruger, and Gonzalo Maturana, "Personal infidelity and professional conduct in 4 settings," PNAS 116(33, 2019), 16268–16273; first published July 30, 2019, https://doi.org/10.1073/pnas.1905329116.

12. Ginia Bellafante, "Was WeWork Ever Going to Work?" *The New York Times*, October 4, 2019, https://www.nytimes.com/2019/10/04/nyregion/wework-Adam-Neumann.html.

13. Abha Bhattarai, "Inside Overstock.com, where a firebrand CEO and 'Deep State' intrigue took center stage," *The Washington Post*, September 27, 2019, https://www.washingtonpost.com/business/2019/09/26/inside-overstockcom-where-firebrand-ceo-deep-state-intrigue-took-center-stage/?wpisrc=nl_evening&wpmm=1.

14. Challenger Gray, "2019 Year-End CEO Report: 160 CEOs Out in December, Highest Annual, Quarterly Totals On Record," press release, January 6, 2020, https://www.challengergray.com/press/press-releases/2019-year-end-ceo-report-160-ceos-out-december-highest-annual-quarterly-totals.

15. Elizabeth A. Sheedy, Patrick Garcia, and Denise Jepsen, "The Role of Risk Climate and Ethical Self-interest Climate in Predicting Unethical Pro-Organisational Behaviour," July 22, 2019, Macquarie Business School Research Paper, https://ssrn.com/abstract=3425675.

16. "Survey: Cyberrisk Is Financial Professionals' Top Concern," PRNewswire. February 4, 2020, https://www.prnewswire.com/news-releases/survey-cyberrisk-is-financial-professionals-top-concern-300997251.html.

第13章

1. "Golf has become the darling of the Chinese media," *Chinessima*, December 19, 2016, https://chinessima.com/en/2016/12/golf-has-become-the-darling-of-the-chinese-media-2.html.

2. "China swings back at golf, shutting down 111 courses," *ESPN*, January 23,

2017, https://www.espn.com/golf/story/_/id/18536868/china-cracks-golf-closes-111-courses.

3. Bill George, *True North: Discover Your Authentic Leadership* (San Francisco: Jossey-Bass, 2007).

4. Robert Glazer, "Adam Grant & Tim Ferriss Have a 'Challenge Network' for Feedback. Here's Why You Need One Too," *LinkedIn Pulse,* December 24, 2019, https://www.linkedin.com/pulse/adam-grant-tim-ferriss-have-challenge-network-feedback-robert-glazer/.

5. Napoleon Hill, *The Law of Success*, revised and expanded by Arthur R. Pell (New York, Tarcher Perigee, 2005) (1925); *Think and Grow Rich* (Shippensburg, PA: Sound Wisdom, 2016) (1937).

6. Sophie Elmhirst, "Take me to the death café," *Prospect*, January 22, 2015, https://www.prospectmagazine.co.uk/magazine/take-me-to-the-death-cafe; Brandy Schillace. *Death's Summer Coat*, (New York: Pegasus Books, 2016); Brendan O'Connor, "An Afternoon at the Death Café," January 25, 2016, *The Awl*, https://www.theawl.com/2016/01/an-afternoon-at-the-death-cafe/.

第14章

1. Klaus Schwab and Thierry Malleret, *COVID-19: The Great Reset* (Geneva: Forum Publishing, 2020).

2. Taffy Brodesser-Akner, "How Goop's Haters Made Gwyneth Paltrow's Company Worth $250 Million," *New York Times Magazine,* July 25, 2018.

3. Katie Williamson, Aven Satre-Meloy, Katie Velasco, Kevin Green, "Climate Change Needs Behavior Change: Making the Case for Behavioral Solutions to Reduce Global Warming," (Arlington, VA: Rare, 2018), available online at https://rare.org/wp-content/uploads/2019/02/2018-CCNBC-Report.pdf.

4. ComRes, "Attitudes to global risks and governance," Stockholm: Global Challenges Foundation, 2017.

5. As Beck put it: Beck, *World at Risk*, 8.

6. Beck, *World at Risk*, 161.

7. Peter Atwater, *Moods and Markets: A New Way to Invest in Good Times and Bad* (Upper Saddle River, NJ: FT Press, 2012).

8. Arunabha Ghosh, "Multilateralism for Chronic Risks," UN75 Global Governance Innovation Perspectives, June 2020, Washington, DC; Stimson Center; Doha Forum; Council on Energy, Environment and Water, https://www.stimson.org/2020/multilateralism-for-chronic-risks/.

9. Jessica Kutz, "Meet the 12-year-old activist taking politicians to task over

climate change," *Grist*, February 23, 2019, https://grist.org/article/meet-the-12-year-old-activist-taking-politicians-to-task-over-climate-change/.

10. Rebecca Leber, "Badass Little Girl Confronts Climate-Denying Congressman With Brilliant Question," *Mother Jones*, April 14, 2017; https://www.motherjones.com/environment/2017/04/watch-young-girl-invite-republican-congressman-her-science-class/; Amy Thomson, "Young Girls Keep Going to Town Halls and Owning Republicans—It's Amazing," *Mother Jones*, August 19, 2017, https://www.motherjones.com/media/2017/08/teenagers-keep-going-to-town-halls-and-owning-republicans-and-its-amazing/.

11. Daniel Avery, "A Record Number of Americans Are Traveling Abroad," *Newsweek*, March 28, 2019, https://www.newsweek.com/record-number-americans-traveling-abroad-1377787.

12. Jay Mathews, "Half of the world is bilingual. What's our problem?" *Washington Post*, April 25, 2019, https://www.washington post.com/local/education/half-the-world-is-bilingual-whats-our-problem/2019/04/24/1c2b0cc2-6625-11e9-a1b6-b29b90efa879_story.html.

第15章

1. Tim Weiner, *The Geography of Genius: Lessons from the World's Most Creative Places* (New York: Simon & Schuster, 2016).

財經企管 BCB760

找出生活中的灰犀牛
認識你的風險指紋，化危機為轉機
You Are What You Risk:
The New Art and Science of Navigating an Uncertain World

作者 —— 米歇爾・渥克 Michele Wucker
譯者 —— 許恬寧

總編輯 —— 吳佩穎
書系主編 —— 蘇鵬元
責任編輯 —— Jin Huang（特約）
封面設計 —— FE 設計 葉馥儀

出版者 —— 遠見天下文化出版股份有限公司
創辦人 —— 高希均、王力行
遠見・天下文化 事業群董事長 —— 高希均
事業群發行人／CEO —— 王力行
天下文化社長 —— 林天來
天下文化總經理 —— 林芳燕
國際事務開發部兼版權中心總監 —— 潘欣
法律顧問 —— 理律法律事務所陳長文律師
著作權顧問 —— 魏啟翔律師
社址 —— 台北市 104 松江路 93 巷 1 號
讀者服務專線 —— 02-2662-0012｜傳真 —— 02-2662-0007；02-2662-0009
電子郵件信箱 —— cwpc@cwgv.com.tw
直接郵撥帳號 —— 1326703-6 號　遠見天下文化出版股份有限公司

電腦排版 —— 立全電腦印前排版有限公司
製版廠 —— 中原造像股份有限公司
印刷廠 —— 中原造像股份有限公司
裝訂廠 —— 中原造像股份有限公司
登記證 —— 局版台業字第 2517 號
總經銷 —— 大和書報圖書股份有限公司｜電話 —— 02-8990-2588
出版日期 —— 2022 年 1 月 24 日第一版第 1 次印行

國家圖書館出版品預行編目（CIP）資料

找出生活中的灰犀牛：認識你的風險指紋，化危機為轉
機／米歇爾・渥克（Michele Wucker）著；許恬寧譯. --
第一版. -- 臺北市：遠見天下文化出版股份有限公司，
2022.01
448面；14.8×21公分. -- (財經企管；BCB760)
譯自：You Are What You Risk: The New Art and Science of
Navigating an Uncertain World
ISBN 978-986-525-433-9（平裝）

1.CST：風險評估 2.CST：風險管理

494.6　　　　　　　　　　　　　　　　110021905

定 價 —— 500 元
ISBN —— 978-986-525-433-9｜EISBN——9789865254391（EPUB）；9789865254360（PDF）
書 號 —— BCB760
天下文化官網 —— bookzone.cwgv.com.tw